住房城乡建设部土建类学科专业"十三五"规划教材

教育部高等学校建筑类专业教学指导委员会建筑学专业教学指导分委员会规划推荐教材

高等学校建筑类专业城市设计系列教材

丛书主编　王建国

Urban Design Practice

城市设计
实践教程

庄宇　主编　　　陈泳　杨春侠　副主编

中国建筑工业出版社

图书在版编目（CIP）数据

城市设计实践教程 = Urban Design Practice / 庄
宇主编 . —北京：中国建筑工业出版社，2019.12（2023.12重印）
住房城乡建设部土建类学科专业"十三五"规划教材/
王建国主编　教育部高等学校建筑类专业教学指导委员会
建筑学专业教学指导分委员会规划推荐教材　高等学校建
筑类专业城市设计系列教材
ISBN 978-7-112-24556-7

Ⅰ. ①城… Ⅱ. ①庄… Ⅲ. ①城市规划－建筑设计－
高等学校－教材 Ⅳ. ①TU984

中国版本图书馆CIP数据核字（2019）第286224号

责任编辑：高延伟　陈　桦　王　惠
责任校对：赵　菲

为了更好地支持相应课程的教学，我们向采用本书作为教材的教师提供课件，有需要者可与出版社联系。
建工书院：http://edu.cabplink.com
邮箱：jckj@cabp.com.cn　电话：（010）58337285

住房城乡建设部土建类学科专业"十三五"规划教材
教育部高等学校建筑类专业教学指导委员会建筑学专业教学指导分委员会规划推荐教材
高等学校建筑类专业城市设计系列教材
丛书主编　王建国

城市设计实践教程
Urban Design Practice

庄宇　主编
陈泳　杨春侠　副主编
＊
中国建筑工业出版社出版、发行（北京海淀三里河路9号）
各地新华书店、建筑书店经销
北京锋尚制版有限公司制版
临西县阅读时光印刷有限公司印刷
＊
开本：880毫米×1230毫米　1/16　印张：17¾　字数：356千字
2020年12月第一版　2023年12月第三次印刷
定价：**89.00元**（赠教师课件）
ISBN 978 - 7 - 112 - 24556 - 7
　　　　（35167）

《高等学校建筑类专业城市设计系列教材》
编审委员会

总序

在 2015 年 12 月 20 日至 21 日的中央城市工作会议上，习近平总书记发表重要讲话，多次强调城市设计工作的意义和重要性。会议分析了城市发展面临的形势，明确了城市工作的指导思想、总体思路、重点任务。会议指出，要加强城市设计，提倡城市修补，加强控制性详细规划的公开性和强制性。要加强对城市的空间立体性、平面协调性、风貌整体性、文脉延续性等方面的规划和管控，留住城市特有的地域环境、文化特色、建筑风格等"基因"。2016 年 2 月 6 日，中共中央、国务院印发了《关于进一步加强城市规划建设管理工作的若干意见》，提出要"提高城市设计水平。城市设计是落实城市规划、指导建筑设计、塑造城市特色风貌的有效手段。鼓励开展城市设计工作，通过城市设计，从整体平面和立体空间上统筹城市建筑布局，协调城市景观风貌，体现城市地域特征、民族特色和时代风貌。单体建筑设计方案必须在形体、色彩、体量、高度等方面符合城市设计要求。抓紧制定城市设计管理法规，完善相关技术导则。支持高等学校开设城市设计相关专业，建立和培育城市设计队伍"。

为落实中央城市工作会议精神，提高城市设计水平和队伍建设，2015 年 7 月，由全国高等学校建筑学、城乡规划学、风景园林学三个学科专业指导委员会在天津共同组织召开了"高等学校城市设计教学研讨会"，并决定在建筑类专业硕士研究生培养中增加"城市设计专业方向教学要求"，12 月制定了《高等学校建筑类硕士研究生（城市设计方向）教学要求》以及《关于加强建筑学（本科）专业城市设计教学的意见》《关于加强城乡规划（本科）专业城市设计教学的意见》《关于加强风景园林（本科）专业城市设计教学的意见》等指导文件。

本套《高等学校建筑类专业城市设计系列教材》是为落实城市设计的教学要求，专门为"城市设计专业方向"而编写，分为 12 个分册，分别是《城市设计基础》《城市设计理论与方法》《城市设计实践教程》《城市美学》《城市设计技术方法》《城市设计语汇解析》《动态城市设计》《生态城市设计》《精细化城市设计》《交通枢纽地区城市设计》《历史地区城市设计》《中外城市设计史纲》等。在 2016 年 12 月、2018 年 9 月和 2019 年 6 月，教材编委会召开了三次编写工作会议，对本套教材的定位、对象、内容架构和编写进度进行了讨论、完善和确定。

本套教材得到教育部高等学校建筑类专业教学指导委员会及其下设的建筑学专业教学指导分委员会以及多位委员的指导和大力支持，并已列入教育部高等学校建筑类专业教学指导委员会建筑学专业教学指导分委员会的规划推荐教材。

城市设计是一门正在不断完善和发展中的学科。基于可持续发展人类共识所提倡的精明增长、城市更新、生态城市、社区营造和历史遗产保护等学术思想和理念，以及大数据、虚拟现实、人工智能、机器学习、云计算、社交网络平台和可视化分析等数字技术的应用，显著拓展了城市设计的学科视野和专业范围，并对城市设计专业教育和工程实践产生了重要影响。希望《高等学校建筑类专业城市设计系列教材》的出版，能够培养学生具有扎实的城市设计专业知识和素养、具备城市设计实践能力、创造性思维和开放视野，使他们将来能够从事与城市设计相关的研究、设计、教学和管理等工作，为我国城市设计学科专业的发展贡献力量。城市设计教育任重而道远，本套教材的编写老师虽都工作在城市设计教学和实践的第一线，但教材也难免有不当之处，欢迎读者在阅读和使用中及时指出，以便日后有机会再版时修改完善。

主任：王建国

教育部高等学校建筑类专业教学指导委员会
建筑学专业教学指导分委员会
2020 年 9 月

序

　　建筑学专业学习城市设计不外乎两个目的：一方面，为今后从事建筑设计过程具备城市设计的整体环境观，就将自己设计的建筑放到城市发展的大环境中定位，并与周边环境协同、整合。新时代随着城市建设的方式不断发展，新的建设模式不断出现，建筑群不断扩大，不同类型的建筑、城市综合体建设与城市系统的结合越来越紧密，需要城市设计思维和方法来支撑；另一方面，城市建设实践过程，会有不少建筑师转向从事城市设计，因为建筑在城市环境中占有举足轻重的地位，尤其是当建筑师积累了丰富实践经验和城市发展的知识后转向城市设计，会在城市综合环境的创造方面发挥才能，很多建筑师，例如英国理查得·罗杰斯、意大利伦佐·皮亚诺、日本丹下健三等都对城市设计做出了卓越的贡献。

　　《城市设计实践教程》为城市设计课程设计提供知识基础、分析方法和设计策略，然后通过课程设计实践提高城市设计的设计和创作能力，包括设计目标转变成城市形态的能力，不同功能城市要素有机整合的能力，促进城市活力建设与特色景观协同发展的能力等等，这是一个完整的过程，也是形成城市设计知识和技能结构的组成部分。

　　城市设计不是直接形成城市形态的工具，而是要通过建筑、景观和市政三项工程设计来实现，为此作为建筑学背景的城市设计工作者，还应在城市设计实践过程中不断学习和掌握景观和市政设计的相关知识，使自己在城市综合环境设计中将三项工程设计涉及的要素有机整合，避免和减少消极的事后协调。当今城市现代化的发展，越来越多地表现在市政基础设施的发展，更要求我们不断扩大知识面，提高设计水平。

卢济威

同济大学建筑与城市规划学院

前言

《城市设计实践教程》是根据《全国高等学校建筑学专业城市设计课程教学要求》编写的教材。城市设计的设计课程是在理论学习的基础上，聚焦设计实操中发现问题、分析方法和设计策略以及如何落地等内容，这是一个对城市中观和微观尺度下的整体物质环境的塑造过程，也需要关注城市的经济、文化、政治以及人们的行为活动等非物质因素对这个过程的影响和作用。

本教材立足于建筑学本科高年级的学习基础而设置的城市设计教学内容，在编写中主要突出以下几点原则：兼顾多种发展选择下的城市设计素养训练，既突出职业建筑师培养中必须掌握的城市设计知识和整体观思维，也强调建筑学等专业为背景的城市设计师在设计实践中需要掌握的深入知识内容及多维度视角的能力培养；注重通过全球经验与本土实践来展开学习和思考，教材中不仅大量分析了国外城市设计实践中的成功与失败案例，也深入介绍了本土实践个案中的经验和教训，培养城市设计师的全球视野和地方文化特征下的独立思维能力；突出知识结构的全面系统性与知识教学点的分层设置结合，以城市设计实践为主线，将设计本体的知识训练与相关的公共政策、规划管理等实操问题的讨论紧密结合，通过"基础阶段""进阶阶段""实务阶段"三个部分，使教学培养过程递进展开。

通过本课程的学习，编者希望学生能掌握城市设计的思维特点和初步的设计技能，熟悉城市设计与城乡规划、建筑设计、风景园林设计、市政设计等的关系，了解城市设计实践中的类型、特点和发展趋势，初步具备独立从事城市设计编制和研究任务的能力。本课程目标为培养未来城市建设者们从城市整体环境观来思考各自领域的实践，创造更美好的城市，这是我们的初心和期待。

城市设计，作为尚在不断完善和发展的学科方向，在我国的新区建设和旧城更新中越来越凸显它的价值和意义。欧美和亚洲地区开设城市设计专业的教学机构中，普遍需要系统的多课程学习作为这一领域的教育支撑，其中设计课程尤为重要，通常是以教学参考书和阅读材料为主。有鉴于我国目前在建筑学等专业对城市设计技能培养的迫切需求，参考了欧美院校和研究设计机构在城市设计实践方面的教学资料形成这本教材，希望能够相对系统和全面地介绍城市设计实践中的知识和经验，以期为城市设计的设计课程教学提供基础性的参考。各校在讲授城市设计的设计课程中可以根据实际情况增加、补充、修订或简化部分内容，利于形成自身特点。

为便于学生对各章节的理解和深化学习，教材中列出了思考题供教学选择，也提供了延伸阅读推荐书单。同时，除了参考文献外，教材中还选用了部分国内外著名设计机构和高等院校的城市设计作品和实景，作为设计解析的参考和深度旅行学习之参考，在此谨向这些设计机构和高校表示感谢。

本教材适用于高等学校建筑学专业，也可作为城乡规划、风景园林、城市管理等相关专业的教学用书。

本教材编写工作前后历时两年多，书稿结构、内容安排、全书统稿等在中国建筑工业出版社和王建国院士关心下，经编委会反复讨论确定，初稿形成后又有幸请到东南大学韩冬青教授审阅，也特别邀请了同济大学卢济威教授为本书作序，最后根据多方意见修订成稿。

本教材由同济大学庄宇主编，陈泳、杨春侠副主编，叶宇参编，具体各章节工作安排为第 1、2、8、9 章，庄宇编写；第 3、4、5 章，陈泳编写；第 6、7 章，杨春侠编写；第 10 章庄宇、叶宇编写。

限于编者的水平和知识结构的局限，书中难免有谬误之处，也恳请师生、读者们批评指正，以便今后加以修正、完善。

2021 年 9 月本书获评住房和城乡建设部"十四五"规划教材。

庄宇
同济大学建筑与城市规划学院

目录

案例

– 英国曼彻斯特中央车站
– 德国拉尔历史中心区改扩建
– 印度新德里甘地纪念馆
– 法国新喀里多尼亚芝贝欧文化中心
– 匈牙利 Sopron 城堡街区改造
– 中国阆中古城
– 美国纽约炮台公园滨水区
– 日本神户六甲山住宅
– 美国坎伯兰公园
– 西班牙巴塞罗那 Sants 地区抬升花园
– 日本名古屋荣中心
– 意大利佛罗伦萨维琪奥桥
– 美国休斯顿布法罗河散步道公园
– 俄罗斯喀山市卡班湖滨水区
– 英国伦敦圣保罗大教堂景观控制分析
– 法国巴黎城市空间视景轴线组织
– 德国 Stralsund 市街区景观条例图则
– 德国波茨坦小镇

4
– 西班牙巴塞罗那"超级街区"规划
– 西班牙巴塞罗那圣约翰林荫大道
– 丹麦哥本哈根蛇桥
– 美国西雅图自行车道设计
– 丹麦哥本哈根自行车道设计
– 巴西库里蒂巴 BRT 建设
– 丹麦 Norreport 地铁站
– 美国西雅图贝尔街
– 美国达拉斯城市公园
– 美国达拉斯格林维尔大道
– 美国纽约联合广场街角改造
– 意大利米兰加里波第大街空间序列变化
– 意大利米兰贝尔科尼街绿化组团种植
– 意大利米兰运河小镇中心广场家具设施
– 意大利米兰克列奥尼街节点空间分布

5
– 俄罗斯莫斯科 Triumfalnaya 广场
– 波兰波兹南 Wolności 广场
– 意大利威尼斯圣马可广场立柱
– 意大利佛罗伦萨乌菲齐廊拱门
– 英国约克皇家剧院室内空间
– 美国迈阿密林肯路停车场
– 德国慕尼黑"五个院子"改造
– 中国连州摄影博物馆改造

– 法国巴黎奥塞车站改造
– 美国纽约曼哈顿南部建筑群
– 英国伦敦泰晤士河岸线
– 希腊雅典卫城
– 新加坡克拉克码头
– 法国巴黎香榭丽舍大街
– 英国伦敦泰特美术馆
– 中国上海虹口区南片区城市设计
– 中国北京广厚街牌坊、永定门城楼、五牌楼
– 日本奈良皇城朱雀门、东宫花园、药师寺
– 英国伦敦金丝雀码头
– 美国纽约哈德逊城市广场
– 中国上海静安寺广场
– 韩国清溪川修复工程
– 中国杭州塘栖城市设计
– 意大利威尼斯阿尔托桥
– 英国巴斯布尔泰尼桥
– 荷兰阿姆斯特丹可居住桥梁
– 中国天津慈海桥
– 日本东京惠比寿广场
– 美国纽约中央车站地区更新
– 美国纽约佩雷公园
– 加拿大 BCE 大楼中庭
– 美国纽约环岛滨水"绿道"建设计划
– 美国纽约巴特利公园

8
– 中国上海陆家嘴中心区城市设计过程
– 日本东京二子玉川地区
– 英国伦敦金丝雀码头区
– 挪威奥斯陆港区
– 日本福冈运河城
– 日本大阪难波商业广场
– 中国上海新市镇
– 英国伦敦巴比肯中心
– 德国柏林波茨坦广场
– 法国南特市中心
– 法国巴黎林荫步道项目
– 中国郑州总体城市设计
– 中国广州总体城市设计
– 中国杭州湾新城城市设计
– 中国佛山岭南天地城市设计
– 中国深圳福田中心区 22/23–1 街坊城市设计
– 美国旧金山 Mission Bay 总体城市设计
– 中国上海静安寺地区城市设计

01 知识的准备

为了使城市变得更加美好，我国在经历了快速城市化阶段后，面临着改善环境品质、提高空间使用绩效和彰显城市风貌特色的发展需求。作为一项专业实践，城市设计工作的核心特质就是"整体地研究和指导建成环境（物质环境）的形成，尤其是关注公共领域的特色、活力和品质"。在人类开始建造城市至今，无论是当时总体把控城市的建筑师（如米开郎基罗），还是专业细分后出现的规划师、景观建筑师和市政工程师等等，都对城市设计这项集体工作的实践和发展有所贡献。随着人类社会从"农耕文明""工业文明"到发展至今的"信息文明"，全球的社会分工则越来越细化，在城市建造领域，建筑学、土木结构、道路交通、给排水、地下轨道等陆续成为各自独立的专业并开展实践，城市整体的协同机制却面临很大的挑战。城市设计在这个时代备受关注，与上述机制的实效及管理分割所带来的环境品质问题以及结合城市发展的创新缺失有着密不可分的关系。但究竟什么是城市设计的核心，如何从根本上理解城市形态和结构的构造逻辑，进而在融合深厚的中国文化和营造智慧的基础上应对中国的城市问题，完善既有建设体系中的不足而有所创新，则是本书希望通过建筑学和城乡规划的本科及研究生专业教育之建设所期待的长远目标。

1.1 城市设计的意义

正如大家所认识的，我国的城市规划体系先后借鉴了前苏联和欧美体系，主要通过城市总体规划及专项规划、控制性详细规划等来实施土地资源的分配、公共服务设施体系的组织和道路交通骨架建构等方面的工作。对城市建成环境（Built Environment）影响至深的控制性详细规划则通过"多图一书"对地块开发在容积率、建筑密度、绿化率、建筑高度等主要指标予以控制。实践结果显示，便于精简管理的"数量化控制"方法，在时效上有突出的优势，但如果没有经过仔细的研究，很难有效地保证城市环境品质的获得，同样，简单的量化指示控制，其内容难以直接导向城市活力、特色和品质；而另一方面，建筑师的工作往往被限定在地块红线内的单体或群体建筑，尤其聚焦在空间、形象和更为具体的建构、材料及建筑本身的体验等，景观建筑师和市政工程师们的创造性工作也大多集中在追求漂亮的公园或机动车效率这样的单一目标，难以从更大的视野来思考专项工作可能带来的城市综合效应，城市缺乏一种协调规划、建筑、景观和市政等方面的统筹工作。表面上看，城市规划有这样的功能和意识，具体项目的建筑师等设计工作者也需要这种全局观和素养，但由于我们的建设规模和速度与规划编制和管理的行政成本不相匹配，因而，从土地利用、交通组织、步行活动、景观风貌以及众多具体的建设实践来看，迫切需要一项能从整体把握城市形态环境格局的工作，也迫切需要从街道等日常生活的视角来引导和激励整体环境中多个建设局部协调一致的工作，城市设计的意义也就在于此，**即：需要在人们日常生活与空间场所、多种城市运动（步行和车行）与城市形态、自然要素与建成环境格局之间建立对应和关联，把场所营造、环境管制、社会公平、经济活力等多个线索整合在对城市品质和地方特色的创造之中**（图 1-1~图 1-5 呈现了世界各地的优秀城市设计案例）。

1.2 何为城市设计

城市是由街道、交通和建筑等物质系统以及居住、就业、游憩等活动系统所组成的，把这些内容按功能和美学、可持续等原则组织在一起，就是城市设计的本质。对城市设计概念的界定虽然没有完全统一的说法，但它是**"针对物质形态环境的整体（关系）设计"**则被一致认同。需要注意的是，这是一项设计工作，是一项因时因地通过城市环境中的形态要素布局组合而呈现特定的面貌和品质，"好的城市设计，能在城市的自然形态方面产生一种逻辑和内聚力，一种对赋予城市及其地区以性格上的突出特征的尊重"[1]。当然，城市设计的工作离不开规划的支持，一方面，城市规划通过理性的分析对土地资源、公共设施以及与道路交通密切相关的日常出行等进行组织所达到的最佳配置是城市设计需要遵循的工作基础，在我国的实践中，城市设计往往与相应的规划阶段（总体城市设计对应总体规划，局部城市设计对应于控制性详细规划）相伴而行。另一方面，城市规划通过公共政策的制定来规范约束开发建设或更新活动，这也是城市设计需要借助规划思维和工作方法的重要内容。

《大不列颠百科全书》对城市设计的定义为："城市设计是对城市环境形态所做的各种合理安排和艺术处理。""城市设计涉及城市环境可能采取的形体，城市设计师通常有三种不同的工作对象：（1）工程项目设计；（2）系统设计；（3）城市或区域的设计"[2]。

英国 F·吉伯德在《市镇设计》（Town Design，1953）中指出："城市

图 1-1 英国伦敦特拉法加广场

图 1-2 荷兰乌德勒支河滨步行街

图 1-3 美国纽约时代广场

图 1-4 丹麦哥本哈根新港

图 1-5 香港西九龙车站花园广场

设计的基本特征是将不同物体整合，使之成为新的设计，设计者不仅必须考虑物体本身的设计，而且要考虑一个物体与其他物体之间的关系。"这里所指的物体即城市要素。美国城市设计学者 Gerald Crane 在《城市设计的实践》中也指出："城市设计是研究城市组织中各主要要素互相关系的那一级设计"[3]。

美国 M. 索斯沃斯在《当代城市设计的理论与实践》一文中将城市设计定义为"侧重环境分析、设计和管理的城市规划学分支，并且注重建设物的自身特点，它在使用者如何感知、评价和使用场所等方面，满足各使用者阶层的不同要求"。[4]

英国环境部和规划部在规划政策指导（PPG1）中，强调了"城市设计是关于不同建筑之间，建筑与街道、广场、公园、河道以及形成公共领域的其他空间之间的关系，是关于公共领域自身的特性和质量，乡村、小镇或城市中的一部分与另一部分的关系，运行的形式及其产生的活动之间的关系，**概括而言，是"关于建成和未建成空间中所有要素之间的复杂关系"**[5]。

美国的哈米德．肯瓦尼（H. Shirvani）在《城市设计程序》（The Urban Design Process）一书中谈到，"城市设计活动寻找制定一个政策性框架，在其中进行创造性的实质设计，这个设计应涉及都市构架（Fabric）中各主要元素之间关系的处理，并在时间和空间两方面同时展开"[6]，也就是城市的诸组成部分在空间角度的排列配置，并由不同的人在不同的时间进行建设。

美国著名城市设计家乔纳森·巴奈特在《作为公共政策的城市设计》（Urban Design As Public Policy）和《城市设计引介》（An Introduction of Urban Design）中谈到，城市形态是由一系列涉及不同利益群体的决策在较长时期造就的，城市设计不只是空间形态的设计，而是一个城市塑造的过程，因此，与侧重描绘理想蓝图相比，**城市设计更关注连续决策过程，制定出一些使城市成型的运行规范和重要原则，建立一个随时间需要而改变的架构，这是一个有创意有弹性的过程。**

对城市设计的理解有所不同，源于许多原因，其中两个方面至关重要。其一是城市设计项目工作的尺度相差很大，既有几十平方公里的"总体城市设计"，也有十几公顷乃至上百公顷的"局部城市设计"和直接实施的"工程性城市设计"，前者侧重城市整体格局的把握，历时较长，后两者则在形态环境塑造上更为具体和详实，需要精细地针对地方的风土人文和经济政治情况，并且有（再）开发主导和城市更新为主的不同类型，情况多样复杂。其二是对城市设计成果（产品）认识的差异，不同于面向单一业主（使用者）的建筑设计或产品设计，城市设计需要评估和权衡不同使用人群的利害情况，并且，对需要较长时间建设的城市片区，要留有充分的发展弹性，因此，既要强调城市设计在塑造地方特征、营造活力和空间品质上的形态意义（愿景之价值），更要强调如何通过制定有效和弹性的**公共政策和开发规则**，使城市设计成为有创意有弹性的**实施管理过程和协调工具**。本书虽然是建筑学专业为主的教材，但需要特别指出，兼顾上述这两方面的工作及其价值，既是学习城市设计的重要基础，也是传统建筑学教育中未能顾及的知识和训练环节。

城市设计是对城市形态环境进行的综合性设计，涉及建筑、景观、市政等要素；是在理性分析基础上，针对多种城市尺度的形态环境进行创作性的设计，并形成原则、策略以及设计导则和特别规定等管理政策和实施框架。城市设计的实现充满了公共权益与私人利益之间的"讨价还价"式的互动，是一个连续的、复杂的、动态的决策和作用过程。

1.3 城市设计的工作领域和主要内容

从全球当代的城市设计实践来看，城市设计的工作领域主要集中在六个方面：

- 新建城市片区 New Development，如法国巴黎拉德芳斯新区（图 1-6）；
- 旧城更新 Urban Renewal，如挪威奥斯陆内港码头区（图 1-7）；
- 大型居住街区 Residential Blocks，如中国香港天水围新市镇住区（图 1-8）；
- 城市综合体 City Complex，如日本大阪难波商业综合体（图 1-9）；
- 特殊价值区域 Special-Value District，如中国上海外滩地区（图 1-10）；
- 城市基础设施 Infra-Urbanism，如美国纽约高线公园（图 1-11）。

而从工作性质来看，又可以分为"开发新建型""保育更新型"和"居住社区型"三类。

"开发新建型"城市设计项目，其主要目的在于为新区（城）的开发建设与经济发展塑造良好的环境。项目实施内容可以是街区的结构性空间和建筑的整体布局设计等等，也可以是对局部地段（块）的建筑控制设计。中国广州珠江新城（图 1-12）以及深圳福田中心区的城市设计就是这种类型。开发型城市设计往往要求为设计区域的开发创造最佳的整体增值效应，因而城市设计主要关注于如何将市场要求与开发环境、公共

图 1-6　法国巴黎拉德芳斯新区

图 1-7　挪威奥斯陆内港码头区

图 1-8　香港天水围新市镇住区

图 1-9　日本大阪难波城市综合体

图 1-10　中国上海外滩地区

图 1-11　美国纽约高线公园

图1-12　中国广州珠江新城

图1-13　美国旧金山：强化历史建筑文化价值

图1-14　美国旧金山：对地形特征的维护

空间、市政设施等具体要求联系起来，形成所期望的增值效应。

"保育更新型"集中了大量旧城区的城市设计项目，聚焦在对城市既有街区的保护、培育和更新设计，既包括对自然风貌和历史文化遗迹的保护和培育，也包括对破败的老旧街区和历史街区加以更新活化（Revitalization）或再开发（Redevelopment）。美国旧金山的城市设计是保育更新型城市设计的典型范例，此类项目往往是通过多项执行内容（如对建筑高度、体量、轮廓线、色彩等）对保护区域的风貌维护和更新加以引导，对再开发项目加以引导和约束，在维护或强化区域文化价值和自然价值的同时，保持和提升城市活力（图1-13～图1-15）。在我国许多大中型城市中，旧城区的街区保护再利用往往与城市更新和适度的新建项目相伴随而进行的，形成新旧共生的环境。

"居住社区型"是针对城市社区环境的衰退恶化，通过社区居民参与设计，力争达到改善社区环境（尤其是低收入邻里环境）的目标。社区型城市设计注重市民参与和社会调查，把居住功能与城市环境、公共设施及所在地区的社会等级、经济水平、文化层次等多项背景资料综合起来，形成居民所需求的社区，如英国伦敦诺丁山社区中的步行街集市和西班牙巴塞罗那为社区打造的街头儿童乐园（图1-16～图1-18）。

虽然存在着多个领域和不同类型的城市设计工作，然而，城市设计的实践始终需要聚焦在以下七个主要内容，这既是在多项城市设计实践基础上的总结，也是基于重要设计专著和理论纲要的汇总，因此，它们是开始学习和思考城市设计的基础：

（1）城市格局

建立可持续发展适应变化的城市格局构型——城市结构的组织逻辑，塑造清晰的、容易为大众所理解的城市形态骨架，成为空间秩序长期发展的框架。

（2）城市联系

通过分析人们到达就业岗位和服务设施的需求来创建人与场所之间的联系，创建不同的车行和步行服务水平以满足不同可达性需求。

（3）使用与活力

观察城市的经济活动和社会生活，立体布局城市空间使用及组合方式，不同的功能、不同的建筑形式、不同的土地使用周期以不同的密度编织在一起，激发舒适、好用、紧凑、协同的空间场所和由此产生的城市活力。

（4）特色与品质

梳理城市形态的构成要素，发现特定的历史、文化和自然资源，在与已有城市形态——建成环境和自然环境的整合中凸显其价值，同时，在城市、片区（社区）、街坊、建筑多个尺度下创造丰富的场所品质以回应

图1-15　美国旧金山：通过控制建筑高度和体量彰显山地城市风貌

城市的地域性，形成多样的城市特色和魅力。

（5）"为人"的场所

营造一个为各年龄层和社会人群、易达的、有吸引力、安全、舒适、健康的空间环境，能够提供多样选择和乐趣、富有特色、充满活力的人与人交往的地方。

（6）资源与永续

建立自然与人工环境的平衡，利用每个场地的内在条件——气候、地（形）貌、景观和生态——来最大限度地节约资源和高效利用资源并提供合理的舒适性，提供不动产、公共空间和服务设施的灵活使用方案，引入新的出行方式和停车模式及其管理，形成未来可持续发展策略。

图1-16　西班牙巴塞罗那街头乐园

（7）可行性与实现

了解开发和更新的诉求、市场规律以及商业活性（Viability），分析项目投资的经济可行性，并且通过有效管理和实施的手段，灵活应对不确定的投资市场以及未来人口和生活方式带来的变化；同时，形成长期有效的设计传导机制和实施手段，并将此视同设计过程的重要组成，确保经济、社会、文化等多元价值的实现。

如图1-19所示，在城市设计的理性实践过程中，从前期的信息分析、理解和判断，到中期的设计、决策阶段，以及后期的实施和运营维护各阶段，设计和管理团队所秉持的价值观始终伴随着各个关键决策点乃至细微环节，尤其是在处理多元使用主体和利益人的情况下，因而，如何建立城市设计价值观指引下的核心原则并落实在项目中形成针对性策略，其重要性不言而喻，表1-1列出了"十项城市设计核心价值"。

图1-17　伦敦诺丁山社区步行街集市

图1-18　伦敦诺丁山社区花园街巷

表 1-1　十项城市设计核心价值

1 活力感 Robustness/ Vitality	城市活力指城市具有旺盛的生命力，即提供给市民人性化生存的能力。城市能够容纳不同功能的多样性程度越高，可以激发更多的城市生活，且活力的程度呈现随机、适应、可进化及多元共生、新陈代谢等自我调节的活力特征。城市活力包括经济活力、社会活力和文化活力。
2 可达性 Accessibility	在城市尺度下，可达性反映了某一城市区域与其他城市区域之间发生空间相互作用的难易程度；在街区尺度下，则是到达某一区位的难易程度，即该区位"被接近"的能力。
3 可渗透性 Permeability/ Connectivity	用来度量街区环境中的人（或车）基于不同方向和地点之间的穿越路径或其路径的可选择程度。这一方面取决于穿越环境的能力，即物质意义上的渗透性，较小的街区地块划分往往可以提供更多的穿越路径；另一方面还取决于看到穿越环境的路径的能力，即视觉意义上的渗透性。渗透性会影响到街区空间的公共性和私密性程度。
4 可识别性 Legibility	可识别性是指一个物体所具有的一种属性，物体的形状、色彩、组织形式能够使观察者对其产生一个强烈的意象。城市的可识别性是城市形态的特征性及其被感知和理解的程度。
5 多样性 Variety	城市由多种类型、层次丰富并且相互关联的人群阶层构成，呈现错综复杂并且相互依存的社会生态关系。多样性描述城市系统中各种要素变化与混合的程度，同时意味着为不同社会人群所提供多元化选择的程度，可以让人们找到自己的定位，找到适合自己生存的方式与发展的机会，对于保持城市活力与吸引力具有重要意义。
6 丰富性 Richness	丰富性指影响着人们知觉体验的选择性。城市体验的丰富性不仅包括视觉、听觉、触觉、嗅觉等方面，也包括动态和静态的体验。城市中建筑和空间本身的变化，以及它们与景观等其他多层次要素进行的组合，构成了城市的丰富性。
7 个性化 Personalisation	由于特定的自然、文化或个人等因素，在城市、片区和建筑等方面所体现出的地方性和差异性的特质，城市中的特色往往源于城市要素在形式和组合中的个性化涌现。
8 视觉适宜性 Visual Appropriateness	城市中的每个要素都需要与周围的环境形成整体性的视觉舒适感，包括人造环境自身及其与自然环境的调和或对比性协调，是城市设计在处理城市环境"视觉美"的基本原则。
9 公平性 Equity/Equality	每个社会群体或个体都具有选择、获取和使用公共空间、公共设施和服务供给等空间和资源的机会。
10 可持续性 Sustainebility	可持续是指在当下和未来、自然生态和人造环境之间保持一种平衡，可持续发展是适度地满足当下的需求并兼顾未来的发展诉求，而非不顾及未来的过度消耗资源、破坏生态环境下的失衡式发展。

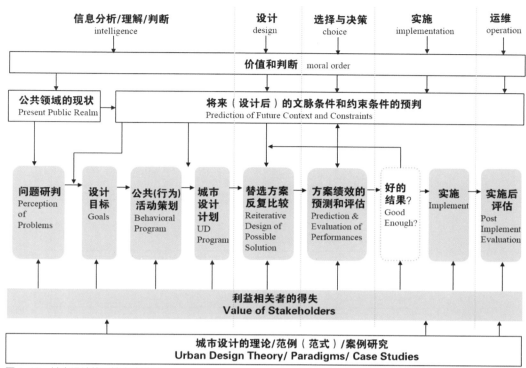

图 1-19 城市设计的理性实践过程

1.4 本书的知识构成与阅读建议

本书学习的前置条件是经过大学四年本科的建筑、规划和景观专业学习，已经获得多类型的建筑设计训练，并初步了解城市规划原理和景观设计的基础知识。为了更好地培养建筑师、规划师、景观设计师的城市设计思维和素养，本书的知识构成在上节所述的城市设计主要内容基础上，进行了一定的筛选，分成了若干知识节点，组成了从基础、进阶到实务三个板块下的十个章节，希望建立循序渐进的教学环节，有助于培养对城市设计知识的了解和掌握，乃至批判性思维的形成和实践方法上的创新。

第一板块是理解城市的构成逻辑和城市设计的基础内容，由知识的准备、理解城市形态、发现城市要素这三章组成；第二板块是深入了解城市设计的进阶内容，分为构建城市联系、创造人性场所、建立空间秩序、探索特色和活力四个章节；第三板块侧重于学习城市设计从编制到实施的实务内容，包括过程和成果、实施的组织和城市设计工具箱三个章节。在各校的教与学过程中，师生可以按需求取舍。

表 1-2　本书的知识构成

知识的准备
了解城市设计的概念和意义、主要的设计领域和项目类型，掌握城市设计的主要关注设计内容和基本的价值观

理解城市形态
学习城市形态构成的内容，建立道路形成的骨架与街道、街坊、地块、建筑、开放空间和景观等要素在功能、密度等作用下的空间布局关系

发现城市要素
了解城市各个要素的类型、功能与形态特征，分析城市要素之间的关系，建立要素系统整合的基础

基础

构建城市联系
学习步行、自行车、小汽车和公共交通等方式的出行特征与环境需求，建立与城市环境品质相结合的交通组织与可达性设计的原则与方法

创造人性场所
思考城市空间与公共生活的互动关系，分析城市人性场所的环境要素，建立基于社会行为的空间设计策略

建立空间秩序
学习和理解城市空间秩序的建立过程及所遵循的原则，从而指导城市设计，满足使用需求，让空间得以增值

探索特色和活力
思考城市特色和活力的来源与关系，学习发现和弘扬城市资源的思维方法，再塑和重组城市空间内的不同要素，创造吸引人的地方

进阶

过程与成果
了解城市设计作为一种实践的全过程所具有的"长期性""综合性"和"间接性"特点，学习总体城市设计和局部城市设计两大类型的设计过程和相应的设计成果

实施的组织
了解如何组织和开展城市设计实施，包括实施的可行性、实施的组织制度以及"规则控制"和"形态引导"的两种实施的途径

城市设计工具箱
学习通过市场、行政等手段制定公共政策工具来引导城市设计实施；了解和运用大数据环境下涌现的量化分析工具，从而更科学地支持设计决策过程

实务

注释

[1] 引自 [美] E. D 培根等. 城市设计 [M]. 黄富厢，朱琪 编译. 北京：中国建筑工业出版社，1989.

[2] 引自《大不列颠百科全书》1977 年版第 18 卷《Urban Design》[M]. 陈占祥译.

[3] 引自《城市规划》文库：城市设计论文集 [M]. 北京：城市规划编辑部，1998.

[4] 引自 M. Southworth. 当代城市设计的理论和实践 [J]. 张宏伟 译. 建筑师，1997（87）.

[5] 引自英国环境部和规划部. City of Stoke-on-Trent: Urban Design Strategy [R], 1997.

[6] 引自 H. Shirvani. 关于城市设计 [J]. 薄曦 译. 国外城市规划，1992（1）.

思考题

1. 为什么要开展城市设计工作？在我国的城市开发和城市更新中起到什么作用？
2. 城市设计的实践最关心哪些内容？城市设计的核心价值有哪些？
3. 读一个案例的实践过程，尝试用框图勾勒这个过程，思考有哪些合理或需要讨论的环节？

延伸阅读推荐

1. [美] E. D 培根等. 黄富厢，城市设计 [M]. 朱琪 译. 北京：中国建筑工业出版社，1989.
2. [美] 约翰. 伦德. 寇耿等. 城市营造：21 世纪城市设计的九项原则 [M]. 赵瑾等 译. 南京：江苏人民出版社，2013.
3. 韩冬青等. 城市·建筑一体化设计 [M]. 南京：东南大学出版社出版，1999.
4. 伊恩. 本特利，艾伦. 埃尔科克，保罗. 马林，苏. 麦格琳，格雷厄姆. 斯密斯. 建筑环境共鸣设计 [M]. 纪晓海，高颖 译. 大连. 大连理工大学出版社，2002.
5. 阳建强. 设计城市而不是设计建筑——读《城市设计引介》[J]，《新建筑》，1991（4）.

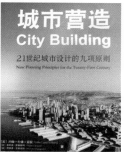

参考文献

1. Jon Rowland. The Urban Design Process[J]. Urban Design Quarterly 56，1995.
2. [美] E. D 培根等. 城市设计 [M]. 黄富厢，朱琪 编译. 北京：中国建筑工业出版社，1989.
3. 王建国. 城市设计 [M]. 北京：中国建筑工业出版社，2009.
4. 王伟强. 城市设计导论 [M]. 北京：中国建筑工业出版社，2019.
5. 杨一帆. 为城市而设计：城市设计的十二条认知及其实践 [M]. 北京：中国建筑工业出版社，2015.
6. M. Southworth. 当代城市设计的理论和实践 [J]. 张宏伟 译. 建筑师，1997（87）.
7. 英国环境部和规划部. City of Stoke–on–Trent: Urban Design Strategy[R]，1997.
8. 金广君. 图解城市设计 [M]. 北京：中国建筑工业出版社，2010.

02 理解城市形态

城市形态是由城市中的实体和空间两类物质要素组成（狭义），也包括了非物质的社会形态等（广义），其形成是一个社会、经济、文化相互作用的复杂过程。对城市形态的物质性分析，既包括由骨干路网、开放空间、地形、地标等构成的城市框架或格局（Framework/Pattern）（如图2-1），也包括由街道、街坊、地块、建筑和公共空间等构架的肌理（Fabric/Tissue）；并强调上述要素之间的关联、构造和生成逻辑，以及背后的社会、经济、文化等因素的影响。此种解析不仅是后续场所营造（将不同要素有特点地组合成为场所）的基础，也应成为城市形态发展和修补的依据，特别有助于对以下目标的理解和实现：

（1）整体关系：使设计区域连接并融入周边地区；

（2）功能效率：各个独立的要素（建筑、街道、开放空间）共同作用形成一个高效的整体；

（3）环境和谐：创造一种节能和生态回应的发展模式；

（4）场所感：创造具有识别性并同时凸显地域特征性的区域。

商业活性（Viability）：回应市场影响下的混合开发和空间产品需求

[案例]英国中部的特伦特河畔斯托克市（Stoke-on-Trent），在城市设计政策中对如何理解形态构型提出了五个方面的内容：①城市格局；②城市意象；③城市环境中的运动；④建筑和特征；⑤城市设计的机会和威胁。城市格局是对以自然环境和人工环境组成的城市骨架的理解；城市意象是研究城市中的路径、边缘、区域节点和地标五方面的要素对识别和体验上产生的影响；城市环境中的运动是研究人行、车行和公共活动如何渗透在城市之中；建筑和特征则是分析现有的建筑及其特征和它们对城市氛围的作用，研究如何保护和开拓建筑特色，提高城市环境质量；城市设计的机会和威胁这一部分是讨论改善城市环境的潜力和不利因素，为形成城市设计提供研究基础；这份研究为城市设计如何组合实质元素提出了分析方法的构架。

世界城市的演变和发展，历经了几百年的新旧更替，要理解今天我们所见到的许多伟大城市，并分析和理解这些城市的形态和构型，往往需要追溯它们的历史和遗留下来的痕迹。所以，当我们在互联网时代快速地徜徉在这些城市中，无论是古老的威尼斯、巴黎、罗马，或是近现代诞生和重建的巴西利亚、鹿特丹和洛杉矶、纽约等，都需要认真倾听

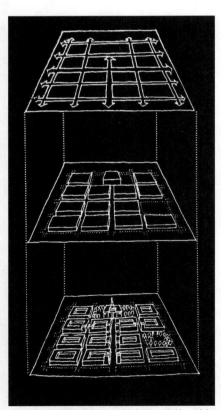

图2-1　由骨干路网、开放空间、街坊、地标等构成的城市形态框架

那些城市在过往岁月中的变迁故事：或许是城市功能的转变和人们聚居方式的进化，或是社会事件的激变及其对公共生活的影响。而在其中，出行方式的变化，特别是城市演化中所经历的马车、小汽车乃至具有百年历史的地铁等出行方式，都对城市形态的形成和组织结构的更新产生了深刻的影响，当代城市更是如此，城市中的运动是决定城市形态的关键因素。本章将重点讨论城市的运动体系、功能因素、密度和设施对城市形态的结构性作用，同时，通过对城市形态的基本单元（街坊、地块）和重要单元（地标）的学习，理解形态创造中的构造关系和对形态构型的意义。

2.1 运动体系和城市骨架

城市中的出行，无论是公共或私人的机动车出行，还是自行车和步行构成的非机动车（慢行）出行，都是城市运动（Movement/Mobility）[1]的组成。在不同尺度下，运动的构成有很大差别，如大尺度的区域之间主要依托机动交通，而小尺度街区环境中步行和非机动车是主要的，但城市运动所依托的骨架系统（道路和街道）是比较稳定的，或者说历经多年的变化，地块和建筑物会根据需要不断经历更新和再开发，而运动的骨架——道路和街道系统作为城市基础设施中的主角变化较小，只有经历了快速城市化发展阶段或特殊时期（如1851年"大巴黎改造"计划和1871年"芝加哥大火"等），才会发生巨大的变更。

2.1.1 对城市运动的评估

对城市运动的评估是为了更好地预判和优化运动体系所承担出行功用的水准（也称为服务水平，Service Standard），为城市形态构架确定基础。通常会需要分析研究区域的机动和非机动出行方式所能辐射的范围以及本地区高到达频度中使用的出行方式和出行结构，需要收集城市管理的基本单元——社区[2]对出行上存在问题和需求，了解规划中对该地区的发展定位等，对城市运动的评估往往会涉及"可达性"的概念。

在城市尺度下，"可达性"反映某一城市区域与其他城市区域之间空间上相互联系和作用的难易程度，因而出现了高可达性的市中心地区和低可达性的城市边缘区域；在街区尺度下，"可达性"指所有人到达某一区位的难易程度，即该区位"被接近"的能力。可达性在宏观意义上决定了城市、区域或城市内部某一地点的相对区位价值及其融入社会经济活动的便捷度，在微观角度上表征了个人参与城市活动及获取发展的机会量。在今天出行方式迅速变化的时代，可达性往往会由于城市轨道交通（如地铁、轻轨、有轨电车等）出现很大改变，同样，随着共享单车、时租汽车和"无人驾驶"汽车等新型出行方式的出现，未来也会迅速改变可达性和城市区位的优劣判定。

城市运动的评估从服务等级和服务覆盖范围上可以排列为：

• 地铁、轻轨

• 公交巴士、有轨电车

• 私人小汽车

• 自行车

• 步行

值得注意的是，可持续城市原则下注重公共交通和步行，运动优先级的理想模型往往是：**地铁和轻轨 > 地面公交 > 步行 > 自行车 > 私人小汽车**。很多城市的出行结构目前还达不到理想的目标，但需要坚持且兼顾过渡时期的出行组织。

对城市街区的活力影响更多来自步行及其关系密切的非机动车和公共交通等，因此，在运动系统评估中需要特别关注步行活动中存在的问题、需求和潜力，包括：

• 出发地 – 目的地（Origin–Destination）

• 路径的多选择

• 路径的安全性

• 路径的便捷性

• 路径的舒适性

• 可停留场所的吸引力

对多种运动的评估，可以明确城市设计地区的现状机动交通和慢行交通的优劣，从而决定未来可以进行哪些功能开发以及是否需要优化。对于城市更新地区的再开发或城市复兴项目，还可以通过区域或地块内的运动路径增加，来提升本区域的局部便捷性，特别是在步行和非机动车部分。

2.1.2　宜步行街区

大都市和中小城市内，机动交通是主要长距离出行的选择，然而，步行活动却是对城市活力（Vitality）影响最大的因素，因此，在城市中心区需要构建街坊单元中联系便捷、开发紧凑、功能混合、高品质步行环境品质的**宜步行街区**（Walkable District）；在社区或邻里中心，也需要将公共服务设施更加连续紧凑地布局在一起，减少私家车出行，鼓励步行化。步行街区不限于上述两类地区，城市主要商业地区、公共活动中心区都应建成宜步行街区，其目标就是在公共交通的支持下，为到达公共服务设施和商业、办公等的人群创造适宜步行乃至步行优先的街区，巴黎市中心区创造了高品质的步行街区，成为全球的典范（图2–2）。

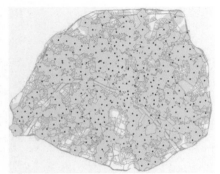

图 2-2　巴黎市中心（105km²）的地铁站500m 直径覆盖范围（灰）和 500m 实际距离覆盖范围（绿）

通常，在没有停留的情况下，步行 500m（5～8 分钟）到达目的地是个舒适的距离，步行 1000m（10～16 分钟）是可以接受的距离，而 1500m（15～24 分钟以上）的步行距离，对大多数人来说是个耐受的极限。

2.1.3　街道网络

城市的车行交通和步行活动都是在一个网络中的，道路（Road）更偏向机动车通行效率，而街道（Street）是机动车和行人的共享空间，但更关心步行活动。道路和街道的区分并不在于红线的宽度，而在于"车和人"的路权分配，图 2-3 展示了同样在 24m 红线的范围内，不同的空间分配分别造就了以车辆为主的道路和人车共享的街道。

图 2-3　同样宽度道路红线内的不同路权分配

联系已有的路网

无论是新开发地区还是旧城更新地区，与现状或已规划的周边路网尽可能衔接，保证了区域与相邻地区的关联；争取向城市干道等高通过性道路开口，将有利于提升地区的可达性（图 2-4）。

建立边界 vs 打破边界

一方面，快速道路和主干性道路，和河流、森林、公园、高架桥、铁路等元素一样，可以成为城市特定区域的边界，另一方面，穿越或跨越这些限制性要素，与城市网络衔接，可以加强与周边的联系，弱化阻隔，甚至把阻隔要素所占有的空间释放出来。

［案例］西雅图雕塑公园（图 2-5）位于西雅图滨水区，曾经是石油公司的工业棕地[3]，面积约 3.44 万公顷，一条铁轨和国家公路将这里分隔成 3 个孤立区域。2007 年，建成连续的 Z 字形绿色平台跨过公路和铁轨，步行路径从城市向海边蜿蜒过去，将分隔区域连接起来，营造了一个由建筑、基础设施和公园共同组成的整体景观形态。

2.1.4　网格类型

街道（道路）网格在形态上有多种类型：

考虑场地与周边干道和公交设施密切联系

断头路使布局内向，无法更好融入周边环境

步行友好的内部道路与周边环境联系密切并且与公交站直接相通

街道网络会成为联系周边社区的基础，这种街区组织方式使建筑公共领域产生积极影响

⟷ 主要路径　⟷ 内部道路　● 公交站点

图 2-4　通过路网建立与周边联系

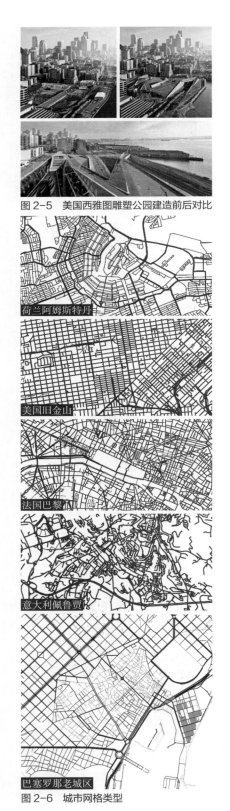

图 2-5　美国西雅图雕塑公园建造前后对比

图 2-6　城市网格类型

在城市或大尺度层面通常有：**放射型**（荷兰阿姆斯特丹、上海临港新城）、**网格型**（旧金山、纽约）、**轴线型**（巴黎、华盛顿）、**有机型**（巴塞罗那老城区）、**自由型**（如佩鲁贾、斯图加特），见图 2-6。不同形态的网络也意味着不同城市区域的可达性程度形成了差别。放射型和轴线型的城市"中心性"明显区位价值突出，而网格型在可达性方面拥有不错的均好性，有机型、自由型则更多地遵从于老城形成过程和特殊地形的特征，大多数城市的街道网络往往是上述几种情况的拼贴组合。从社区或邻里单元的尺度来看，根据这些单元与外界联系需求的强弱，也可以产生内部网格与外部联系的不同类型（图 2-7）。社区级的道路与周边其他道路连接越直接，其开放性和公共性越高，反之，社区的私密性和内向性则越强，公共性则越弱。

在城市整体和局部两种尺度下，如果叠加道路宽度等因素，道路（街道）网络中的重要性就被清晰地区分出来，形成了网络中的层级，在大部分城市中，"快速道路—主干道—次干道—支路—街坊内部道路"形成了交通性道路网络。

网络提供了一种运动（Movement）连接的结构，检验网络的效率可以从车行交通和步行生活两种角度。现代主义城市用技术性的"分支逻辑"，强调了机动交通的道路应该形成速度分级的**"树状结构"**（如巴西巴西利亚），而人性化的"连接逻辑"主张作为步行活动的街道更偏向平行无等级的**"网络结构"**（如意大利威尼斯），在西方不少城市，至今仍保留对步行车行不同服务水平的街道层级分类：Lane/Alley（小巷）—Street（街道）—Avenue（大道）—Boulevard（林荫大道）（图 2-8）。因此，城市街道网络结合了步行和车行的需求而呈现出两种结构叠合的**"半网络结构"**特点，有助于平衡机动车效率和步行活动的双重要求（图 2-9）。基于社会学的人际

图 2-7　内部网格与外部的联系

图 2-8　车行和步行不同服务水平的街道

联系和图论，英国伦敦大学学院（UCL）的比尔希利尔（Bill Hillier）教授创立了"空间句法"（Space Syntax）理论，用"连续性、连接性和深度"等关键数值解释了路径结构带来的不同影响，在此基础上，香港大学、MIT等研究机构也发展了 sDNA、UNA 等城市网络分析工具（图 2-10）。

道路网络中，相比三条道路或五条以上道路交汇，十字型的四条道路交叉口是高效的，在实际交通组织管理中，可以通过限制转弯或单行线等方式来加强道路网络的通行能力；也可通过禁止机动车通行、慢速通过、限时通行来凸显步行权优先的街道。

道路或街道网格间距的确定需要根据车行和步行的权重来确定，快速道路希望 500～800m 或更长的网格以避免过多信号灯影响车速，一般车行道路倾向 300～400m 的格网，而步行活动更喜欢 50～150m 的格网尺度。在多数情况下，市中心地区采用 80～150m 的网格间距为车行和步行提供最理想的"慢车宜步"结构，一般地区可以将网格间距控制在

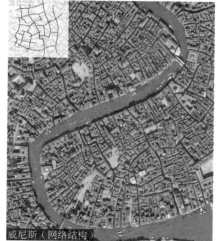

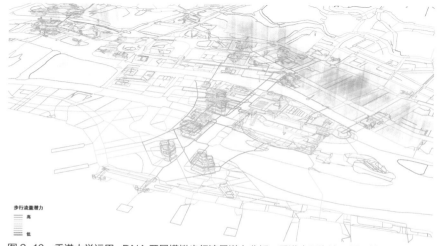

步行流量潜力

图 2-10　香港大学运用 sDNA 开展模拟步行流量潜力分析：香港中环海滨 3 号用地设计方案

图 2-9　三种城市结构

150～400m，而在特殊地区如遇到铁路、河流等，可以根据当地地形、街区功能等适当改变格网。

2.2 功能和使用

每个城市根据所在地域情况会形成特定的产业特色和都市吸引力，但城市的良好运行需要多种机能来支持，就业岗位和居住单位以及作为链接的交通出行配置是最基本的构成，为了获得更好的城市生活品质，体育健身、医疗卫生、教育培训、娱乐游憩、公共服务等功能以及更多的公共配套和市政设施都是不可缺乏的。运动系统是城市的骨架，而各种机能的合理配置乃至细化的功能布局则是城市运行的"五脏六腑"。

2.2.1 功能分区和混合

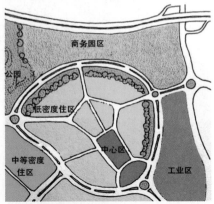

设计新地区时，当所有潜在"混合使用要素"都被吸到边缘时，中心区应担当什么角色？

依照道路或街道来分区和布置功能，牺牲了创造更多与步行和骑行相联系的可能性

从城市整体的宏大尺度来看，功能分区是合理有效的规划手段，理性地将各种功能群诸如工业、仓储、办公、居住等通过布局实现最佳**"功能－区位"**的配置关系，即功能分区，并通过路径实现各自的联系。通常一座城市需要具备以下几个方面的功能：居住、商业（包括零售、餐饮、百货等）、办公、教育（包括中小学、高校等）、酒店、娱乐、文化、医疗、交通、市政、公共设施（政府机构等）和相应的城市产业功能。

在传统模式下，城镇的产生往往是围绕着一个交叉路口（河流交汇处）、活动中心或广场等停留场所的，不断增长的住房、零售、社区和工作就业则是围绕这个核心持续蔓延，因而呈现一种自然高效的功能混合状态。尽管混合开发有诸多优点（见表2-1），在现代城市开发中为建立清晰而操作简易的规划框架，常常采用功能分区做法，这种做法或许有利于大尺度的快速城市化建设，但在城市中心区并没有遵循混合使用所带来的城市生长规律，往往带来很多问题（图2-11）。

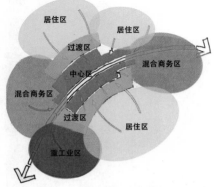

一个更具活力、更可持续的形态源于模糊各种功能之间的界限，使公交站或轨交站能通过步行方便到达中心区等场所

图2-11 功能混合与边界

表2-1 混合开发的好处

混合开发的好处
– 更方便地到达各类服务设施
– 上班的通勤拥堵最小化
– 更多机会进行社会互动
– 多元的社区
– 小范围内不同建筑物带来的视觉冲击和愉悦
– "街道眼"带来更多的安全感
– 更高的能源、空间和建筑物的使用效率
– 对生活方式、位置选择和建筑类型有更多消费选择
– 益于都市活力和街道生活
– 有利于都市设施增加生存能力并支持小微企业的存活（如街角商店）

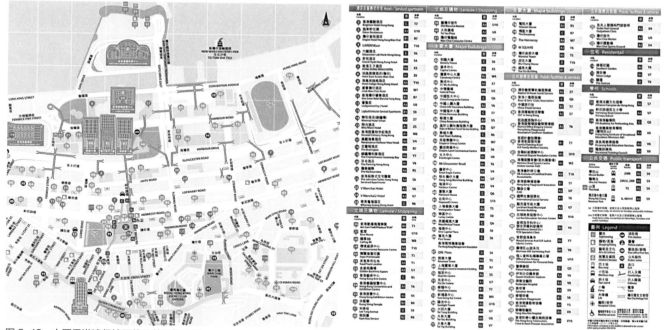

图 2-12　中国香港湾仔地区的公共设施分布

　　每个成功的可持续发展"街道或社区"[4] 单元需要：提供人们步行到达日常公共设施（包括商业、学校、社区医院、警署、社区中心等）的**"合适距离"**，提供足够的公共设施来满足社区的需求和广场等**"空间场所"**来支持多元社会生活和公共活动。如图 2-12，中国香港的湾仔地区，公共服务设施分布在地铁和公交车站 500m 步行范围所覆盖的范围。

　　快速编制的规划系统除了对土地功能和道路交通做出界定，却并未明确地表示出对公共场所和公共设施的布局以及结合日常使用的状况做出描述。通常的方法是在设计场地上先将不同功能进行分区并给予相对固定的边界，大多数情况下，道路、河流等会被用来分割这些功能区块，然后再加入次一级道路加以细分或土地再划分，使得道路成为分隔不同使用活动（功能）的边界，但缺乏一个清晰的城市设计结构即公共空间和城市活动场所为核心的骨架系统。因而，在分区方法下，道路（街道）两侧的功能所导致的使用活动是各自独立的，城市活动及广场街道等空间场所由于被内向分割而失去公共性，甚至被"超级街区"中的大盒子建筑如购物中心、商业综合体等所取代。

　　因此，要促进而非隔离多样性来鼓励城市活动的发生，需要考虑：

- 发展模式　　　　· 产权 / 使用权
- 土地使用　　　　· 市场细分
- 人口密度

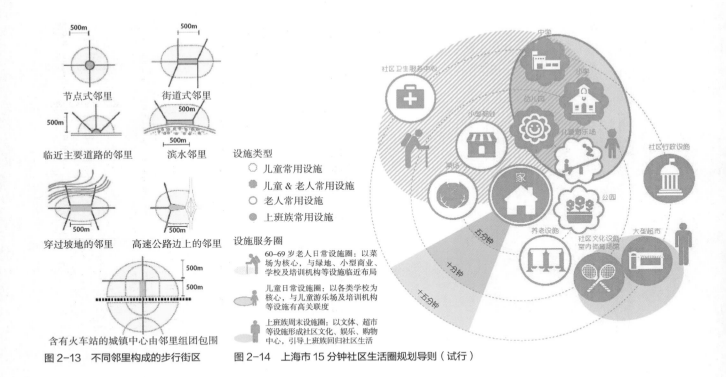

图 2-13　不同邻里构成的步行街区

图 2-14　上海市 15 分钟社区生活圈规划导则（试行）

图 2-15　上海虹口北外滩地区的街区特色元素

2.2.2　使用的复合与兼容

混合功能的开发模式可以通过采用合适的距离满足人们能够步行到达日常公共设施（如菜场、社区中心等），被广泛应用的尺度基准为 500m 为半径（或边长）的范围，约等于 5~8 分钟的步行距离，覆盖 50~75 公顷的用地，可称为"步行街区"（图 2-13）。步行街区所需要配置的功能及其 15 分钟服务圈可参见上海市 15 分钟社区生活圈规划导则（试行）（图 2-14）。

功能混合，就意味着不同的使用活动在同时进行中，这是社会学中多样化的基础，也正因此产生了许多区域特色。在很多城市中心或城镇，都在尝试强化已有街区或社区的特色空间，通过引入特定的功能（活动）或混合不同的功能（活动），或重新设计创造新的特色区域（如花园集市、大学文创街等）。这些特色功能混合所产生的区域，可以加强地区认同感，并作为一种市场手段提升当地形象和认知度，例如上海虹口北外滩地区（图 2-15），这些街区中的特色，可以通过主导功能、地标建筑、历史遗产或地方元素来实现，其中的功能混合或不同活动的混合也是城市活力的源泉。

功能的混合使用往往要注意以下三方面原则：

（1）最大化协同，最小化冲突

功能混合提供了多样化，但也不可避免地带来一些冲突。大多数功能可以和谐共存，但在细节层面存在一些冲突。比如总平面上的功能混合要避免医院设置在学校和幼儿园的上风向会带来健康上的隐患；又如竖向功能复合的情况下，底层商业中的餐饮业对楼上住户的油烟和噪声干扰等情况。事实上，通过设计布局中的合理性以及辅以城市管理上的技术和规则设计，是可以规避大部分冲突，并实现紧凑的功能混合使用。诸如东西向商务酒店与南北向住宅共成街坊，低层幼儿园和高层的住宅结合等水平和垂直混合使用的。在许多旧城中，功能混合成为一种常态，带来了积极的有特色的便利舒适区域，但是不同的功能间会有相融和相斥的关系，并非所有的功能混合都是合适的，表2-2是可供参考的上海城市用地功能兼容引导表。

　　为最大限度地挖掘功能混合带来的活力，经济方面的可行性研究是需要的，以检验功能混合的生存能力，可行性研究需要评估植入功能和现存邻里双向的兼容性，并对每种功能的（空间）位置是否有利于促进兼容性避免冲突性进行分析，对诱发高交通流量的功能应尽可能靠近交通节点或干道。

（2）结合最基本的使用活动

　　将最基本（第一层级）的市民日常活动——生活和工作进行结合，可以支持次生（第二层级）多样丰富的公共设施（诸如商业、娱乐、休闲以及社区活动），而将相关的功能业态加以组群化（Function Group）可以有利于场所空间的营造（Place-Making）（图2-16）。

　　在市中心区，商业中心的经验告诉我们，功能的布局是为集中步行人流而服务的，主力店（旗舰店）之间的间距最多不超过250m。

　　在居住社区中，功能组群往往由生活方式决定，菜市场、餐厅、洗衣店、小型超市等与健身设施、运动场地、公园绿地以及幼托、学校等形成密切关联组群。

　　在就业岗位密集的区域，功能组群也往往依托特定工作链，比如：金融业、证券业、律师行、会议中心、高级公寓、星级酒店等形成功能组；设计行业与文化中心、效果展示、模型制作、文本印刷等行业形成产业链。

　　在特定区域也需要研究核心功能和衍生功能，如重点医院街区，会衍生药房、养老机构、康复公寓、平价旅馆和访客服务商店等；在剧院区，会衍生酒吧、餐厅、街头公园等各类社交聚会场所。

　　研究对不同地域条件下的产业链和生活链，特别是对地方文化传统所促生的混合业态组合模式的研究可以营造具有特色内涵的社区。

（3）混合的形式

　　功能混合街区中的尺度和功能内容很大程度依托于当地的发展计划及其在城市中的定位和层级。虽然每个地方各有其殊，但一般都会呈现出中心—过渡—边缘的区域分布特征。混合的土地产权（或使用权）有利于不同业态功能的存在，也在社会学上保持了多元化交往的基础，因此，在一定范围内（并非全部），有必要分布不同的建筑类型和产权（使用权）

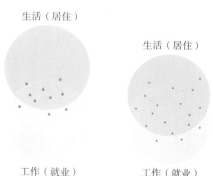

图2-16　第一层级的工作与生活结合的两种模式，红点为次生的公共设施分布

表2-2　上海市用地功能兼容性引导表

用地性质	住宅组团用地			社区级公共服务设施用地		行政办公用地	商业服务业用地	文化/体育用地	科研设计用地	商务办公用地	一类工业用地	二类工业用地	工业研发用地	普通仓库/堆场用地	物流用地	轨道交通用地	社会停车场用地	综合交通枢纽用地
	一类住宅组团用地	二类/三类住宅组团用地	四类住宅组团用地	社区级福利、医疗设施用地	其他													
一类住宅组团用地	√																	
二类住宅组团用地	×	√																
三类住宅组团用地	×	√																
四类住宅组团用地	×	○	√															
社区级福利、医疗设施用地	×	√	√	√														
其他社区级公共服务设施用地	×	√	√	√	√													
行政办公用地	×	×	×	○	○	√												
商业服务业用地	×	○	√	○	√	○	√											
文化/体育用地	×	×	√	○	√	○	√	√										
科研设计用地	×	×	√	○	√	○	○	○	√									
商务办公用地	×	○	√	×	√	√	√	√	√	√								
一类工业用地	×	×	×	×	○	×	×	×	√	×	√							
二类工业用地	×	×	×	×	○	×	×	×	√	×	√	√						
工业研发用地	×	×	○	×	○	×	×	○	√	√	√	√	√					
普通仓库/堆场用地	×	×	×	×	○	×	×	×	○	×	√	√	√	√				
物流用地	×	×	○	○	○	×	√	√	○	○	×	×	○	√	√			
轨道交通用地	×	○	√	○	√	○	√	√	√	√	○	○	○	×	×	√		
社会停车场用地	×	×	○	×	○	×	√	√	√	√	○	○	○	√	√	√	√	
综合交通枢纽用地	×	√	√	○	√	×	√	√	√	√	○	×	○	×	×	√	√	√

注：①"√"表示宜混合，"○"表示有条件可混合，"×"表示不宜混合。②表中未列用地一般不宜混合。

形式，"点彩法"或"撒胡椒面"式的地块产权（使用权）分布可以确保多样性和宜人尺度，避免"飞地"式的集中而单一的功能开发。当然，需要花力气研究混合使用的管理模式，这也是城市多样性可以获得支撑和有效实施的保证。

2.2.3　从中心到边缘

根据城市可达性的优劣，可以将城市粗略地分为中心区、外围边缘区和之间的过渡区，中心区常常路网密集，显示出极强的"中心性"；而地处外围的边缘区域往往依赖于少数的交通道路，呈现出末端弱联系的特征；大量的中间地带"过渡区"拥有疏密适中的路网，也孕育了更多的功能类型。每个区域可达性程度不同，也适宜配置不同的功能，在中心区，尽可能通过公交结合步行的方式，把多类经营性的公共功能使用（零售餐饮、休闲娱乐、办公等）和市民服务类的公共功能使用（社区中心、教育、医院、菜市场等）紧凑地串联起来，中心区应拥有城市最著名的公共空间和公共设施如文化中心等，使所有市民能均等共同受益；而在边缘地区，发挥道路网络末端的特点，设置目的性强的功能如高尔夫场地、度假别墅区、特定商业如家具城、品牌折扣店（Outlets）等；在过渡区域，多类型的功能区与居住混合渗透形成各有特征的特定社区。在小型城市中，有明确的中心地区和外围区；在中型城市中过渡区开始出现，填充了大量居住、就业和服务业，并不断扩大；而在大都市中，单一的中心逐渐演化为多个中心或副中心，过渡区也会出现次一级的社区中心核，在外围边缘区特定功能汇聚形成专业中心或新市镇或卫星城，城市呈现多层级中心成网络分布状态。

城市各级中心是各个层级公共活动的基核，其发展有以下需求：

（1）锚固在公共交通节点上

活动最密集的区段（特别是商业和公共活动中心）通常自然而然地出现在公共交通汇聚的主要路径沿线两侧或交汇点（图2-17），例如上海的徐家汇、南京的鼓楼广场，郑州的二七广场等，这些中心的体量大小会依据城市的能级、自身的区位和路网密度情况有所不同，但这种特征是共同的，即这种与公共交通节点的锚固决定了人流的密度和聚散程度。

中心区的就业人口和居住人口密度决定了整个区域的功能需要混合，以达到紧凑便利的使用需求，中心区适宜分布在主要交叉路口和主要活动街道两侧，并能通过步行到达不同的功能目的地，通过公交站点加强地区认同感（Identity），也促进沿步行路径的各类活动（尤其是消费）。可能的情况下，尽量考虑整合公交车站、轨道车站、铁路站等（如纽约中央火车站），新增的混合功能区域需要考虑如何与已有的地区中心取得联系。

将地区中心置于远离主要路径的地方会剥夺它的生机和经过性贸易

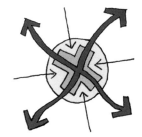

答案是在关键点创造步行和公交导向型中心

公交导向型开发确保功能混合型社区在步行范围内可达到一个轨交站点或巴士站点

图2-17　与中心区的活力：依托公交和步行

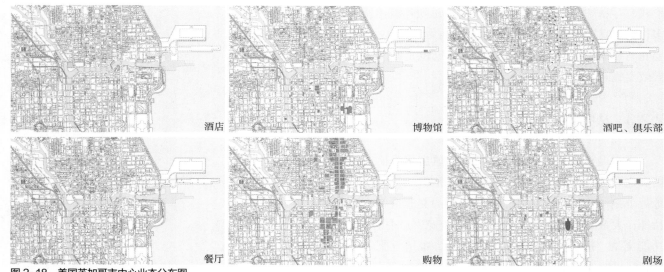

图 2-18 美国芝加哥市中心业态分布图

（2）植入各类居住

全球大量实践证明，城市中心区的活力极大依赖于居住人群，如果单纯地从一次性土地开发获益出发，避开和外移住宅功能，会严重影响中心区活力（如早期建成的英国伦敦金丝雀码头区），同样，缺乏居住者的中央商务区（CBD）到了夜晚和周末，将丧失活力和多样性（如美国芝加哥市中心，图 2-18）。将住宅、出租公寓、SOHO 办公公寓乃至旅馆酒店植入中心区，可以使城市活力时间从日间的工作购物时段大大延伸至夜晚。

（3）注重市民服务

公共服务设施和便利设施可以有效支持居民及就业人员的日常需求，并为城市结构提供焦点元素，加强当地社区认同感。幼儿园、图书馆、社区中心、警局及政府机构最好位于可视性高的中心地区，广场和公园常常能彰显市民的存在感和地位。

2.2.4 特别价值地区

特别价值地区是指拥有特定的自然、历史、文化等资源（如车站、老城、特别地形地貌等）的局部城市片区，往往需要对常规的土地利用、交通组织以及人员密度和土地可开发强度等做出特别增减调整，以充分挖掘、保护和发挥该类资源的价值。特别价值区又称特定区（Special District），可以编制专门的城市设计并形成导则或规定来进行管理。通常包括以下几类：

（1）车站区

包括城市中的火车站、客运码头等客运枢纽区，也包括城市轨道（地铁或轻轨）汇聚的车站地区，其最大的资源在于人流的汇聚和疏解。著名的案例有：纽约中央车站地区、巴黎雷阿勒地区（Les Halles）、新宿车站地区。

（2）滨水区

城市中沿海、江、河、湖、溪等水系两侧的地区，可以依托人们亲水的行为特点，挖掘滨水与观赏、游憩、消费等一系列公共活动和私密活动的结合。著名的案例有：芝加哥河滨地区、上海黄浦江外滩地区、巴黎塞纳河沿岸地区。

（3）山地等自然风貌区

城市所拥有特殊的地形地貌和自然环境所在的建成片区，如美国旧金山以地形著名的九曲花街地区、中国重庆洪崖洞和磁器口。

（4）历史文化风貌区

城市长期演变中遗留的具有特殊历史或文化价值的建筑风貌区，如福州的"三坊七巷"街区、天津的五大道街区。该类地区既有历史建筑（群）为资源的特定区，也包括为保护和发扬（工业）文化遗产的特定区，如美国纽约的剧院区、英国伦敦的巴特西（Battersea）发电厂地区等。

2.3 密度、设施和形态

城市中人口密度[5]的分布呈现梯度分布，从中心区到外围逐渐降低，以上海为例，内环内的核心城区人口密度平均达到 3 万人 /km²，而外环外的人口密度不到 1 万人 /km²。道路体系和公共交通体系营造的高可达性迎合了中心区就业人流汇聚的需求，使各类功能使用得以交融，土地价值因此有所差异，也造就了人的密度的梯度分布（图 2-19）。

如果仅仅按照土地价值将市中心主要安排办公商业等功能，而将居住人口放在外围，毫无疑问会造就巨大的职住分区布局而诱发庞大的出行成本，对公共交通和私人交通，都会造成极大的道路空间需求。因此，在不同的（人）密度分区中，需要充分混合居住人口和就业岗位，减少大规模、长距离的"钟摆式"通勤现象的诱发。

2.3.1 密度和强度

不同的密度条件下，为提供人的居住空间和就业空间所产生的土地利用强度也必然不同，城市设计和规划需要针对性地提出不同的设计原则和策略，可达性高的中心区，开发强度和密度应该较高，符合紧凑低

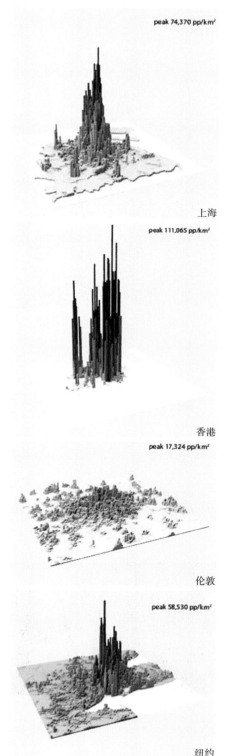

peak 74,370 pp/km²

上海

peak 111,065 pp/km²

香港

peak 17,324 pp/km²

伦敦

peak 58,530 pp/km²

纽约

图 2-19 上海、香港、伦敦、纽约城市人口密度分布

碳发展原则，而非从中心到外围统一标准。研究表明：密度和城市品质之间并没有直接的联系[6]，一些人依旧把高密度与低生活品质划等号，联合国在对世界主要城市评估后指出，香港的高密度城市实践已经给全球做出很好的示范，尽管香港的居住单位面积小且人口密集，但通过城市设计，把高密度的城区变成了适宜步行、便捷合理、高效运行和较高环境品质的紧凑城市。合理适宜的密度对于亚洲城市，尤其对于土地资源有限的我国大部分城市，是特别需要深入研究的可持续城市形态模式，也是有效支持城市服务设施运营的解决方案（表2-3）。

表 2-3　更高密度的优势

> **社会方面**
> - 社会距离的邻近性鼓励积极的交流互动和多样性
> - 社区公共服务设施的可达性提升，可行性和运营绩效也因惠及人群的增加得以提高
> - 使得更多更好地整合社会（保障）住宅
>
> **经济方面**
> - 提升土地开发的经济可行性
> - 提供基础设施建设需要的资金
>
> **交通方面**
> - 支持公共交通
> - 较少小汽车出行和停车需求
> - 使地下停车在经济上更为可行
>
> **环境方面**
> - 提升能源使用效率
> - 减少能源消耗
> - 减少污染
> - 保护并有助于公共空间的维护
> - 减少总开发土地的需求，避免摊大饼

鼓励人们利用公共交通是大中城市的基本原则（图2-20），在大运量的城市轨道（地铁和轻轨）车站地区，应该比一般地区要大幅提升土地利用强度，提高工作和居住等功能使用的人口密度，发挥公共交通引导发展（TOD）的作用，促进社会总出行能耗的最低化。同时，也需要通过公共政策大幅降低车站地区的小汽车拥有率和使用率，表2-4是英国根据不同城市片区区位和住户密度所设置的停车位配置率要求。

在其他特定价值地区，人口的密度和土地利用强度也可以和一般规定有所差别，城市设计需要从城市全局来研究土地利用和交通协同下的密度分区，同样，也需要针对车站区、滨水区、历史风貌区、自然风貌区等特色地区做出密度的调整。

图 2-20　有趣的实验：相同人数使用不同交通工具占用的道路面积

表 2-4　英国不同住户密度对应的停车率配置

停车规范		高 每单元 2~1.5 个 停车位	中等 每单元 1.5~1 个 停车位	中等低 每单元少于 1 个 停车位
主要住宅类型		独栋 & 联排别墅	联排别墅 & 套房	主要是套房
地理位置	背景			
场地在城镇中心 影响范围内 6 可达性指数 4	市中心			240~1200 人 / 公顷 240~435 户 / 公顷 Ave 2.7 人 / 户
	市区		200~450 人 / 公顷 55~175 户 / 公顷 Ave 3.1 人 / 户	450~700 人 / 公顷 165~275 户 / 公顷 Ave 2.7 人 / 户
	郊区		240~250 人 / 公顷 35~60 户 / 公顷 Ave 4.2 人 / 户	250~350 人 / 公顷 80~120 户 / 公顷 Ave 3.0 人 / 户
场地在公交廊道 上 & 场地紧邻 城镇影响中心 3 2	市区		200~300 人 / 公顷 50~110 户 / 公顷 Ave 3.7 人 / 户	300~450 人 / 公顷 100~150 户 / 公顷 Ave 3.0 人 / 户
	郊区	150~200 人 / 公顷 30~50 户 / 公顷 Ave 4.6 人 / 户	200~250 人 / 公顷 50~80 户 / 公顷 Ave 3.8 人 / 户	
当前较远的 区域 2 1	郊区	150~200 人 / 公顷 30~65 户 / 公顷 Ave 4.4 人 / 户		

2.3.2　密度和设施

　　集中于城市中心的高密度区可以维持其周边公共服务设施[7]和基础设施的运营活力，将公交车、轨道交通或通勤（市郊）列车站点设置在居住街区的步行范围内，为居民提供使用公共交通工具的可能性，通过增加可能的使用人群可以支持地区发展的多样性。这不仅适用于居住功能，商业、零售、办公、文化也同样适用。地块或街坊的开发与交通站点的联系越紧密，就越能促进高密度的开发和低停车位的供应量。研究表明，净人口密度达到 1 万人 / km² 是维持一个好的公交服务的基本必要条件，通常情况下，这相当 1.8 万人 / km² 的毛密度[8]；而在更中心的区域，毛密度在 2.4 万人 / km² 才能维系有轨电车设施（Tram）。而在当今的郊区，即城市边缘地带或是乡镇，大多呈现沿主要道路生长的势态，但较低的人口密度（大约 1.2 万人 / km² 或以下的毛密度）只能维系长站距的公交，大部分家庭更青睐私家车出行，如果城市轨道得以延伸设站，人口密度也会相应呈现集聚式地提升。

2.3.3　密度和形式

在密度较高的地区，建成环境的城市形态会自然而然地变得丰富。通过中心区的公共建筑、公交车站以及公园和滨水等开放空间的建设来丰富其多样性，同时，大量的街坊建筑体量（包括办公、商业、居住等）限定了公共空间并通过多样的建筑功能和形式使其充满公共生活而更有活力。然而，许多近期开发的项目，虽然具有较高的人口密度，例如，容积率为 2.0 的住宅地块，按每户 2.5 人和户均建筑面积 100m^2 计算，达到了 5 万人 / km^2 净密度。但若以 18 ~ 24 层的高层住宅为主，建筑形态分散，缺少密度特色，缺少密度集中区应有的城市街道等公共空间，这是过于强调密度标准的产物。僵化的规划指标和技术规定也是造成这种情况的原因之一，很多是强制性的措施而非绩效评价的结果，致使最终的建筑形式缺乏可识别性，甚至为了追求速度，建筑单元完全雷同，缺乏错落有致的形式美感。在高密度地区并非意味着极度拥挤的环境，相反，在保持城市效率下，如何获得舒适的环境品质，正是城市设计的用武之地。

- 限定街道和街角公共空间是最基本的特征；
- 在密集的街区，要重视视线集中的建筑低区（2 ~ 5 层）；
- 有效利用南北街道两侧的东西界面建筑，比如商务酒店等；
- 通过架空建筑低区或开放室内部分区域，获得有效公共空间；
- 将城市重要的部分功能整合在一起，获得土地利用的高效和活力。

在城市中主要区域，沿着街道 2 ~ 5 层的低层和多层建筑或是高层建筑群中的低区部分，通常可以提供最理想的地方性城市形式（风貌特色），整合原本不同的却是重要的城市功能，并在最大化密度的同时减少视觉感受上的紧张压迫感及过度拥挤，同时也可以被设计成有吸引力、节能、混合功能的形式，并以此：

- 减少获取土地及基础设施建设方面的开支；
- 避免不同地块建筑退让间距带来的损失；
- 集中能源供应和提高用能的效率，甚至可以错时用能；
- 大大提升了土地使用的效率，多元功能使建筑形式有所创新。

2.4　街坊

街坊（Block）是城市形态构成中的基本单位，通常由城市道路（街道）围合限定的用地范围，街坊的边界也可能是开放空间如滨水、绿地、坡地、山林等。街坊的形状会因为街道网格、走向、地形等的不同而有较大差异，街坊可以是可开发地块或公共空间如公园，也可以将街坊土地细分成几个相同或不同功能的地块，因此，街坊内的建筑实体和外部空间的布置会与上述因素有关，但街坊中的建筑对街道品质有着关键的作用，通常与周边街坊的建筑共同构成街道的边界限定，特定情况下，也可能是作为重要建筑成为街道的对景。

2.4.1 街坊尺度

街坊尺度的确定与多个因素相关：

• 城市中的区位：中心区的街坊尺度较小，通常为 80～150m 的边长，城市外围的边缘区街坊尺度较大，可以 300～500m 的边长或更大。

• 周边街道的属性：交通性为主的道路交叉口间距较大，通常行车合理路口间距在 200m 以上，而强调步行的街道则间距较小，舒适的步行街段在 50～150m，过大的街坊（300m 以上）不利于宜步行街区的塑造。

• 周边路网和街坊功能：需要尽量尊重周边路网与之联系成网，除非特别功能外（如学校、车站、仓储等），通常的商业、办公、居住功能都能满足较小的街坊尺度如 80m×80m，也有住宅开发商希望提供大尺度的街坊，如边长不小于 250m 的居住街坊，来构成高品质的内部花园。

理想的街坊尺度，还需要权衡①街坊内车辆的易于出入，与交叉口、公交站点的间隔；②街坊承载不同建筑类型和功能的可能性；③街坊具有适应未来发展和改变的能力。

[案例] 西班牙巴塞罗那的街坊由 130m×130m 的网格构成，最初均为人车共行的街道，2010 年，为提升步行活力和车行效率，在不改变街坊尺度的条件下将原来 9 个街坊内的车行道路与人行区域进行改造，增加步行区后的街坊提升了活力（图 2-21）。

[案例] 法国巴黎塞纳河边的"左岸计划"马赛纳 Masséna 街区项目中，建筑师包赞巴克把 200m×220m 的巴黎大街坊分划成小尺度街坊组合成的"开放式街区"，平衡了内部环境和城市步行渗透的需要，塑造了鼓

巴塞罗那路网：现状长度与面积

巴塞罗那路网：超级街区改造后的愿景

改造前后的街道对比

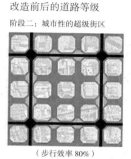

现状（步行效率 40%）

阶段一：功能性的超级街区（步行效率 60%）

改造前后的道路等级

阶段二：城市性的超级街区（步行效率 80%）

■ 人行空间：人行道、行人优先街道、林荫大道、长廊
■ 无障碍公共空间
■ 服务空间：混合区域用于停车，装卸和行人交通

现状
基础路网：50km/h
街道目标：机动性
最高目标：步行性

超级街区
细分路网：10km/h
激发城市所有可能性
最高目标：激活公共性

图 2-21　西班牙巴塞罗那超级街区改造：将原有车行道减少增加步行道和共享道路，不改变街坊尺度

图 2-22 巴黎"左岸计划"马赛纳街区

励步行的社区感并因此获得更大的活力（图 2-22）。

[案例] 德国柏林的波茨坦广场地区，在"批判性重建"城市设计中，综合建筑历史学家的意见，采用了 50m×50m 街坊尺度和"小密窄"街道。建筑师皮耶诺仔细研究了这类小尺度街坊对不同建筑功能（酒店、办公、商业、住宅）的灵活适用可能，并通过后续的建筑设计实现了"老柏林"的街坊尺度，获得好评（图 2-23）。

街坊的尺度往往由道路网格所决定，而且是兼顾街道生活和街坊内部需求的一种选择。较大的（如 300m×300m 及以上）街坊，利于塑造高品质的内部花园，但门禁社区（Gated Community）的形成会破坏城市的步行渗透性，不利于步行生活诱导的城市活力，影响城市活力。同时，大尺度街坊似乎减少了市政道路数量，降低了路灯、绿化等市政维护成本，而与"窄密小"路网相比，实际道路面积并未减少，而街坊内部维护的车行道路由于不对外开放容易形成门禁社区，产生超大街坊；大尺度街坊确实减少了道路交叉口，提升了机动车通行效率，但道路服务范围面积的增加使得道路变得更宽车速更快，将街坊变成车行道环绕的城市孤岛，加剧"快车"与慢行的矛盾（图 2-24）。

作为参考，我们可以大致比较下不同城市的中心区内街坊的尺度：

- 巴黎 80m×100m
- 纽约 80m×120m
- 芝加哥 130m×130m
- 伦敦 50m×100m
- 爱丁堡 140m×180m
- 东京 100m×180m
- 新加坡 150m×150m
- 上海（外滩）150m×150m
- 上海（陆家嘴）220m×280m ~ 300m×300m

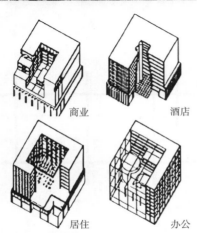

商业　　酒店

居住　　办公

图 2-23 柏林波茨坦广场小街坊的建筑类型

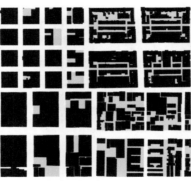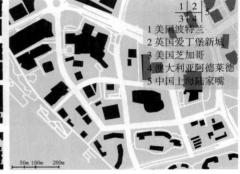

1 美国波特兰
2 英国爱丁堡新城
3 美国芝加哥
4 澳大利亚阿德莱德
5 中国上海陆家嘴

50m 100m   200m

图 2-24 街坊尺度

2.4.2 街坊与网格

城市网格即街道网络形成的格网，对街坊的成型是决定性的。从世界城市发展历史来看，平原城市主要有**轴线型**（巴黎、华盛顿、北京）、**放射型**（阿姆斯特丹、上海临港新城）、**网格型**（旧金山、纽约）、**有机型**（威尼斯、巴塞罗那老城），大部分城市是几种网格的叠合。前三种属于"宏伟风格"（Grand Manner）的全局规则型构图，后一种是基于塑造"画境风格"（Picturesque Manner）的有机构图。当然，还有不少依托于地形的"有机型城市格网"（如意大利山城佩鲁贾、德国斯图加特等），与用方格网套在地形起伏的旧金山形成了鲜明的对比。

另一种对网格的认识，可以分为"树形结构"的主干道路 – 次干道路 – 城市支路的交通等级式网格（如巴西利亚）、重视交通均等和街道体验而尽可能少设置主干道路的"网络结构"（如威尼斯）。亚历山大在《模式语言》中写到，半网络结构（树形结构叠合网络结构）有助于形成有活力的城市，如纽约、巴塞罗那。

除了平面网格，多个城市早已发展了立体多层面网格，如：在美国《芝加哥1909规划》中确立的立体车行道路构成的城市网格已使用多年；美国明尼阿波利斯的二层步行网格与街道层的车行方格网（图2-25）；加拿大多伦多的地下步行网络与街道层网络（图2-26）；法国巴黎新德方斯的地面地下多层车行系统和地上步行大平台；英国伦敦Dockland地区多层车行步行系统等都已建成使用。

网格的语言通过城市构图（Urban Composition）体现了筑城理念，也反映了不同时期对于出行方式的认识，并最终通过街坊的组合予以实现，如中国苏州水路和街道伴行的平江街区（图2-27）。当下，不少新建城市片区不断在实施"大街坊宽马路疏路网"，与老城中的"小街坊窄马路密路网"形成对比。由此带来的街坊尺度和边界限定就大相径庭了，研究表明后者不等于车行拥堵，但前者失去街道的步行生活品质则是确定无疑的。

2.4.3 街坊的形状

正方形边长（100～200m）的街坊通常被认为能够提供最大的灵活性以适应不同的商业和居住功能，并且为街坊内部地标和空间的处理提供多种选择。临主街面宽较小、进深较大的长方形街坊会更适应大型的建筑，例如工业、仓储等，可以避免将大面积的墙面暴露在外，适用在城市外围区；市区内100m×200m、短边朝向主街的街坊，由于两侧次街上可以提供车辆出入口，适合商业与需要安静的居住或办公进行混合开发；相反，临主街面宽较大而进深较小的长方形街坊更受零售、餐饮等公共

图2-25 美国明尼阿波利斯的二层步行网格

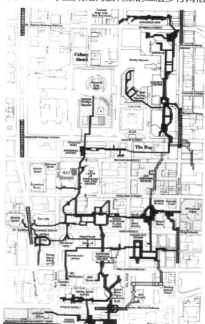

图2-26 加拿大多伦多地下步行系统

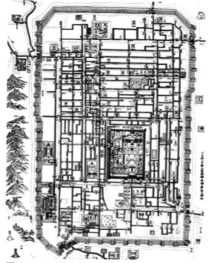

图2-27 苏州平江路街区

性功能的喜好，街坊商业价值也会更高些。

不规则的街坊在功能适用性和灵活性上会有所受限，但可以创造让人印象深刻的转角形象（如纽约的熨斗大厦，图 2-28），所以，街坊的形状并非一定要方正，通过合理的功能策划和巧妙的建筑设计可以弥补使用的局限。

2.4.4 街坊的边界和内部

街坊作为城市的最基本单元，构成了城市生活的重要背景——城市肌理。街坊内的功能使用，则需要兼顾外部街道生活与街坊内部使用环境的两面性。中外著名的传统城市，都注重街坊中的建筑（群）紧贴或统一后退一定距离，形成连续的街墙面（即城市设计中的贴线），这样很好地限定街道空间的边界，成为不同城市建筑排布所依赖的基准，并配合街道断面设计有效地控制了街道的"U 形"空间，呈现出高质量的整齐划一的街道，如中国乌镇、日本京都、荷兰阿姆斯特丹、英国伦敦等地的街道（图 2-29）。巴黎大改造时期的 1853–1870 年间，奥斯曼（Haussmann）担任巴黎市长，对巴黎城区进行了彻底的改造和重建，才把当时肮脏拥挤的巴黎改造成今天的魅力之城。图 2-30 展现了奥斯曼当年做出的街道控制四项基本要素，包括街道界面连续性、界面每个独立建筑体块的宽度（避免过长而沉闷的立面）、界面的高度（配合街道的宽度）以及屋顶的坡度（保证舒适的天空曝光面——可见天空面积）。

随着"二战"之后，现代主义城市规划和建筑设计思潮的出现，街坊中的建筑逐渐成为主体，街坊的边界仅仅成为用地边界上一道围墙或是草坪的边线而已，而街道空间则完全转化为交通主导的道路空间，建筑之间蔓延着毫无边际的"流动空间"。这种现象一方面突破了传统城市

图 2-28　美国纽约熨斗大楼

中国乌镇

荷兰阿姆斯特丹

日本京都

英国伦敦

图 2-29　中外传统城市的街道断面

空间对建筑设计的约束，带来了现代建筑的创新，但另一方面，完全破坏了"建筑为城市空间而在"的共同原则，即尊重城市结构性街道的基本环境逻辑，把建筑师的思维带入了过度自我表现的境地，以至于当下许多城市产生了毫无街道生活氛围的"失落的空间"，在这一方面，建筑师和建筑学的教育尤其需要反思。然而，在东西方的建筑实践中，仍有相当多的建筑师在充分尊重城市街坊作为一种边界和肌理的存在，通过在街坊中"修复"街道边围，通过创造延续了城市街坊结构性的价值所在。

[案例] 由盖里设计的布拉格"跳舞大楼"（图 2-31），严格遵守了伏尔塔瓦河畔的连续城市界面，克制地在城市转角表达了建筑的形式特征，把握了个性与文脉的平和顺接，与不少完全不顾环境的建筑自我表现相对比，显示了建筑师对于城市的尊重。

街坊中的建筑（群）为了限定街道空间，势必需要尽量减少对街道界面的打断，如果不是因为特别小的街坊被建筑占满的情况，通常会在街坊内形成被围合的内部空间，这种空间可以是公共或私人的庭院、停车场、花园等，有时街坊也可能被几个地块分割而各成气候。在城市更新或开发中，辅以精细的街坊使用导则，可以更好地利用这种街坊内部空间，甚至有时可以成为城市主街后另一个层次的空间而别有特色，如德国慕尼黑商业大街两侧的庭院群和中国成都宽窄巷子中的院落（图 2-32）。

2.4.5 街坊的建筑密度与强度

正如前述的关于人的密度在城市中的分布是有所差别的，这种差别最终要通过每个街坊来实现。街坊作为一个城市单位，它的土地使用强度即街坊的容积率（Floor Area Ratio，FAR），应该直接反映就业人口或居住人口密度状况。所以城市中不同区位的街坊容积率是不同的，市中心区比边缘区要高，地铁站点附近的要比两个车站之间的要高，混合功能开发的街坊常常比单一功能开发的高些。当然，街坊土地使用强度

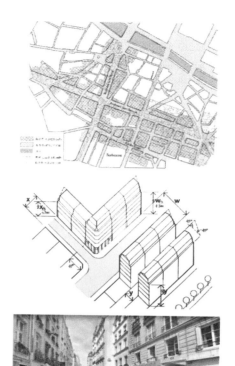

图 2-30　奥斯曼时期的巴黎街道控制四要素

图 2-31　捷克布拉格"跳舞大楼"

图 2-32　中国成都宽窄巷子

地块	总面积（m²）	允许覆盖率	容积率
22号地块			
22-1	5446	不适用	7.0
22-2	5652	90%	7.5
22-3	7032	90%	9.5
22-4	8447	90%	9.0
22-5	6910	90%	7.0
22-6	4675	90%	6.0
东区公园	5100	不适用	不适用
街道	17229	不适用	不适用
总计	38162		平均 8

图2-33 深圳福田中心 22/23-1 街坊

街坊划为更多小地块开发

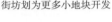

街坊划为六个地块开发

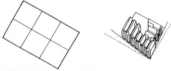

街坊作为一个地块开发

图2-34 街坊中地块的再划分与城市尺度

（容积率）的确定还会受到其他因素的影响，比如历史街区、滨水地区等等。

街坊的建筑密度（Building Coverage Ratio，BCR）和容积率不一定有线性关系，通常建筑密度较低可以获得良好的空地（绿地或庭院或停车等），但建筑密度反映的是地面层建筑占用街坊用地的百分比，特定功能或条件下，建筑可以占用大部分街坊用地，如深圳福田中心的 22/23-1 街坊（图2-33），通过城市设计总体论证，为保证商业底层的最佳经营面积，建筑密度可以达到 90%。同样，街坊的建筑高度也是如此，因而，街坊内的容积率、建筑密度只有在城市设计的统一研究下，通过建筑体量和高度、街道空间和界面、城市地标和开放空间、功能的混合等内容的综合研究后，具备建筑间距、消防、日照等技术可行性后才能确定，而这个过程需要城市设计师对各种常见的建筑类型及其在街坊中的可能组合模式有丰富的积累和在此基础上的创新，这也是建筑类型学在城市设计中的贡献。

2.5 地块

地块（Parcel）是可用于开发建设或更新改造的土地单位，是归属一个产权人。通常一幅地块拥有一定面积的地上或地下空间产权（或使用权），由产权人，通常是开发公司或国家企事业单位，负责按照规划和城市设计要求进行更新或开发。经营性地块经过更新或开发后可以销售给市民或企业获得房屋和土地的不动产产权或不动产使用权，也可以出租其空间使用权。也有在较大的地块（Parcel）中，由大产权人再划出小地块（Lot/Plot）直接出售给小幅土地所有者，如大型别墅区中的独栋别墅项目，某些历史遗产建筑地块或停车场地块也被称为小地块。

2.5.1 街坊的分划：地块

一个街坊可能是独立的地块，也可以被划分为若干个地块。城市街区中地块划小，可以带来多样的丰富而细腻的城市面貌和城市肌理（如威尼斯阿姆斯特丹），而一个街坊的大地块虽然建造的速度快且效率高，但容易带来单调的立面和风貌，也会因缺乏多元的市场竞争而失去城市的精致一面；在城市中的"超大街坊"甚至会扼杀街道的步行生活（图2-34）。因而，在城市设计中，会把大街坊细分为较小的地块并分摊给不同的开发商，有利于通过竞争产生更丰富的建筑类型、产权形式和使用功能。在市中心的"风貌导则"中，2ha 以上、沿街长度超过 150m 的地块就应当避免"单一立面文化"的现象，使城市肌理更趋细化精致（图2-35）。

2.5.2　地块的细分和合并

　　开发地块细分后的子地块，在实际中都很窄小。这符合土地细分经济学的道理（例如轿车整车拆零后的价值都高于整车出售价格），鼓励了形式、功能和产权的多样化，避免了垄断行为，可以产生更活跃的临街立面，具备更贴近人体尺度的建筑细部并带来细腻生动的步行感受，也更容易实现高密度街区，并将中心区昂贵土地中产生的"剩余空间"最小化。

　　在老城区中，形状规则的狭长细分地块，通常在 5 ~ 10m 面宽 15 ~ 25m 进深的尺度，可以适应多种建筑类型并能高效率使用土地。

　　但小幅地块往往不能满足当代大体量建筑的要求，在城市发展过程中，也会出现土地合并形成大地块甚至跨路街坊合并的需求，这种情况下往往需要政府对周边街区进行统一的考虑，比如历史街区中的城市形态肌理精细，地块合并以及所产生的大尺度体量和肌理通常需要依赖城市设计的研究来做慎重判断，但有时新旧共生形成的对比会给城市带来新的活力和多样性。在城市更新城区，为了将小地块或小街坊联合开发形成整体，也会经过城市设计论证，通过二层或地下的联廊和平台实现这种多功能的合并，在保证街坊间道路通行顺畅的前提下，形成突出的形象。

　　[案例1] 日本东京的 Tokyo Square Garden 项目，为了延续城市的老街巷，在整合原来相邻两个街坊满足当代建筑需要的开发容量需求下，仍然坚持在街道层留出老街的公共空间，在尊重原来的街巷基础上打造步行网络（图 2-36）。

　　[案例2] 美国旧金山内河码头中心（Embarcadero center）街区，洛克菲勒集团投资的多个跨街坊开发项目就通过二层步行街的形式打造了立体的城市多功能混合街区，创造了突出的整体效益和空间体验（图 2-37）。

图 2-35　地块大小和街道界面

图 2-36　日本东京 Tokyo Square Garden

图 2-37　美国旧金山内港码头中心街区二层步行系统

2.5.3　产权线

　　通常，开发地块的红线即是土地产权线，红线内的土地是属于开发商私人拥有的。按照规划法规，建筑需要退让产权线（用地红线）若干米才能建造，退让的范围通常在地下要留给市政管道（如给排水等）接入地块内部水电管路（环路）的空间，也有零退让的情况，往往较小的退让间距和小地块侧向山墙面的零退让为城市节省来了大量用地，也获得连续的城市界面，使街道空间更有品质。此外，经过城市设计论证，在产权线范围内开发商建造了广场、庭院、内街等开放空间给公众使用，可以获得相应奖励，而这部分开放空间，成为了私人拥有的公共空间（Private Owned Public Space，简称 POPS）[9]。

2.5.4　地块上的实与空

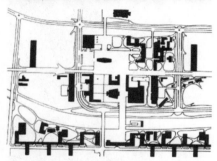

图 2-38　老城和新城在处理地块上建筑实体和外部空间的差异：帕尔马图·底关系平面，柯布西耶的圣迪耶市方案

　　每幅地块上的建筑实体和外部空间的关系，通常有建筑围合空间或是建筑与剩下的空间两种处理方式。多数情况下，地块一般只要按照城市设计的贴线，将建筑贴临街道，把空间留在后部即可；有时开发商为了获得更多的面积或容积率奖励，退让出小广场或小花园形成公共空间，但如果相邻的多幅地块或街道两侧地块都是如此，就会形成犬牙交错的建筑界面，反而对街道空间是一种破坏；而许多情况下，城市设计没有规定街道贴线，每个地块上的建筑都是占据中央，周边都是环道、停车、绿化等剩余空间，即使每栋建筑都设计得非常出色，整个街区仍会显得杂乱无序，因此，地块上的实与空布局是对建筑师的城市设计素养上的考验。地块中的建筑与剩余空间的关系在新老城区中截然相反，新城中以建筑为主体和老城中以空间为主体的构造现象反映了建筑师不同的城市观，这或许受到时代技术的影响，但终究会带来不同的街道品质和空间感受（图 2-38）。

2.6　地标

2.6.1　地标的特性

地标（Landmark），通常就是在周围自然或人工环境中突出的形象标志，给人们在远观运动中导引方向。地标有助于人们在日常生活中认识理解城市，成为定位和寻路中的向导。

城市地标由其认知的环境范围是有不同的尺度层级：城市级的地标，如美国芝加哥的汉考克大厦；地区级的地标如深圳蛇口的海上世界等；街区级的地标如广州的陈家祠等（图2-39）。不同空间层级的地标认知对人们日常生活中的影响是有差别的，因此，大尺度级别的多为宏伟的建筑（构筑）物，而小尺度级别的则可能是一座小教堂、某个咖啡馆或是街头雕塑，但地标系统在城市形态的秩序建构和认知中起着关键的节点作用。

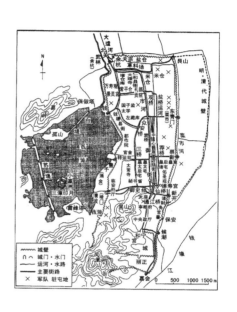

自然要素和人工要素都有可能由于其形态的独特而成为城市地标，杭州的西湖、厦门的鼓浪屿、深圳的莲花山等都是大自然在建成环境中赋予的独特定位指向，而人工建造而成的城市地标更是形式丰富内容多样，如悉尼的歌剧院（建筑）、巴黎的埃菲尔铁塔（构筑）、纽约的自由女神雕像（雕塑）等。

[案例] 杭州是中国最优美的城市之一，自南宋以来，城市的范围和面貌虽然在不断变化，经历了"城外西湖"到"城湖一体"的转变，但山水自然元素在城市认知格局中的地位始终未变，嵌入城内的吴山和城外西湖北翼的宝石山作为史前海湾的两个岬角南北对峙，陆续建造了城隍庙（后城隍阁）和保俶塔，与西湖南岸夕照山的雷峰塔，成为了杭城和西湖的重要地标。历年来，杭州的城市规划中仍然坚持这种山水城市的形态关系，制订了相当明确的城市高度控制和视线（域）分析制度并严格执行，以突出山水作为地标认知和城市整体格局的核心价值，尽管杭州老城墙和不少历史性地标如武林门、涌金门、钱塘门等十个城楼由于城市的扩展而毁去，并伴随着城市新建筑体量和高度的不断刷新，但山水要素在城市认知系统中仍然保持着清晰的定位作用和公共价值（图2-40）。

芝加哥汉考尔大厦

深圳海上世界

广州陈家祠

图2-39　三个级别的地标

图2-40　中国杭州城市与山水的形态关系（南宋）和三处地标

伦敦金丝雀码头

东京六本木山地区

香港维多利亚港湾

图2-41　四座城市的空间秩序

柏林波茨坦广场

2.6.2　地标和背景

地标的存在，是以其突出于背景为前提的，如同海中之岛，山中之塔那样，因而城市地标的建立，不仅要强调地标的独特形态，也要注意到地标所依存的城市背景。城市背景就是大量的"非地标"建筑群构成的，如果缺乏它们的陪衬烘托，地标就难以突出显现。

在过去的城市演变中，由于建造技术、建筑材料和文化认同等原因，大量建筑在体量、色彩、用材乃至形式上是比较接近的，形成了基调般的城市背景；而突出的地标或因宗教、权力、财富等原因在建筑体量形态等方面有所凸显，如北京故宫、巴黎圣母院等。在当代社会中，公平的城市话语权、建造技术和用料、财富和文化诉求等多方面的进步发展，使得不少项目拥有者们都期盼着建筑能成为彰显身份和地位的"城市地标"，不再如同以往那么甘心于受种种限制而成为"陪衬"的背景，涌现的各类地标建筑更是密布如云，这种情形几乎在所有国际大都市都存在。对于当代的城市管理和决策这是个严峻的挑战：即如何构建有意义的城市地标和清晰而有特色的空间秩序。世界各地的实践如英国伦敦的金丝雀码头、日本东京的六本木山地区、德国柏林的波茨坦广场、香港维多利亚港都给出各自不同的答案（图2-41）。

2.6.3　地标的感知

地标除了自身形态的独特性，还需要关注如何为人们所感知。许多城市津津乐道于城市轮廓线的高低起伏，却忽略了感知这些美丽天际线的场所。地标的感知因其尺度层级而不同，越是大尺度层级的宏大地标，越需要开阔的空间环境去感受，如大江大河、大型城市绿地公园或是城市级广场等，基于视距所感知的内容多集中在独特的体量组合形态而非细腻的形式和质感；而小尺度层级的地标，也需要匹配相应尺度的街道和广场来展现，同样由于较小视距，人们会更容易注意到那些具体形式和局部细节。

因此，城市街道格局的确立往往和城市各个尺度层级的地标布局和感知空间紧密联系的，城市对景、视觉走廊、视域视景等内容以及地标感知空间的系统性布局往往是关键内容。所以，我们会看到，悉尼歌剧院、巴黎埃菲尔铁塔、纽约世界金融中心、上海东方明珠电视塔等整体形象都是依托滨水开敞空间而受人瞩目；在街巷尺度下，人们会关注城市转角、广场立面或是独立的纪念物等标识（图2-42）；而在众多的小尺度层级上，环境的局部变化如某个老建筑山墙上的艺术绘画、街头公共艺术品乃至街道家具和地形特征都可以是被感知的"微地标"（图2-43），它们也是融入市民日常生活的最有趣和记忆最深的那部分。

当城市建筑稠密到一定程度，人们的视线会大大局限在街道和接近视域范围的建筑群低区，即使在经过高大地标建筑周围时却没有丝毫感知。因而在密集建筑填充城市街坊的区域，城市中"留白"的公共空间反而容易被人们感知，所以，人们更愿意生活在这样的街头广场、街心花园，空间本身已经成为大家心目中特殊的地标了，而且，有了这样的"空间场所"，人们才有机会观察感受到某个重要建筑的立面或是广场中央的雕塑、小喷泉或纪念柱等（图2-44）。

今天，在密集的大城市中，建筑物、构筑物、公共艺术品和街道家具这些实体要素在各自的感知环境下可能成为不同层级的城市地标，而

布拉格的城市转角与基调

伦敦新牛津街上的老地标和新背景

地形的"微地标"（九曲花街）

山墙成为"微地标"

巴黎小广场的主立面

图2-42 街巷尺度的地标

地形的"微地标"（Superkilen广场）　　街头公共艺术品成为"微地标"

图2-43 微地标

图2-44 美国纽约华盛顿广场公园

图2-45　巴黎圣心大教堂：依托地形造就地标

图2-46　法国巴黎的城市基调

图2-47　巴黎的空间秩序：看与被看

"感受场所"也可能成为"空间型地标"成为城市地标系统的组成部分，与"实体型地标"相得益彰。

[案例] 巴黎的城市结构和认知系统是一种典范，城市地标中不仅有凸显蒙马特高地（Montmartre）地形的圣心大教堂（图2-45），也有毗邻塞纳河畔的埃菲尔铁塔，因而在巴黎大大小小的街巷中穿行不用担心迷路，地标建筑和看得见地标的街道乃至成为地标的公共空间被妥帖地组织在城市感知的网络中。除了少量的异形建筑（很多地标建筑与左邻右舍的建筑和谐地并排着但能分辨出它们的特殊性），大部分建筑具有统一的高度（除了屋顶还有檐口和腰线）、统一的开窗排布节奏、统一的连续街墙、统一的色彩，这赋予"非地标建筑"群体作为背景的整体性基调（图2-46），然而在不同的街区会出现不同程度的变化，从建筑材质到色彩纹样，正是这种在整体和谐中的变化，让你惊异于在严格规则下的一种丰富性，完全不必担心会出现严谨有余而略显单调的街道面貌。在这里，地标建筑被赋予特定的功能身份和形态可能，其他的背景建筑则要面临着严格的建造规则，而几乎所有的宏大街道（林荫大道）的设置都与地标建筑紧密关联，为"看见"和"被看见"奠定了城市空间秩序和认知体系，并且在不同的空间层级，设置了许多为展示地标建筑的开放空间：广场和公园（图2-47），今天，我们甚至更多的是记住那些开放空间，并以此为感受巴黎的"地标"，而街区中更多的小雕塑、小喷泉、小花园、小广场（集市），也都构成了市民们耳熟能详的城市认路地图。毫无疑问，巴黎这样丰富而动人的城市空间和结构是源自当年拿破仑三世启动"公共财产投资计划"所打造的公共领域，包括街道、广场、林荫大道以及公共建筑和公园。

2.6.4　地标与城市形态

中国的文化和传统自古以来就渗透在城市营造过程中，无论是老北京的皇家宫城，还是丽江、乌镇、阆中这些当时的历史小镇，都展示了在不同规划建造技术条件下的造城智慧——布局规则和空间秩序。反观今天各级别城市的迅速扩展，地标建筑层出不穷，城市在各种各样的建筑形态操作中风貌趋同、特色渐失，尤其需要超越"地标建筑"本身而去重新梳理城市的形态关系，建构有特色的实体、空间和自然要素所组合的形态秩序。

[案例] 旧金山是美国西海岸最有魅力的城市，但城市级的地标不多，最有代表性的当属红色的金门大桥（Golden Gate Bridge）和具有金字塔外形的泛美大厦（Transamerica Pyramid），在海上和远处观望，两者的地标性凸显无疑，而在城市中，除了在哥伦布大道（Columbus Ave）上泛美大厦成为端景，当你走近这栋城市地标建筑时，由于它和相邻建筑一样铺

图 2-48 旧金山地标——泛美大厦作为对景和街道边界

满了整个街坊，四周的街道并未放宽，也没有留出开敞的广场空间，一不留神会错过甚至感觉不到它的地标建筑地位（图 2-48）。所以，远观的地标作用和临近的街道感受尤其是土地利用的经济性被实实在在地结合在一起。在旧金山，人们步行或驾车穿行在地形所带给街道的上下起伏，地形本身已成为塑造和感知城市空间秩序的重要依托，对城市的感知不仅仅源自建筑（群）的独特体量和超常高度，而更多源自每一处自然地形与街坊建筑群和公共空间的组合构造中（图 2-49），就像"九曲花街"那样的特殊场地俨然成为城市中的重要地标。

图 2-49 旧金山的地形与感知

2.6.5 形态秩序建构六原则

原则一：充分尊重城市中的自然要素对城市格局的意义，利用地形、地貌、山水、树木等造就不同尺度下的自然或人工地标，形成有地方特征的城市（图 2-50）。

原则二：城市地标有市域层级、地区层级、街区层级和邻里社区层级，不同层次的地标有不同的标示尺度和感知场所。城市级"地标"是城市形象的代表，也是城市引导系统的关键要素，宜少而独特，并布局在最为关键的城市区域（图 2-51）。

原则三：为凸显地标的形象和导引作用，要规划"看地标"的空间。比如，"江河湖海"等宽阔的开放空间可以远观城市级地标；城市广场、公园和主要街道可以感知地区级地标；街心花园、小广场等则与街区或邻里的地标密切联系。"看"地标可以加强城市引导作用，"看"的空间（如视觉走廊等）规划应该是城市街道和公共空间布局的核心支撑。在城市中能看到对景和端景的地标，会有助于清晰的定位和方向导引，而在街道网络中如能感知到大大小小的地标，则会提升对整体城市（片区）的空间理解和认知（图 2-52）。

原则四：各层级的地标塑造可以有建筑物、构筑物、公共艺术品、自然要素和公共空间等多种可能，对于"地标"建筑和"非地标"（或称背

图 2-50 山形与城市建筑群的形态关系

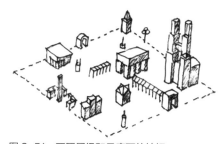

图 2-51 不同层级和尺度下的地标

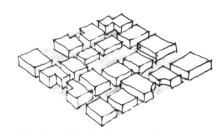

图 2-52 看地标的"感知空间"-街道和广场

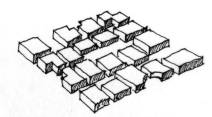

图 2-53 "非地标"的建筑群和街坊构成

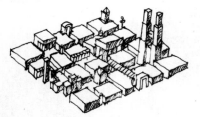

图 2-54 真实而有序的城市－地标和非地标建筑以及感知空间的关系

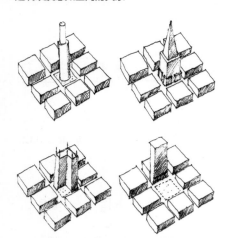

图 2-55 地标建筑与周围街坊的空间关系

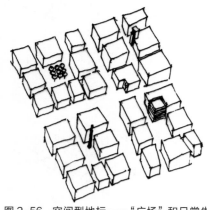

图 2-56 空间型地标——"广场"和日常生活中的微地标——"设立、转角和立面等"

景性）建筑应有各自明确的体量形态关系和定位，以及为实现这种城市秩序意图而制定不同的规划管理要求和建筑设计（指导）规则（图 2-53、图 2-54）。

原则五：地标建筑与周边街坊的空间关系有多种模式，注重土地使用的经济性、街道空间品质与地标建筑街道层平面之间的平衡，不宜为突显地标建筑而使其与周围环境脱离而变成城市孤岛，增加使用人群的步行距离（图 2-55）。

原则六：在建筑密度较高的城市中，公共的开放空间会是重要的"空间型地标"，增加"看"周围建筑立面和中央设立物如纪念柱和街头雕塑等的机会；贴近行人视觉的小尺度地标会大大增加街道生活趣味，如城市转角、街道轮廓线等；而建筑局部的细节、公共艺术品和街头小公园的设置也可形成日常生活中的微地标（图 2-56）。

城市的形成是个百年演变的过程，地标的作用和空间秩序也是在多次规划和设计中越来越清晰，它的价值不仅在于城市整体关系变得稳定成熟更具特征，更在于每日在大街小巷穿行和在广场公园逗留的人们因此而熟悉、喜欢和热爱它，也愿意持续地为它的不断成长而奉献。

注释

[1] 城市运动是指人们出行移动（Movement）的各种方式，与机动性类似，而机动性（Mobility），是指个人或群体由一地迁移至另外地的能力。

[2] 按照我国目前的行政管理结构，分为市级（上海）－区级（虹口）－街道级（广中），而街道层级下又可分为若干社区（广灵社区），每个社区可以由十几个或几十个街坊组成，社区是城市管理的基本单元。

[3] 棕地（Brownfield Site），指被弃置的工业或商业用地而可以被重复使用的土地。此类土地可能在过往的土地利用中被少量的有害垃圾或其他污染物污染，土地的再次利用变得困难，需要得到适当的清理。在美国城市规划中，棕地指过去供工商业使用且或许受到低程度污染的用地，经清理后具有重复使用开发可能的土地。故遭到重度污染的土地，并不完全属于棕地的范畴。

相对棕地，还有"白地""灰地"的术语。

"白地"或"白色地段"（White Site）是由新加坡市区重建局（URA）于 1995 年提出并开始试行的新概念，其目的是为发展商提供更为灵活的建设发展空间。发展商可以根据土地开发需要，灵活决定经政府许可的土地利用性质、土地其他相关混合用途以及各类用途用地所占比例，只要开发建设符合经允许的建设要求都是许可的，发展商在"白色地段"租赁使用期间，可以按照招标合同要求，在任何时候，根据需要自由改变混合各类用地的使用性质和用地比例，而无需交纳土地溢价。"白色成分"是指"白色地段"内可用于其他用途开发的用地性质和用地比例，所允许白色成分的多少是白色地段灵活性的体现，发展商可在一定许可条件下，通过对白色成分的合理调配与布局，充分发挥白色地段的综合效益。白地的选择区位通常包括以下特点：区位条件良好，周边环境发展成熟，或是基础设施配套完善，发展潜力巨大，土地价值高，或是在周边存在着历史文物保护等更为复杂的影响因素，不能在短期确定性质从而需要在市场运作中仔细考量。白色用地的规划过程就是先预留一些选好的地段，等发展到一定阶段，确定其新的用地性质，经严格论证和审批后，长期出让。这个过程中只有一次的置换，起初保留为绿地或建设临时性建筑，白地的后期发展方向交由"市场力"决定，根据未来的需求灵活决定地块用途，发挥土地的使用价值。在时机成熟时，需要对白地进行功能定位，对预留的空间作详细设计，做好沿街景观及车行步行系统，并解决与周边地块的衔接，同时规划相应的配套设施，如停车设施等。

"灰地"是指在原有土地利用规划的基础上，选择一部分用地作为灰色用地，用以应对未来土地需求的动态变化：①城市的中心或某区域的中心地段，这些地方城市活力非常强，具有强不确定性，在这些地段安排灰色用地可增大土地开发的灵活性和弹性，也有利于土地增值。②城市启动建设的新城区，这些地区的发展环境存在高度复杂性，终极蓝图式的规划目标难以一步实现到位。灰色用地的动态操作能激励新城区启动阶段的投资开发，提高城市活力，从而可以为政府带来前期基础设施建设所需的资金，避免土地已征用却难以出让而形成土地闲置的尴尬局面，增强规划的可操作性。③其他区位条件较好的地段，这些地区在规划阶段中可能出现某些用地极其不稳定和不确定的状况。比如区域性交通干线、站点及各大交通枢纽附近地段，这些用地性质需要拥有更大的灵活性，此时规划灰色用地可适应交通设施调整或土地快速增值的变化。

[4] 按照我国目前的行政管理结构，分为市级（上海）–区级（虹口）–街道级（广中），而街道层级下又可分为若干社区（广灵社区），每个社区可以由十几个或几十个街坊组成。

[5] 人口密度是单位土地面积上的人口数量，通常使用"人/km²"、"人/公顷"为计量单位。我国目前的人口统计是按常住人口来计算的，未反映就业人口。日本按照时间分为日间人数和昼间人数，可以反映同一区域内就业人口和居住人口的组合情况。

[6] 引自 Bartlett School of Planning and Llewelyn–Davis, The Use of Density in Land Use Planning[R], London: Department of the Environment, Transport and the Regions. 1998

[7] 公共服务设施（Public service facility）是指为市民提供公共服务产品的各种公共性、服务性设施，可分为教育、医疗卫生、文化娱乐、交通、体育、社会福利与保障、行政管理与社区服务、邮政电信和商业金融服务等；基础设施包括交通、邮电、供水供电、商业服务、科研与技术服务、园林绿化、环境保护、文化教育、卫生事业等市政公用工程设施和公共生活服务设施等；市政基础设施（Infrastructure）是指城市道路（含桥梁）、城市轨道交通、供水、排水、燃气、热力、园林绿化、环境卫生、防洪防灾、垃圾处理等设施及附属设施。

[8] 毛人口密度：指包括道路、河流、绿地在内的单位土地上的人口数量。净人口密度：指单位建设开发用地上的人口数量。

[9] 私人拥有的公共空间或公共开放空间，也称为"准公共空间"，英文简称为 POPS（Privately Owned Public Space）或 POPOS（Privately Owned Public Open Space）。准公共空间通常指这样一类公共空间，其拥有权属于私人，但根据规划条例或相关土地使用法规等向公众开放，这些空间常常是城市管理者与开发商交易的产物。大多数情况是在那些高价值地区开发中城市规划做出妥协后，开发商作为向城市的回报，被要求在开发地块建筑内或邻近建筑提供准公共空间给公众使用。准公共空间通常有最低开放时间的限制要求以确保使用的公共性，其形式有广场、骑楼、小公园、中庭和地下通道或二层连廊等。准公共空间主要指私人权属的空间按照法律要求（城市设计导则等）向公众开放的空间，而从广义上，也可指某些场所，如商业中心、旅馆中庭等，都是属于私人（或机构）的空间并向公众开放使用，尽管法律上并没有要求其开放。

思考题

1. 你如何理解城市形态的概念？哪些因素影响着城市形态的形成？
2. 尝试以不同的市民（职员、学生、公交司机等）视角来谈谈多种道路网络类型的优劣？
3. 举例来说明市民日常生活中的工作、通勤、消费等具体活动之间有啥关联？这些关联是否可以支持城市中不同功能的结合？
4. 谈谈你所熟悉的城市中不同（人口）密度区域的城市形态和日常的使用有啥关联？发现其中的利与弊？
5. 比较一座城市中不同的街坊尺度，从市民、开发商等不同视角来解释各自的选择？
6. 如何理解"城市中的建筑要为公共空间而在，可以分为一般建筑和重点建筑……"这句话？谈谈你对两类建筑的创作的看法。

延伸阅读推荐

1. [美] 亚历山大. 加文. 规划博弈：从四座伟大城市理解城市规划 [M]. 曹海军译. 北京：北京时代华文书局，2015.
2. [德] 克里斯塔. 莱歇尔. 城市设计：城市营造中的设计方法 [M]. 孙宏斌 译. 上海：同济大学出版社，2018.
3. [法] Serge Salat. 城市与形态：关于可持续城市化的研究 [M]. 北京：中国建筑工业出版社，2012.
4. [美] 斯皮罗. 科斯托夫. 城市的形成：历史进程中的城市模式和城市意义 [M]. 单皓 译. 北京：中国建筑工业出版社，2005.

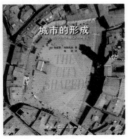

参考文献

1. 上海市规划和国土资源管理局，上海市规划编审中心，上海市城市规划设计研究院. 上海市 15 分钟社区生活圈规划导则 [M]. 上海：上海人民出版社，2017.
2. [美] 亚历山大. 加文. 规划博弈：从四座伟大城市理解城市规划 [M]. 曹海军译. 北京：北京时代华文书局，2015.

3. 傅舒兰. 杭州风景城市的形成史：西湖与城市的形态关系演讲过程研究 [M]. 南京：东南大学出版社，2015.

4. [美] 柯林. 罗等. 拼贴城市 [M]. 童明 译. 北京：中国建筑出版社，2003.

5. [卢] 克里尔，胡凯. 社会建筑 [M]. 胡明. 北京：中国建筑出版社，2011.

6. [法] Serge Salat. 城市与形态：关于可持续城市化的研究城市 [M]. 北京：中国建筑工业出版社，2012.

7. [英] Llewelyn-Davis. Alan Baxter and associate, Urban Design Compendium[M], London: Brook House, English Partnership. 2000.

8. [意] Danilo. Palazzo Urban Design[M], Milano: Mondadori Universita, Maggio 2008

9. [德] 格哈德. 库德斯. 城市结构与城市造型设计 [M]. 秦洛峰，蔡永洁，魏薇 译. 北京：中国建筑工业出版社，2007.

10. [德] 格哈德. 库德斯. 城市形态结构设计 [M]. 杨枫 译. 北京：中国建筑工业出版社，2008.

11. [美] 斯皮罗. 科斯托夫. 城市的形成：历史进程中的城市模式和城市意义 [M]. 单皓 译. 北京：中国建筑工业出版社，2005.

12. [美] 斯皮罗. 科斯托夫. 城市的组合：历史进程中的城市形态的元素 [M]. 邓东 译. 北京：中国建筑工业出版社，2008.

13. [美] Daniel G. Parolek 等. 城市形态设计准则：规划师、城市设计师、市政专家和开发指南 [M]. 王晓川等 译. 香港：香港理工大学出版社，2013.

14. [法] Claire & Michel Duplay. Methode Illustree Creation Architecture[M], Edition Du Moniteur, 1985.

15. [英] Bartlett School of Planning and Llewelyn-Davis, The Use of Density in Land Use Planning[R], London: Department of the Environment, Transport and the Regions.1998.

16. [美] Joan Busquets, Dingliang Yang, Michael Keller, Uran Grid: Handbook for Regular City Design [M]. GSD. Harvard University, ORD Editions, 2019.

03 发现城市要素

　　城市作为复杂的大系统，是由各种城市要素组成的，每个要素都有其社会、经济、文化与生活等存在的意义。城市的多样性、有序性、和谐性来源于要素的合理组织。因此，研究城市要素及其之间的关系，是城市设计的重要内容。

　　早期的城市功能与形态较为单一，要素之间的关系也相对简单，街道、广场与桥梁等的建设均由建筑师统筹，为城市形态要素的整合提供了良好基础。随着社会的发展，现代城市的构成要素也处在不断发展和变化中，总体呈现出多样化和复杂化的趋向，促使与城市建设相关的各领域学科的专业细分和独立发展。然而，各个学科和专业在追求自身不断发展的同时，忽略了城市要素彼此之间错综复杂的有机联系，导致现代城市的空间环境缺乏整体性和复合性。

　　[案例] 西雅图奥林匹克雕塑公园位于市中心附近的滨水区，这里曾经是石油公司的工业棕地，一条铁轨和国家快速公路将地块分隔成3个孤立区域，成为城市闹市区边上的废弃地。2007年，建成连续的Z字形绿色平台跨过公路和铁轨，观览户外艺术雕塑的步行游线可以从市中心区向海边蜿蜒伸展过去，将分隔区域连接起来，营造了一个由建筑、基础设施和公园等要素共同组成的整体空间形态，并将自然和艺术与城市活动糅合起来，滨水区活力获得复兴，成为西雅图重要的"动能地带"（图3-1）。

改造前　　改造后　　全景鸟瞰

图3-1　西雅图奥林匹克雕塑公园

3.1　公共空间

　　公共空间狭义指那些供城市居民日常生活和社会生活公共使用的户外空间，包括城市街道、广场、公园、居住区户外场地、体育场等。广义的概念可以扩大到由公共部门拥有并管理，向公众开放并提供多元化公共用途的室内场所，如图书馆、展览馆、科技馆等，还可以包括公有私营或私有私营的向公众开放，且具备充分可达性和共享性的空间场所，如地下商街、购物中心、办公街区、酒店中庭与餐饮娱乐等。公共空间是人群聚集的体验场所，它可以给我们提供见面、娱乐、学习以及商业和休闲的社交区域。一个成功的公共空间需要结合其经济运营、交通网络以及当地民众的积极参与，从而形成一个属于民众的、有吸引力的公共环境。

3.1.1　街道/广场/公园

（1）街道

　　街道（Street）是城市用地中面积最大、最具潜力的公共空间，既承担了交通运输的任务，同时又为市民提供了公共活动的线性场所。它与道路（Road）不同的是，道路多以车行交通为主，而街道则更多地与市民日常生活以及步行活动方式相关，是作为社会的衔接空间来使用，不是作为分割城市的元素。街道设计应为全部使用者提供安全的通道，包括各个年龄段的行人、骑行者、机动车驾驶人、公交乘客和残障人士。

　　[**案例**]巴塞罗那兰布拉斯大街与其周围狭窄弯曲的古城肌理相比，显得气势恢宏。宽阔的步行道位于街道中央，树木成为它两侧的屏障与顶部的华盖，这里是步行者的天堂，而机动车则被推至步行道两侧。人在其中行走，会经常穿越两旁的车行道，打断车辆的行驶，行人具有优先权，设定了整条街道的速度与基调。街道很长，但是有明确的起点和终点，南起哥伦布雕像，北至加泰罗尼亚广场，该广场标志着19世纪城市的开端（图3-2）。

（2）广场

　　城市广场主要由硬质铺装与步行活动构成，以建筑、道路、山水及地形等围合，是具有一定主题思想与规模的节点型户外公共空间。与人行道不同的是，它是一处具有自我领域的空间，而不是一个用于路过的空间，当然可能会有树木、花草和地被植物的存在，但占主导地位的是硬质地面。城市广场的设计首先应贴近市民的生活，更多体现对人的关怀，强调公众作为广场使用主体的身份。同时，将广场作为综合解决环境问题的手段，强调广场对周边乃至城市空间的组织作用。

图3-2　巴塞罗那兰布拉斯大街

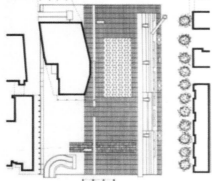

图3-3 鹿特丹斯霍姆伯格广场

图3-4 纽约布鲁克林大桥公园

[案例] 鹿特丹的斯霍姆伯格广场毗邻市中心的剧场与音乐厅，是一个互动的公共空间，灵活的功能随着昼夜与季节不同而变化。整个广场的地面被抬高，成为漂浮的活动舞台，不同材料的铺地划分考虑了每天不同时间阳光和环境的情况，使整个广场一年四季都呈现最好的状态，夜间形成明亮的道路。广场上最显眼的景观就是4个液压灯柱，他们的位置和外形可以被人们随意改变（图3-3）。

（3）公园

公园通常被认为是高密度城市中的绿洲与庇护所，提供人们游览、观赏、休憩、开展科学文化及锻炼身体等活动，有较完善的设施和良好的绿化环境，具有改善城市生态、防火、避难等作用，一般可分为综合公园、森林公园、主题公园和专类园等。对过路者和那些进到公园里的人而言，公园带给他们视觉上的放松、四季的轮回以及与自然的接触。同时，也要考虑与人交往的需求，既为公开的社会活动或集会服务，又为隐藏的社会活动或人们观察周围的世界服务。

[案例] 纽约布鲁克林大桥公园将新的生态系统转化为新的城市体验，这里可以尽览纽约港、东河以及曼哈顿城区的壮观景色，同时也是多功能的城市文化场所。市民们可以在草地上举办夏季电影节，而动态的景观和开放的游戏场地为少年儿童们提供玩耍和表达自我的机会（图3-4）。

3.1.2 私人拥有的公共空间

（1）空间属性

当代城市的公共空间日趋复杂，空间的所有权、使用权和管理权往往相互分离，人们更趋向于用空间的实际使用状况来判定某一空间是否属于公共空间。因此，出现了大量有顶盖的、由私人管理的室内空间成为公共空间的一部分，而并不是从"完全公共"到"完全私有"的简单线性分布。从所有权来看，可以分为：完全公共所有、公私共同所有（互持一定比例的所有权）和完全私有；从使用权来看，可以分为：完全公共使用（无条件向公众开放）、有条件的公共使用（对开放时间、使用内容、收费等方面有限制或规定）和供部分公共使用（向部分公众或俱乐部成员开放）；从管理权来看，可以分为：完全公共管理、公私合作管理与完全私人管理[1]。

[案例] 柏林索尼中心在办公综合体的中部嵌入椭圆形的城市广场，由百米高的办公楼和7栋10层左右的建筑围合而成，有4000m² 左右。由钢、玻璃和幕布构成的巨伞形顶棚限定了广场的高度，加强了广场的内向性。边界明确的广场不仅是建筑与城市之间的过渡与转换空间，同时也是激发公共生活的容器，营造出新的都市交互场所（图3-5）。

（2）功能属性

私人拥有的公共空间在社会服务方面大体可以分为两类。

①有助于步行通行与连接的线型公共空间，例如街道空间的拓宽区、建筑物之间或建筑物与公交、地铁等公共交通站点之间的立体（空中、地面或地下）空间连接、跨街区的室内步行空间等，起到增加公共步行路径与改善步行环境的作用，由此带来的行人流量可以促进地块内及室内的商业发展，但也要避免非商业集中地区由于人流分散导致的传统沿街商业衰败问题。

［案例］位于纽约市中心的洛克菲勒中心，共由 19 栋高层建筑塔楼组成。通过四通八达的地下购物步行网络将这些大楼联成一个整体，并与周边的纽约公共汽车站、潘尼文尼火车站和中央车站连成一片，形成功能完善、布局合理的地下交通网络，每天超过 25 万人次在此穿梭、逗留和消费（图 3-6）。

②有助于社会交往与互动活动的点型公共空间，例如室外广场、街头公园、建筑中庭与大型购物中心的公共部分等，可以提供购物、休闲、社交、娱乐、演出、集会等公共活动。需要注意的是，私有公共空间的意义应落实在如何将它通过步行体系与城市外部空间融合一体，而不是一系列孤立的岛屿（图 3-7）。

（3）设计引导

私人拥有的公共空间在繁忙的都市生活中很大程度上缓解了城市建设密度过高的状况，构筑了供许多人休憩、聚集与放松的场所，增强了城市物质环境的视觉美感和便利通达性。但是，私人开发项目具有逐利的本能，往往只欢迎某些潜在的消费群体，是一种被"过滤与管制"的公共性，需要制定相应的公共政策框架及设计导则进行管控和规范。

［案例1］香港汇丰银行的底部架空空间在土地租约协议中是被捐赠的，为公众提供公共通道，但空间设计采用冷漠的建筑材料，也没有布置休息座位与绿化种植等，缺乏趣味与活力，这里只欢迎一种活动——取现金（图 3-8）。

［案例2］纽约为了简化私有公共空间（POPS）的分类，2007 年将除骑廊以外的所有类型统一为公共广场，并提出了量化的设计标准，具体包括空间形式、位置、朝向、可视性、步行路径、高程、台阶、座椅、植被、照明、标识牌等 18 项细节内容。例如，在空间形式方面，公共广场被分为主要与次要部分，主要部分要求形状方正完整，次要部分可根据建筑外立面情况适当凹凸，但占总面积比例不高于 25%。主要部分的面宽和进深的平均值均不低于 12.2m，不足 12.2m 部分的面积不超过总面积的 20%；对于次要部分，最小面宽和进深均为 4.6m，若不临街则面宽与进深之比还需不低于 3∶1。在可视性方面，要求沿街对公共广场内部垂

图 3-5　柏林索尼中心

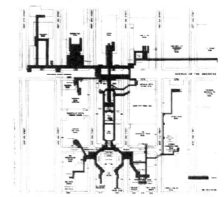

图 3-6　纽约洛克菲勒中心

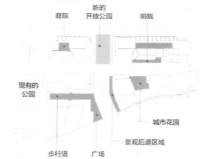

图 3-7　私有公共空间布局示意

图 3-8　香港汇丰银行

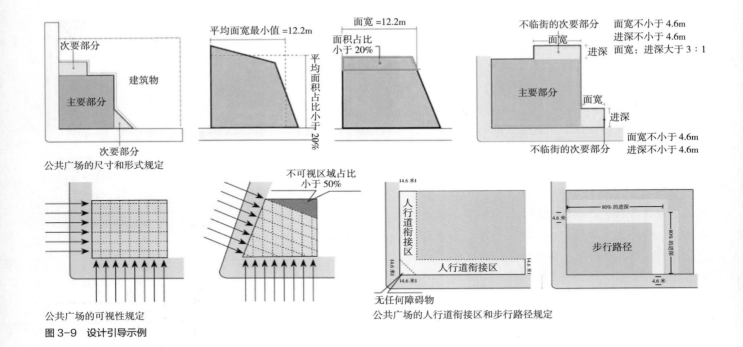

公共广场的尺寸和形式规定

公共广场的可视性规定

公共广场的人行道衔接区和步行路径规定

图 3-9 设计引导示例

直可视性全覆盖。位于垂直街角的公共广场，两条街道均需满足垂直可视性全覆盖要求；位于非垂直街角的公共广场，保证其中一条街道的垂直可视性全覆盖，另一条街道垂直可视性覆盖范围超过 50%。同时对步行路径、座椅尺寸和标识牌设计等方面也做了具体的量化规定（图 3-9）。另外，还对开放时间、日常维护、户外餐饮和建筑立面等运营管理方面也提出要求。例如，一般要求 24h 向公众免费开放，但开发商可基于夜间安全等考虑可以提出夜晚关闭的申请。在户外餐饮管理上，每 465m² 的公共广场允许申请设置 9.3m² 的临时食品售货亭，但售货亭每年至少经营 225 天，在停业期须拆除。

3.1.3 地下公共空间

地下公共空间是城市聚集度达到一定程度的产物，由最初的地下步行交通、商业或民防等单项功能而逐渐成为承载城市综合功能并具有一定规模和特色的地下空间。它们与街道、广场和公园等地面公共空间一样，具有共享性、开放性和复合性等特征。

（1）功能属性

地下公共空间既是城市公共空间向地下发展的自然延伸，更是城市地下空间体系发展的结构骨架，可以将地下各个独立空间连接成一个整体。从空间形态来看，地下公共空间已由简单的地下街、下沉街和下沉广场及中庭而逐渐发展成为城市的公共地下步行网络，更加注重与地铁枢纽的结合和空间品质的提高，通过整合自然与人工环境、公共与私有领域、交通与房地产等城市各功能要素而发挥有效作用，呈现地下、地面和地上空间立体化协同发展的趋势。地下公共空间在社会服务方面大体可以分为 3 类：

①商业功能，包括地下商业街、地下商业中心与综合体等；

②休闲功能，地下商业运营之外的非消费活动区域，提供人们自由休息放松的场所；

③交通功能，用于日常通勤活动的各类步行交通空间，包括地铁站站厅区域，也包括为地下人群提供水平移动或上下转换的其他公共交通空间。

图 3-10　蒙特利尔地下步行空间体系

[**案例**]拥有 50 多年发展历史的蒙特利尔城市地下步行网络目前已超过 32km，地下总面积达 400 万 m²，连接了 10 个地铁车站、2000 个商店、200 家饭店、40 家银行、34 家电影院、2 所大学、2 个火车站和 1 个长途车站。在街道上有大约 900 个出入口，每天接待 50 万人，是世界上最大的城市地下步行网络（图 3-10）。

（2）地铁站区

地铁站是地下公共空间的发动机。由于地铁站每天都有大规模的人流到达、集散与换乘，对站点周围地区的功能与空间形态产生积极影响，其地下公共空间建设呈现以下特点（图 3-11）：

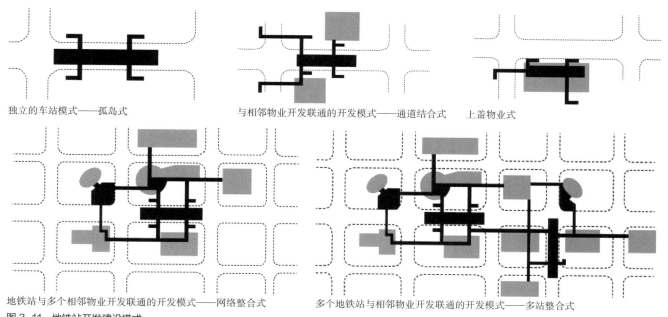

独立的车站模式——孤岛式　　与相邻物业开发联通的开发模式——通道结合式　　上盖物业式

地铁站与多个相邻物业开发联通的开发模式——网络整合式　　多个地铁站与相邻物业开发联通的开发模式——多站整合式

图 3-11　地铁站开发建设模式

图3-12 纽约花旗银行的下沉广场

图3-13 多伦多伊顿中心的中庭空间

图3-14 鹿特丹下沉商业街

①地铁站与地下公共空间体系力求无缝整合，将周边独立的地下开发联成一体，推动站点地区的整体发展；

②地下公共空间开发依托步行网络的建立，整合地面过街活动，推进地区交通有序化，减少人车冲突；

③充分发挥地下公共空间作为城市立体基面的作用，促进地下、地面、地上一体化建设，高效利用土地资源，激发城市活力。

（3）空间介质

城市地下公共空间与地面公共空间协同发展才能有效发挥其城市价值，联系二者之间的介质成为地下地上一体化设计的关键，主要包括：

①下沉广场，指广场的整体或局部下沉于其周边环境所形成的围合开放空间，能够为地下空间创造舒适的活动场所、形成建筑多层次入口及改善地下空间环境。

[案例] 美国花旗银行总部是纽约标志性的超高层办公楼，其底部通过四个28m高的支柱支撑为城市留出开放空间，并充分考虑地铁站的人流组织，结合街角设置由大台阶和跌水景观引导的下沉广场，实现乘车人流引导，周边丰富热闹的商业店面和咖啡座椅增添了地下空间的活力，给曼哈顿市中心带来新的气息（图3-12）。

②下沉中庭，将建筑中庭的底层基面延伸至地下层，可以为地下室内商业、交通疏散及其他公共活动提供明亮而有活力的垂直向交通联系与空间过渡，打破地下空间的封闭沉闷感。

[案例] 多伦多的伊顿中心是个地上地下一体化设计的商业综合体，其室内步行街长262m，3个下沉中庭深入地下二层。中庭顶部利用拱形玻璃天窗将自然光引入地下，内设观景电梯、自动扶梯、挑台、天桥与喷水池以及大量的观赏植物等，生机盎然。南北两端连接市中心的2个地铁车站，提高了购物中心的可达性与活力（图3-13）。

③下沉街，指地面具有连续开口的地下街，通过引入自然光线与通风及地面景观，形成类似城市街道的感觉。随着城市地下空间的多点发展，可以通过下沉街（或地下街）将不同地块的建筑地下空间相互连接，形成地下公共空间网络，促进城市地下空间环境的改善和公共空间的扩展。

[案例] 鹿特丹下沉街位于市中心的波斯普林街区，为了克服6车道的城市干道对商业区的切割，设置东西向下沉商业街，连通道路两侧的商业街区，同时也连通了地铁站和周边多个大型商场的地下商业空间。项目建成后，城市中心区作为时尚的购物娱乐场所获得重生（图3-14）。

（4）地下地上空间一体化的设计手段

人们最习惯最熟悉的外部空间实际上是人与自然进行"光合作用"的场所。因此，地面是地下空间心理愉悦的重要来源，当地下的环境向人们熟悉的地面环境方向转化时，可以减少地下空间所带来的不舒适感。

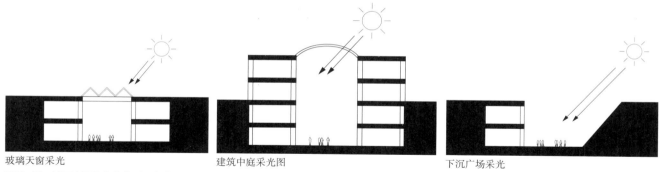

玻璃天窗采光　　　　　建筑中庭采光图　　　　下沉广场采光

图 3-15　地下空间的自然光引入方式

①引入自然光，通过顶部的玻璃天窗采光、边侧的下沉广场采光或建筑内竖向贯通的中庭采光，都可以将自然光引入地下空间，满足了人们感受阳光与自然信息的心理需求（图 3-15）。

②引入地面景，大自然中的许多景物，如瀑布溪流和花草树木等，都可以使人感到舒适、愉悦和兴奋，将这些自然因素直接引入地下公共空间，甚至引入大自然的环境声，如水声、鸟声等，都可以加强地下空间的地面感。

③引入城市活动，城市生活是一个潜在的自我强化过程，人们喜欢在有人活动的地方聚集，通过日常地下通行活动、商业消费活动与社会交往活动的导入与吸引，地下公共空间将成为城市整体空间结构中的重要组成，这同时也拓展了城市活动的范围。

3.1.4　微空间

城市不仅仅因经济、政治与军事等宏观因素而存在，更重要的是它首先作为生活空间而存在。所谓"微空间"，不仅涉及那些个人的生活空间，而且触及一系列与公共生活相关的微观层次的街区空间，如人行道、街头公园、街旁绿地、单体建筑周边的公共空间、小区游园和居住区广场等，它们对营造邻里氛围、激发社会活力和促进社会融合等方面具有积极作用。

（1）社区微更新（Community Micro-Renewal）

主要以老旧社区、街道的开放空间和公共服务设施为对象，主张以渐进、小规模的"针灸式"或"修补式"为主的更新方式替代粗放式、大规模的开发性改造来实现城市的新陈代谢，体现了社会对物质空间改造和社区治理建设的关注。在物质空间改造方面，以普通人的日常生活为核心，从居住环境与实际生活的互动出发，强调街区零星地块、闲置地块和小微空间的环境品质提升与功能再生，通过建筑局部拆除、空间功

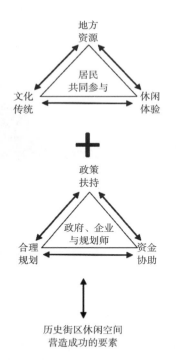

地方
资源

居民
共同参与

文化
传统   休闲
                  体验

＋

政策
扶持

政府、企业
与规划师

合理
规划   资金
                  协助

历史街区休闲空间
营造成功的要素

图3-16　日本古川町的社区营造

能置换及基础设施完善等方式，将城市存量空间、建筑、景观乃至艺术组合在一起，营造舒适、宜人与便捷的街区公共环境。在社区治理建设方面，以物质层面的更新为媒介，实现从"见物不见人"到"见物又见人"的转变，鼓励社区共建共治共享，注重居民活动空间和社区文化的塑造，加强社区凝聚力，营造社区生活。在微更新的过程中，需要从各利益相关者（包括规划管理部门、基层政府、社区居民、企业、设计专业人员、社会组织）的角度，协调在地各方空间诉求，思考社区的发展方向。同时，社区更新将突破专业现有的领域，挑战专业与大众之间的界限，探寻一种具有开放性、互动性、包容性的设计方法。

[案例] 日本古川町是位于关西岐阜县的一个山城小镇，其社区营造从有形的文化财富"人、文、地、产、景"营造和无形的"制度建设"两个方面入手。其中，"人"指营造社区的主体是人，通过居民们的团结合作来修复快速城市化下破裂的人际关系，加强凝聚力，聚拢人气。"文"指传统的祭祀盛典"古川祭"，每逢节庆在外的大量古川町青年返回参与祭典，出钱出力共同策划进行，扩大地方文化影响力。"地"指传承当地飞驒匠人的传统木工技艺，展露出其创意。"产"指将当地工匠文化的精华进行集中展示，建设文化馆，为制作与体验各种木榫结构提供学习培训基地。"景"指流经市区的濑户川，通过居民自发兴起改造运动，各自负责清理自家门前的一段水流，并向水中放养鲤鱼对水质进行检测和活化。在营造过程中，地方NGO——古川町商工会（观光振兴实业所）发挥了重要作用，编制了《都市景观基本方针》（图3-16）。

（2）微空间品质

①公平性：贴近居民的日常生活区域，具备很好的步行可达性，使得每个人享有进入活动的权利。

②防护性：远离交通事故、消除车行交通带来的恐惧感；预防犯罪和暴力，确保公共空间的持续活力与人群监督作用；免受不利的环境问题（如风、雨、雪、寒冷、炎热与蚊虫叮咬等）带来的不悦的感官体验。

③舒适性：为人们进行各类活动提供舒适的环境，如宜人的步行环境（无障碍设计、有趣的建筑立面、优质的铺装等）；良好的驻足逗留环境（便利的座椅、边缘的交接地带、丰富的视野）；有机会看到更多的东西（通透的视线、有趣的景物、黑暗中的照明）；有机会交谈和聆听（低噪音、家具小品为交谈提供空间和平台）；有机会玩耍和运动（不同时间段、不同季节都可以开展活动和运动）。

④愉悦性：提供积极的感官体验与人性化尺度，如有机会享受阳光、荫凉、微风、温暖或凉爽的体验；精心的环境细部与优良的材料质感；丰富且有趣的视野；丰富的植被、绿地、水等（图3-17）。

防护性	预防交通事故 —感知安全 ·确保步行者感知安全 ·远离噪声，气体污染 ·避免交通肇事 ·消除交通环境带来的恐惧感	预防犯罪和暴力 —安全感 ·确保公共空间具有活力 ·街道上总是有人在活动 ·确保白天和夜晚空间都有 　不同的活动发生 ·高品质的照明	预防外环境带来不悦 的感官体验 ·风 ·雨/雪 ·寒冷/炎热 ·环境污染 ·灰尘、噪声、眩光
舒适性	为步行提供舒适的环境 ·为步行留出空间 ·步行空间不要有障碍 ·有吸引力的界面 ·很好的可达性 ·有趣的立面	为站立和停留提供 舒适的环境 ·边缘效应 ·为站立和停留提供 　有趣的视野 ·为站立提供可依靠 　的界面	为交流提供舒适的 环境  ·有地方可以停坐 ·利用有利的环境 ·视野、阳光、人 ·足够且舒适的座位 ·为休息提供长椅
	有机会看到更多的东西 ·设计适于人观看的 　视野距离 ·通透的视线 ·丰富的视野 ·黑暗中的照明	有机会交谈和聆听 ·低噪声 ·街道家具为交谈提供 　空间和平台	有机会玩耍和运动 ·邀请人们开展各种 　户外活动和运动 ·白天和夜晚可以活 　动和运动 ·冬天和夏天都可开 　展活动和运动
愉悦性	尺度 ·建筑和空间要 　根据人的尺度 　进行设计	有机会享受气候的积极方面 ·阳光/荫凉 ·温暖/凉爽 ·微风	积极的感官体验 ·良好的细部设计 ·舒适的材料 ·丰富且有趣的视野 ·树、绿地、水

图 3-17　扬·盖尔的公共空间品质评价标准

⑤独特性：体现社区文化与街区特色，鼓励居民共同参与建设，提升社区凝聚力和识别性，使之成为居民进行情感、物质、经济和信息的公共交流平台和文化活动场所。

3.1.5　公共/共有/私人

城市开敞空间依据其权属性质可分为公共空间、共有空间和私有空间。公共空间是向所有城市市民开放，为公众共同使用的空间；共有空间是不完全对外开放的，仅供一部分公众内部使用的空间，如单位、学校、工厂、部队等的"大院"以及实行封闭式物业管理的住宅小区等；私有空间是私人所有的不对公众开放的私密性空间。

公共生活

所谓"公共"必须与"私密"来相对地理解，公共生活包括相对开放和普遍的社会语境，相比而言私密生活是隐私的、亲密的、被庇护的，由个人控制，只与家庭或者朋友分享。公共生活不一定在公共空间发生，也会发生在私有场所中，不仅会出现在集团化的主题乐园里，而且还自愿、自发和愉快地聚集在私人的小生意场所，如茶馆、餐厅、咖啡店、书店等消费空间（图3-18~图3-21）。因此，关注那些支持、允许与促进社交活动和公共生活的社会空间，比区分"公共"与"私有"的空间属性更为重要。另外需要注意的是，互联网社会已出现了大量不再依附于任何地理位置的"以兴趣来划分的社区"，共有的空间场所也不再是社区和社会交往的先决条件。人们可以在任何地点选择工作、消遣、交友、购物和娱乐等，并在这个过程中形成自愿选择的社区。

3.2　建筑物

建筑是城市空间中最基本也是最主要的构成要素，正是建筑及其相应的环境实现了城市中人的聚居生活，也直接影响着城市中人的生活品质。建筑通过其体量、界面、空间、尺度与材料等在成就自身完整性的同时，也在塑造着城市的空间环境。因此，需要关注建筑物生成与相邻其他建筑物以及周边城市环境之间的整体关系，基地内外的空间组织、交通动线、人流活动和景观风貌等都应与特定的地段环境文脉（Context）相协调。

3.2.1　老建筑

城市的价值来源于许多不同年代的建筑共存而形成的多元性。不同年代的建筑中存在着各种类型的空间，使得混合使用成为可能，老建筑可能以低租金为那些盈利能力差但具有社会意义的活动在城市中提供场所。同时，可视的历史遗存也有助于某人或某地区的文化认知和记忆，通过理解过去而赋予当代以意义。

（1）保存与再生

保存不仅指文物建筑及历史环境，也包括了暂时性或永久性保存既有建筑及场所。这并非意味着保存所有的事物，而是只要有经济价值及文化意义，都应加以保存，特别是具有历史意义的建筑物与场所应该拥有更久远的生命。在城市设计中，保存不仅指历史遗存的保护，同时也关注功能的延续，尽量维护好历史建筑中所发生的活动，或赋予更好又相容的新活动，而且，需要强化史迹在促进经济成长与开发中所扮演的

图3-18　咖啡吧

图3-19　书吧

图3-20　茶室

图3-21　书场

角色，当开发者了解到历史文化可以吸引人时，保存更容易受到重视。历史保护可以为社区发展带来诸多好处，如提供教育素材、视觉美感与场所特色以及与历史资源的情感维系，当原先的用途消失之后，这些仍与它紧密连接在一起。

对于历史建筑的介入措施[2]：

①保存，对历史建筑当前物质状况的维护；

②复原，把历史建筑恢复到早期的物质状况；

③更新（保护和加固），对建筑结构进行物质上的改造，以确保它的持续使用；

④重组，历史建筑在原地或者异地分步地重新组建；

⑤转换（可适应的重新利用），改造历史建筑以容纳新的使用功能；

⑥重建，已经不存在的历史建筑在原址重建；

⑦复制，对现存历史建筑的精确复制；

⑧立面保护，保存历史建筑的立面，而内部采用新的建设形式；

⑨拆毁和再开发，拆毁历史建筑并清理场地，在原址进行新的开发。

以上例举了可供选择的历史建筑保护措施，但是在具体项目中可能仅用单一措施，也可能多种措施并举，并且每种措施的适宜度和可行性也是不同的，因地制宜是关键。

[案例1]曼彻斯特中央车站曾经是英格兰西北部的重要运输枢纽，每天有多达400次列车停靠在此。这座车站是19世纪典型的维多利亚式建筑，以砖与铸铁为主要材料，是工程史上的杰作。1986年，改造成为大曼彻斯特地区的会展中心，目前容纳会议、展览、赛事及旅游等内容，涉及20多个种类，250多个行业，赋予这个古老的工业建筑遗产以当代功能（图3-22）。

图3-22　曼彻斯特中央车站

[案例2]伦敦考文特花园在更新中强调非物质文化遗产的保护与场所记忆的延续，通过苹果市场、东柱廊市场与银禧市场的改造与步行体系的建设，营造公共活动场所。在新一轮的规划中，着重改进公共领域，打开原本封闭的内院，提高公共活动的渗透性，同时改善与周边交通枢纽及社区的步行连接，增加临街零售店铺数量。另外，对历史建筑进行保护性修复与翻新，恢复部分原先的功能，另一部分则被改造为高端住宅、酒店或精品商店。此外，采用庭院空间将新旧建筑结合起来，并通过通道、连续的半室外空间等方式，加强与公共系统的连通（图3-23）。

（2）历时与模仿

城市是由不同时代的建筑物共同组成的，每个建筑都真实展示了这个城市的一段历史，呈现独特的历时性。随着时间的推移，建造材料、施工方式、功能用途和建筑风格都将随着技术、经济和建筑价值的自然

图3-23　伦敦考文特花园

演变而变异。这种变异正是说明了时间的流逝以及人类文化的多样性和创造性，它还能揭示某些有助于我们理解自己身份的基因。的确，目前完全有能力将其他时代的建筑立面复制到当代建筑上，或将新的建筑物建造得如同老建筑一样，从而提供迷幻的历史景象，但这会让人们分不清哪些是真的老建筑，从而对老建筑的真实性感到迷惑，并在这个过程中贬低它们。因此，任何对过去建筑风格的模仿都应保持历史脉络的清晰。

[案例1] 圣卡特琳娜菜市场是巴塞罗那第一座有屋顶的菜市场。历经 2005 年的翻新后，极具艺术感，焕发新活力。令人印象深刻的是屋顶设计，色彩缤纷的马赛克以波浪形状覆盖在从 1845 年开始使用的老菜市场立面上。在它的下方还埋葬着 12 世纪的建筑废墟——圣卡特琳娜教堂和修道院，它们层叠成为拼贴的历史，因此在菜市场的一角保留了挖掘现场，成为让人们了解这块场地历史发展的小型博物馆（图 3-24）。

[案例2] 马德里 CaixaForum 美术馆坐落于城市文化中心区，由一个 1899 年的发电厂改造而来。老电厂当初 4 个立面的老砖墙被巧妙地保留下来，并用手工方式进行了修复。另外，为了减少过多游客对建筑本身构成的威胁，拆除了原来围绕电厂的花岗岩地基，新建砖石外壳下的广场，砖石老建筑犹如漂浮在街道上。传统砖墙建筑之上，另增建两层，并以通花锈铁围绕，将建筑从原地拔起，参观者要从地下一层进入（图 3-25）。

3.2.2 现存建筑

新旧共存

一栋新建筑的生成不应只是简单取代这个场地内曾经存在的事物，而是需要对这个场地的历史有所回应，需要考虑场地现存建筑的风貌，以及场地本身的历史和文化内涵。在具体回应的方式上，可以使用现存建筑所保留的手法，也可以创造一种新的形式来诠释它。例如，可以通过新老建筑的比例尺度、屋顶形式、开窗排列与立面划分以及材质、细部、色彩等方面的呼应，在新旧项目之间以及历史与现代之间寻求协调，也可以使用当地的材料与技术，富于技巧的地方性工艺将使得新建筑与场地文脉更好地融合，还可以在新项目中注入历史或文化元素，将场地和社区的历史资源作为潜在的场所营造的机会，延续其地方文化意义。

[案例1] 位于德国拉尔历史中心区的前 Tonofen 工厂（黏土工厂）比邻中世纪的城堡遗址和城墙。设计师将这里打造成一个了解拉尔历史文化的地方，通过构建新的楼梯塔，补全之前不完整的 L 形建筑结构，形

图 3-24　巴塞罗那圣卡特琳娜菜市场

图 3-25　马德里 CaixaForum 美术馆

成了一个新旧连贯的整体。新的红色混凝土楼梯塔采用无缝的环状结构，与现有建筑和烟囱相结合，整体成为了一个具有高识别度的城市标志（图3-26）。

[案例2] 大英博物馆的扩建项目保留了原建筑主体，将中间的庭院加盖钢架玻璃顶，玻璃顶与由砖石建成的带有柱式、檐口的古典式立面实现了完美的新旧结合，不仅将这个著名建筑完整地保留下来，而且提供了一个舒适明亮的室内中庭，使老建筑重新焕发生机（图3-27）。

3.2.3 身份与形式

（1）建筑性格

不同的建筑有着各自的性格，这种差别大多是由建成年代与地形环境因素带来的，令人难忘。也有很多是建筑本身的功能而引起的，例如行政建筑、文化建筑、工业建筑与军事建筑的性格就不同。而对于即使面积与房间数都一样的客栈、旅馆或豪华酒店建筑，其性格要求也不同，不仅反映在平面布局与室内装修，还表现在外在的立面形象。通常认为，每种类型的建筑应有符合自己性格的建筑形式，否则会让人迷惑和误解，但如何表现这种建筑形式，更多的是建筑师的发挥。从历史来看，建筑风格往往随着社会与经济状况的变化而改变，没有理由认为使用了新材料的现代设计，在与环境相适应方面不如那些更多使用传统设计手法的设计。

（2）建筑类型

建筑类型是一个特定时代、区域和一种特定文化的经过优化的目的、手段和组合，其前提条件是使用功能和建设机制未发生本质变化。传统社会的工匠都遵从建筑类型中的这些经验，避免了不必要的错误。因此，建筑类型是经验的积累，它与使用功能、建筑构造、尺度关系及造型设计以一种稳定的方式进行传承。它同时是"匿名"的，来自于手工艺的传统，经历了时间的验证。并且，建筑类型自身也会不断完善，既包括建筑技术的优化，也包括对功能、环境等方面的适应，这些类型建筑经过长期的积累与发展会形成相似元素重复组合的城镇肌理形态。然而，这种不断被验证的建造方式在当代被建筑师的职业取向所挑战，主要涉及建筑的独创性还是重复性的问题，但在建筑具体问题的处理上仍可以采用类型学的思考。

[案例] 新德里的甘地纪念馆像村落一样围绕水院布局，开放与围合的空间单元以传统的曼陀罗式的结构方形给予环境以秩序。设计通过灵活的平面布局、格网式单元的有机生长以及对地方气候因素的关注，将古老的文化元素在现代建筑中进行了类型学转译（图3-28）。

图3-26 德国拉尔历史中心区的改扩建

图3-27 伦敦大英博物馆

图3-28 新德里甘地纪念馆

3.2.4 场地与使用

（1）自然因素

建筑的选址、朝向和建造形式应考虑场地的自然系统及其周围环境的特点[3]。

①设计应尽可能利用场地的阳光和自然通风以及微气候特征，减少机械通风和空调的使用；

②最大限度地利用自然光和控制阴影的范围，例如通过遮阳装置或种植落叶树，管控朝南和朝西的阳光直射；

③尊重原始地形特征，因地制宜地处理建筑与场地布局，保护现有的树木植被，减少工程土方搬运；

④考虑与相邻建筑群共同形成自然而有特色的场地景观，例如将大体量建筑放置在较低的区位，或利用树木作为较高的建筑与周围较小建筑之间的缓冲等，并尽可能将这些特征与外围的公共空间和生态栖息网络相连通。

[案例]新喀里多尼亚的芝贝欧文化中心借助于现代技术诠释了当地的传统文化。设计从当地棚屋结构中汲取肋架构成的灵感，不锈钢的水平管子和有斜纹对角线的木杆在结构上被精细地结合起来，不仅出于建筑形式的思考，还综合考虑了抵抗飓风和地震的需要（图3-29）。

（2）街区因素

新建筑融入周围的街区环境，首先应考虑的是建筑的位置，以及它如何联系周边建筑和街道空间。某些建筑可能需要被突出其位置的重要性，另一些则可能更适合平实但高质量的设计，服务于街区的整体感。

①当建筑位于街区角部时，可以将此作为门户或焦点，为行人提供宽阔的入口空间，或者形成明确的街区边界，如果街道网格或地形在这里创造出异常的地块形状时，可以通过设计增强其个性与戏剧性，以激发事件的发生与场地的趣味性。

②当建筑位于街区中部时，需要尊重现有的街道模式和地块划分尺寸，保持相邻建筑功能与尺度的关联性，延续街道轮廓线和临街面，以保证街区的整体和谐与连续感，但如果这里是另一街道的对景点，那么需要更细致的设计，使其视景具有价值。

③当建筑占据整个街区时，需要对通长的建筑沿街立面进行精心设计，在街道层面提供细节和人性化尺度，可以通过建筑元素的重复来加强街区的多样性和节奏感。

[案例]海牙的Muzentoren街区主要包括东部的火车站和西部的新教堂附近的旧城中心，设计运用城市空间类型学的方法，将街区建筑和周边地区统一考虑，通过街道、广场与土地划分方式共同决定了街区的基

图3-29　新喀里多尼亚芝贝欧文化中心

本形态，建筑体形通过水平伸展的沿街立面与街角的节点设计完美地融入了城市环境（图 3-30）。

3.2.5 体量与尺度

（1）体量大小

体量（Massing）是建筑体积的三维布局。新开发的项目需要考虑建筑占据基地的方式，从一系列视点与角度来考虑新建筑与周边环境的协调关系，在一般情况下尽量提供街区的围合感，确保外部空间的连续性与清晰性。虽然容积率（FAR）经常被用于控制开发地块的可接受的体积容量，但它们是相当粗略的工具，因为特定的开发量可以按不同的方式来组织，因此应增加指示性的体量形式。现代城市的高密度发展与建造技术的革新带来城市巨型构筑物的出现，许多尺度失当甚至是对比强烈的大体量建筑在城市中产生杂乱无序的空间环境，需要通过建筑体量的管控与多尺度空间的过渡来营造人性化场所。

（2）空间尺度

空间尺度（Dimension）是人对于城市要素或者场所大小的度量。这与城市要素或者场所本身的实际尺寸（Size）密切相关，但是尺寸并不等同于尺度，反映的是人与物及物与物之间的相互关系。"人是万物的尺度"，尺度首先与它的尺寸相对于人的大小有关，可以分为亲切宜人的个人尺度、社会使用的众人尺度和精神层面的超人尺度。其次，与它相对于周边环境的大小有关，将相同的城市要素或者场所置于不同的城市环境中，其尺度感受也是不同的。除了城市要素或者场所的整体尺寸之外，其细部构件的尺寸在对空间尺度的定义与感知中也起到关键作用，如建筑门窗、楼层划分、立面肌理、楼梯台阶和街道家具以及绿化小品等都是赋予城市空间尺度的重要依据。正是不同尺寸的比较产生了比例，而只有合适的比例关系才能构成良好的空间尺度关系。

同时，人本身的行进速度也会影响其对空间尺度的感知与体验。例如当人在慢速行走时，有足够的时间来观察周围发生的一切，因此以步行为主导的传统城市环境是以丰富细腻的视觉印象为基础的，而以车行为主导的城市环境则要求开敞的视野和宽阔的马路，道路交通信号与符号标示都需要简化且放大尺寸以便于驾驶员能获取信息。

[**案例**] 匈牙利 Sopron 城堡的街区改造，在纵向的空间延伸与横向的街道界面上塑造丰富的空间层次，为城堡林荫道增添活力场景。在这片以古老历史建筑定义城市空间的区域中，街道一侧建筑以洛可可风格为主，另一侧建筑的内院通过狭窄的小路与城堡区相连通，设计以温和的手法切入城市，营造适宜的空间尺度（图 3-31）。

图 3-30 海牙 Muzentoren 街区

图 3-31 匈牙利 Sopron 城堡街区改造

图 3-32 高原城市——拉萨

图 3-33 平原城市——奥斯汀

图 3-34 丘陵城市——旧金山

图 3-35 海湾城市——纽约

图 3-36 水网城市——苏州

3.3 自然要素

每个城市的空间结构与形态演变都依托于所处的自然地理环境，当城市与河流、湖泊、山丘、森林等特殊地形地貌相结合时，形成了各自的城市特色，如水城威尼斯、山城重庆等。因此，自然环境是城市设计的前提条件，城市的基本特点应该来自场地的形态与性质，只有当它的内在特质被充分认识到或加强时，才能成为一个杰出的城市。

3.3.1 地形地貌

（1）形态分类

地形地貌是指地球表面高低不同的三维起伏形态及具体的自然空间形态，可以分为大地形、小地形和微地形 3 类。大地形是从国土范围来讲，地形地貌复杂多变，主要有高原、平原、丘陵、山地和盆地等 5 种类型；小地形是针对城镇建设区、大型风景区等特定地区而言，包括各种地形状况但起伏度相对较小的地形环境，如海湾、河口和山谷等；微地形是针对居住小区、公园绿地等小区域，按表现形式又可分为人工式的地形和自然式的地形等（图 3-32 ~ 图 3-36）。

（2）人工干预

自然地形先于人类而存在，除了地震、泥石流等突发性情况以外，自然地形环境的演变相对稳定。人类出现后，自然地形在为人类建设活动提供场地与材料的同时，自身也在建造活动中被改造。传统社会中，往往将水源充足、适合耕作的平缓地带留给农业生产，日常生活空间位于地势较高的区域；而平原地区的聚落一般沿水道分布，便于生活与运输。进入现代社会，为了避免复杂地形的约束，通常将相对平缓且形状规整的地带留给开发强度高、以效率为主的中心区组团；地形较复杂且自然环境丰富的地带则留给生活组团与游憩组团等，强调与自然环境的结合。总体而言，设计应尊重和顺应地形的走势，利用为主、改造为辅，尽量避免与减少挖方或填方，做到挖、填土方量的平衡与合理使用。

（3）城市选址

从早期城市的形成过程来看，其选址及后期拓展都离不开自然地形的决定性影响，大多数依循了用地充足、水源丰富和交通便捷等自然环境条件，而且基于相似的地形地貌，城市建设的具体处理方式也存在一定的规律性。在我国的古代城市建设中，强调"天人合一"的哲学思想，将自然环境与人工建设环境和谐地组织在一起。例如，《管子·乘马》提出："凡立国都，非于大山之下，必于广川之上，高毋近旱而水用足，下毋近水而沟防省。因天材，就地利，故城郭不必中规矩，道路不必中准绳"，表明了城市在选址营造过程中应尊重具体的山形水势，因势利导，趋利避害，将自然环境作为城市构成的要素，从而创造了不少优秀的山水城市案例。

[案例] 阆中古城位于四川盆地北部，北枕蟠龙山，东西两侧东山、西山护卫，南面锦屏山如古城屏风，嘉陵江环绕古城三面，选址深契传统风水理论。古城利用北高南低的山坡地形，在西北布置宗祠官署，东北为军事兵营要地，居高临下，利于攻防；城南临江，布置居民区和商业，便于生活与通商。街道路网顺应等高线走向，东西街道多而长，南北街道少而短，既减少建设土方量，又方便步行，而且使建筑处于良好的南北朝向，高低错落，家家户户都能欣赏到锦屏山的美丽风光（图3-37）。

3.3.2　水体

（1）生态系统

合理利用水与水域可以使所有生活在其影响范围之内的生物受益，反之则会影响整个生态环境。因此，需要更多地从生态整体的角度，将水域空间设计同复杂的生态系统恢复结合起来。水域生态的稳定性依赖于湿地、湖泊、集水区、城市林地等土地功能共同来完成，如保护和恢复河流的自然形态、规划供自然雨水集留的集水区、保护湿地、滩地、湖泊、沼泽等自然区域，以解决洪水蓄积的问题，并将这些区域同城市公园绿地体系紧密结合，使其成为城市开敞空间的一部分，满足城市休闲娱乐、空气净化、动物栖息和气候调节及丰富景观等多种功效。

[案例] 悉尼公园曾经是工业用地和垃圾填埋场，在水资源再利用方面主要包括：对城市废水进行高效回收，提升水质并且减少饮用水消耗；加强水景观及休闲项目的建设，创造充满活力的休闲娱乐胜地；通过艺术性手法向公众展示公园改造的故事，让他们对水资源治理有更为深刻的认识（图3-38）。

图3-37　阆中古城

（2）水与城市

作为生活、灌溉和运输的必要源泉，水一直与城市生长发展和人类自身繁衍生存有着不解之缘。早期的居民一般选择在滨水区逐步形成村庄聚落、集镇乃至城市，城市与水域的关系大致有：

① 水在城边，即城市位于水体的一侧发展，水成为城市的边界，有以多伦多市及瑞士的城市为代表的湖滨城市，还有沿海湾或河海交汇的河口湾发展的城市，如纽约、波士顿、旧金山与温哥华等大城市；

② 水在城中，即城市的兴起以河流为依托，一条主干河流贯穿流过市区，成为城市的主轴线，如巴黎、伦敦、华沙与首尔分别以塞纳河、泰晤士河、维思瓦河与汉江为城市建设的中心；

③ 城在水上，即纵横交错的河湖水系在城市中形成了庞大的水网，这些网络将城市分隔开又将其彼此相连成为水上之城，这在中国、日本、朝

图3-38　悉尼公园

鲜等东亚国家较多，欧洲也有意大利的威尼斯、荷兰的阿姆斯特丹等城市。

（3）连接水体

事物与我们的联系往往比事物本身更重要，一条看不见的河流等于不存在。因此，最大限度地让水体的影响渗透到纵深地带，是人们利用滨水资源的重要原则。在与滨水区的联系上，一般都鼓励便捷的公共交通，提供良好的步行体系，尽量打通阻挡通往河滨地带的障碍，保证视觉的通透性，并将与滨水地区相连的街道设计成为具有步行尺度的观光街道。例如，通过沿线商业与文化娱乐设施的组织和引导，吸引更多的人到达滨水区。滨水区设计应避免成为一个独立体，而忘记它与城市整体的关系，也应避免只注重建筑的景观要求，而轻视滨水街道、广场等开放空间的设计倾向。

[案例]纽约炮台公园滨水区的南北两端是居住区，中间是金融商贸区，连接这些用地的是一条沿着哈德逊河宽21m的河滨广场。为了加强水资源向城市腹地的辐射，西部下曼哈顿区的主要街道都延长到滨水区，因此这里成为整个城市的公共空间，建筑与公园、街道、滨水散步带和公共艺术完美地结合在一起（图3-39）。

（4）亲水设计

水对于各阶层的人都具有一种特殊吸引力，能唤起所有人的原始情感。亲水设计的关键在于使水的视觉和实用功能得到最充分的利用[4]，应以水为中心，或设置宜人幽雅的滨水步道，或布置宽敞开放的滨水广场，或安排水族馆、展览馆等公共娱乐文化设施，或建设不同形式的滨水设施（如伸出水面的建筑、架空的水上步道与平台、面向水域的亲水护岸和伸入水中的码头等），促进人与水的对话。在有条件的地区，还可以引入水上活动项目（如乘船观光、潜水观光以及游泳冲浪等），吸引更多的游客，丰富休闲旅游的内容。

[案例]丹麦奥胡斯海滨浴场以最少的建筑实体带来尽可能多的生活体验，弧线形的浴场柔和地融入场地，并围绕泳池形成一个完整的环路，

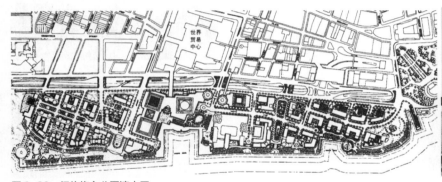

图3-39　纽约炮台公园滨水区

另外还设有圆形的跳水池和儿童泳池。50m 长的健身泳池和桑拿池被嵌入公共木栈道内，人们可以在栈道上享受风景和日光浴（图 3-40）。

3.3.3 山地

（1）山地聚落

我国是一个多山的国家，山地城镇约占全国城镇总数的一半。受山脉、江河与沟谷等自然条件的影响，山地城镇高差起伏大、用地多变，其形态布局一般采取"有机分散、分片集中、分区平衡、多中心、组团式"的设计原则：

①通过有机分散与分片集中的方式，协调人口扩张与土地资源短缺的矛盾；

②建立工作（生产）与生活就地平衡的综合社区模式，减少交通出行距离，提高工作效率和生活质量；

③采用多中心与组团结构，缓解高密度聚居与生态环境承载力的矛盾，鼓励步行、自行车和公共交通，减少私家车出行；

④保留组团之间的陡坡、冲沟、农田、林地、湿地等自然嵌入绿带和生态廊道，发挥其通风降温、降尘减噪、净化空气、蓄水防灾与生物繁衍等综合功能。

图 3-40 奥胡斯海滨浴场

（2）山屋共构

山地建筑应处理好与山体、植被、山石与流水等自然要素的有机融合。设计之初，应考虑是突出自然还是突出建筑。如是前者，可以将建筑处理成"小、散、隐"，通过化整为零使建筑融于山体环境；后者则主要针对体量大、布局集中的建筑，将建筑处于统率地位，控制着轴线与周围景观。无论是哪种类型，建筑都应依山就势，尊重地貌特征，依照坡度差异进行空间布局，使建筑与山地自然景观相协调。由于山坡崎岖不平，山地建筑往往采用错层、掉层与跌落等方式来调节与山体地表的关系，从而产生不同标高的入口基面，有利于建筑垂直向各层空间的到达与使用。另外，架空也是山地建筑中常用的建造方式，它能有效减少对地形的破坏，最大限度地利用空间，使房屋不受山势的拘束，同时具有避免山洪对建筑的侵袭、避潮湿等功能（图 3-41）。

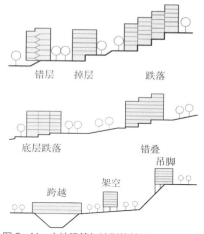

图 3-41 山地建筑与地形的关系

[**案例**] 神户六甲山住宅位于山脚处的斜坡上，建筑顺应山势而建，部分埋入山中。整个项目由两组建筑组合在一起，依据地形逐渐升高，中央楼梯沿坡地笔直而上，穿过整幢建筑，是整个项目的轴线。另外，每组建筑被南北方向的空隙分成两个部分，空隙可被用作小广场，同时也为每个单元带来阳光与空气。由于前后两期项目之间有夹角，由此形成三角形的绿化带，使建筑融入大自然中（图 3-42）。

图 3-42 神户六甲山住宅

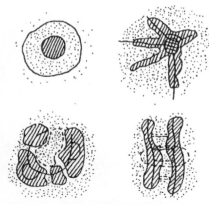

图 3-43　城镇开放空间系统的形态布局

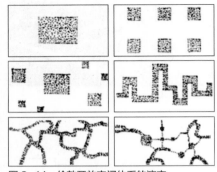

图 3-44　伦敦开放空间体系的演变

3.3.4　绿化

（1）网络形态

城市绿地并不只是以街道、公园或广场等形式孤立存在的绿地单元，而应该通过绿色廊道相互联系成为城市绿地系统，包括了廊道与廊道、廊道与斑块、斑块与斑块之间的联结，从而实现绿地与城市空间的生态耦合。从城镇空间形态来看（图 3-43），包括：

①环绕，绿地系统呈环状围绕核心城市限制建设用地扩展蔓延，周边卫星城镇与核心城市保持一定距离；

②嵌合，绿地系统与城镇群体在空间上相互穿插，形成楔形、带形、环形与片状等绿地形态；

③核心，城镇群体围绕大面积绿心发展，城镇之间以绿色缓冲带相隔；

④带形，绿地系统平行城市轴线发展并相接，使城市群体侧向开敞，可以发挥较大的生态效能并具有良好的可达性。

在城市内部，绿地布局亦有块状、带状、楔形与混合式等类型，总体发展呈现由集中到分散，由分散到联系，由联系到融合，逐步走向网络连接、城郊融合的发展趋势（图 3-44）。

（2）类型划分

城市绿地是配合环境创造自然条件，适合种植乔木、灌木和草本植物而形成一定范围的绿化地面或区域，主要包括：

①公园绿地，向公众开放，以游憩为主要功能，兼具生态、美化、防灾等作用的绿地，如综合公园（一般 5ha 以上）、社区公园（服务半径为 300 ~ 1000m）、专类公园（如儿童公园、动物园、植物园、历史名园、风景名胜公园与游乐公园等）、带状公园以及街旁绿地等；

②生产绿地，指为城市绿化提供苗木、花草、种子的苗圃、花圃、草圃等圃地；

③防护绿地，对城市具有卫生、隔离和安全防护功能的绿地，如城市卫生隔离带、道路防护绿地、城市高压走廊绿带、防风林与城市组团隔离带等。

④附属绿地，指城市建设用地中绿地之外各类用地中的附属绿化用地，如居住绿地、公共设施绿地、工业绿地、仓储绿地、对外交通绿地、道路绿地、市政设施绿地和特殊绿地等。

⑤其他绿地，指对城市生态环境质量、居民休闲生活、城市景观和生物多样性保护有直接影响的绿地，通常位于城市建设用地之外，如风景名胜区、水源保护区、郊野公园、森林公园、自然保护区、风景林地、城市绿化隔离带、野生动植物园、湿地、垃圾填埋场恢复绿地等。

（3）融入生活

城市设计关注的是建立城市绿地空间的每个细节，它既是一个能够放松、休闲、享受的户外场所，同时也是一个能够开展各种社会活动的集散场所。一般而言，人的活动范围是从家庭—邻里—社区—城市—郊野的过程，通过绿道把这些点连接起来，可以建立与市民日常生活联系更为紧密的城市绿地环境。因此，应当更多地关注容纳日常生活的城市绿地空间，关注绿地与其他要素之间的联接性，如呈线性分布的带状绿地、公园绿地的边界空间、街道绿化景观以及由建筑、道路等围合的绿化场地等，提供安全而舒适的设施小品以及充满人文关怀与社会交往的氛围（图3-45～图3-48）。

3.3.5 植物

（1）植物造景

植物种类繁多而各具特色，可以通过植物造景来改善场地的空间氛围与路径体验，也可以通过植物多样的姿态、色彩与质感等自然属性来赋予场地特色（图3-49）。

①乔木树种的选择及布局是场地构架的基础与重心，可以利用树木来塑造和强化山脊与高地的自然起伏地形；用冠荫树统一场地，柔和建筑体量，构成场所的显著特征；通过规则株距和几何布局，强调场地的纪念性或象征性；通过密植以模拟自然形态，形成防风林、绿荫或季相色彩；种植中层树木作为低空屏障，将大的场地划分为小的空间场景。

②灌木是低空屏障与保护的补充，可以通过绿篱分隔空间或强化路径的走向，或者结合小土堆、景墙与篱笆来遮挡不雅景致、消除强光和降低噪声等。

③网状的藤蔓植物可以护坡固沙，或者沿外墙爬藤增添绿意，或者似瀑布般悬挂于花架或屋棚，给景观路径提供荫凉和情趣。

④地被植物可以保持水土，并提供观赏或衬托其他景物，也可以暗示道路或功能的分区。

（2）生态效能

植物的物质循环及能量流动能否改善生态效益，主要取决于植物的光合效率。从这个角度来看，植物配景应避免绿地的广场化倾向，减少草坪花坛，优先选择光合效率高、适应性强、枝繁叶茂和叶面积指数高的植物，增大绿量和光合面积，以制造更多的氧气。在绿化栽植时，应向地面以上的构筑物空间扩展，形成地面、墙面与屋面的立体绿化体系。同时，应充分考虑植物的生态习性，以乔灌木为主，多品种组合、多层次种植，创造丰富而有机的植物人工群落。另外，还应考虑如何优化气

图3-45　美国坎伯兰公园通过棕地整治，成为以家庭为中心的冒险乐园

图3-46　丹麦哥本哈根 Frederiksbergs nye pladser 的街道为人们提供了休憩和交流的场所

图3-47　丹麦奥胡斯生机勃勃的街道空间

图3-48　瑞典斯德哥尔摩海岸带是市民交流的场地

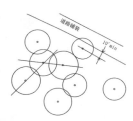

群植以模拟自然形态
避免规则间距——或者一条线上排有两株以上的树。
树距取决于树木类型和是否需要布置孤植的观赏树或枝叶茂密的庭荫树。

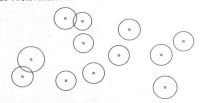

树木的随意布置适于自然化的景观——比如，公园、休闲区和再造林区。本土树种、苗圃树种和优势树种混用往往会产生最好的状态。

规则布置冠荫树可以创造出宽敞的建筑空间感。更适于应用在城市中具有纪念特征的、平摊的几何形场地中。

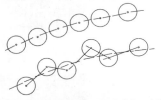

单行或双行种植的树具有强烈的视觉冲击，这种布置因此最适用于城市或人工环境中。在较自然的景观中，交替的、不规则的树列通常更受欢迎。

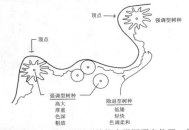

在大片种植中，利用强调型植物来强调顶点位置，并使"湾"部后退。

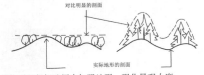

植物可以很好地用来加强地形，强化景观力度。
图3-49　植物造景布局方式

候调节，发挥植物阻挡冬季冷风、遮蔽夏日阳光、疏导微风、净化空气、减少噪音以及增湿降温等其他改善小气候的作用。

3.4　市政设施

市政设施由交通运输、给水排水、能源供应、邮电通讯、防卫防灾和环保环卫等组成。其中，道路、桥梁与河道及轨道等交通基础设施服务于人和物的流动，与城市建设结合紧密，对城市空间的影响最为显著；水利设施与防卫防灾设施主要结合自然地形条件设置，协调城市建设与自然环境的关系；而供排水、能源、通讯等其他市政设施的布局往往依附于城市道路建设。市政设施具有耗资多、建设周期长、受制并改造自然环境等特征，如何加强与其他城市功能的复合利用，提升公共环境品质与激发场地活力是需要思考的问题。

3.4.1　道路设施

道路设施是城市中最主要的交通基础设施，常常先导于城市物质环境的建设，一旦形成，改造更新就有一定的难度。

（1）街道路网

街道路网是城市的骨架，除了服务人车货物的运输外，也是各种能量流动的物质基础，很多市政设施管线都在道路的下方。同时，街道又起着划分地块、分隔街区和促进社会交往的作用，是承载市民日常生活的公共空间体系。但是，现代交通规划将街道仅仅作为机动车的通道，由此引发的交通安全、噪音与污染问题使街道社会交往的质量急剧下降。而且，以车为本的层级道路体系忽视了原有路网的复杂性、融合性和多元性。因此，需要重新思考街道路网的公共属性和组织体系，强调其为不同使用者所共享，并重视路网的密度、形态以及与街道密切相关的建筑布局、功能、界面、尺度、密度与建设强度等要素的关联（图3-50）。

（2）快速道路

交通性快速道路容易对城市空间产生切割效应，可以通过道路断面的优化来平衡车行和步行的双向需求：

①在人车之间设置一定宽度的自行车道、绿化隔离与街道设施带，并适度加宽人行道宽度，以减少机动车的干扰；

②将大流量的过境机动交通引入地下穿过，保证地面适宜步行；

③通过立体过街设施将道路两侧存在高架轨交站或商业综合体等具备立体步行潜力的城市要素联成一体；

④在高架快速路下方的消极空间里，植入运动健身、公园游憩、休

纽约曼哈顿 平均容积率：9.85　　维也纳第一区 平均容积率：2.9

芝加哥 The Loop 平均容积率：6.5　　特拉维夫白城 平均容积率：2.0

哥本哈根核心区 平均容积率：3.2　　新加坡中国城 平均容积率：2.3

图 3-50　街道肌理与建筑布局

图 3-51　巴塞罗那 Sants 地区的抬升花园

图 3-52　巴塞罗那木材码头的道路改造

闲商业或文化创意展示等功能提高其公共使用性，实现城市空间的缝合与活化。

　　[**案例 1**] 通过巴塞罗那 Sants 地区的火车和地铁轨道铁路曾是遗留在城市肌理中的巨大伤疤，割裂了两侧沿线区域的链接，并带来噪音与环境污染等问题。2002 年启动的 Sants 铁路走廊项目将这个路段限制在一个轻便透明的箱子中，其顶面变成 800m 长的空中花园，未来继续拓展成 5km 长的"绿色走廊"，路线间的花园使得穿行其中的行人宛如徜徉在丛林中（图 3-51）。

　　[**案例 2**] 巴塞罗那木材码头包含了城市道路、城市滨水区以及之间的广场。道路改造通过复杂的剖面设计，对地方人流、公共交通、人行通道与高速公路等要素有机整合，将传统的林荫道、停车场上方的散步平台、不同铺装的下沉快速车道与滨水散步道结合在一起。市民在这里可以享受到城市中的场所感，无论是驾驶者、行人、游客都得到了公平的考虑，最大限度地利用了公共资源（图 3-52）。

3.4.2　轨交设施

　　轨道交通包括地铁、轻轨、地面有轨电车与高速铁路等，具有运量大、速度快以及出行舒适便捷和可靠性高等优点。在空间集约化程度高的中心城区，地铁是较好的选择。

（1）站区建设

轨交站区优先考虑商业、办公、住宅与其他复合功能的诱导开发，使之成为城市重要的公共空间。一方面，站区作为交通节点起到连接交通设施、汇聚客流以及提供相关交通服务的作用，另一方面，作为设施集中、有着多样化建筑和开放空间的"场所"在城市中形成了相应的公共职能（表3-1）。这种公共交通设施与土地开发一体化的建设模式，有利于将城市人口聚集在公共交通站点附近，促进绿色交通出行；通过高效多用途的土地利用，保护绿地，增加公园与文体及公共服务设施，创造人性化的城市公共空间。

表 3-1　公共交通枢纽基本功能

站点功能		说明
交通功能	连接功能	锚固公共交通网络，把与之相关的各路段联结成整体，使得交通得以流通
	汇聚功能	基于公共交通组织各种接驳交通方式
	服务功能	提供与公共交通相关各类运营服务
场所功能	开发功能	公共交通上盖、毗邻土地用作商业、居住、公建等各类土地开发
	市场功能	作为房地产开发的热点区域，对城市房地产市场格局产生影响
	展示功能	展示城市人文景观和艺术风貌，成为城市标志

图3-53　名古屋荣中心

[案例] 荣中心是名古屋市中心的城市交通枢纽中心，共分六层，由水的宇宙船、绿色的大地、公共汽车中心站、轨道交通、地铁、21世纪科学情报中心、银河广场与地下商场等部分组成，并与爱知县文化艺术中心、日本NHK电视台名古屋电视中心、大型地下商业网连接，它集交通、购物、娱乐、休憩、集会、信息获取等为一体，是功能齐全的轨交城市综合体（图3-53）。

（2）空间模式

轨道交通、地面公交与周边建筑及城市环境的整合设计，主要有3种方式（图3-54）：

①层叠型，将轨道交通枢纽站、城市广场、公交车站等设施上下组合，增加换乘便利性，并且融入商业与生活服务设施，强化空间与功能的复合；

②连接型，通过开放共享空间或下沉广场等方式享受自然的阳光、空气与绿色景观，并且完全向城市开敞，促进地下交通站点与城市空间的连接；

③一体型，开发建设不再局限于站点地块本身，而是在整个区域重

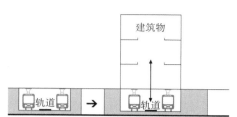
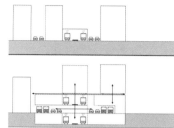

类型 A：车站/基础设施/建筑物层叠型   类型 B：地下车站与城市连接型   类型 C：车站与城市一体化再生型

图 3-54 公共交通车站空间模式示意

新配置城市功能，将车站与城市街区立体整合建设，实现站城一体化。

3.4.3 桥梁

桥梁是架设在水上或空中以便行人与车辆跨越障碍物通行的构筑物。与建筑相似，桥梁设计也需要考虑功能、结构、形式以及与周边环境的结合，因此是城市设计的重要对象。

（1）功能特征

桥梁除了满足人与车的安全通行以外，由于其开放的景观视野和自然的空间体验，往往吸引人们的驻足、休闲与观景，并留下深刻印象。而且，有些伟大的桥梁成为一个地段甚至是城市的象征，如佛罗伦萨的维琪奥桥、布拉格的查理大桥、伦敦的塔桥与旧金山的金门大桥等，它们的名字已经与所在城市紧密地联系在了一起。因此，建造桥梁不只是为了解决交通问题，而且是为了满足人们对环境的空间体验和艺术享受。

[案例] 始建于罗马时期的维琪奥桥连通了佛罗伦萨的交通要道——卡西亚大道，这里人流充沛，曾是商贩屠夫聚集的场所。1565 年，梅第奇家族在其上方建造了瓦萨利走廊，将维奥奇奥与皮蒂宫连接起来，之后禁止屠夫在那里销售，由此演变为金匠的商铺。现在，这座独特的桥已是佛罗伦萨历史文化的象征，尽管销售的商品类型在不断变化，充满活力的维琪奥桥却是阿尔诺河上不变的风景（图 3-55）。

（2）形态组合

一般而言，桥梁垂直于河流以直线形式跨越河流，如果与河岸两侧的相连接道路是错位的，桥梁也可能与河流呈一定角度的斜线跨越，以便利交通组织与节省造价。为了满足休闲、观景与驻留等活动以及适应地形等因素，桥梁的形态会衍生很多可能性，例如桥身采用平面或立体分叉的方式提供多路径的选择、桥头的单侧或双侧扩大成休闲聚会场所、桥中部放大成活动广场，提供观水平台等等。同时，基于桥梁的结构选型，也可以设计出不同特色的桁架桥、悬索桥、斜拉桥以及拱桥等形态，给人留下

图 3-55 佛罗伦萨维琪奥桥

深刻印象。此外，桥梁作为独特的水上活动场所，还可以塑造出具有地面感的城市特征：

①建筑型桥梁，提供水上的建筑室内或半室内空间，使人在观景的同时享受室内的庇护感；

②街道型桥梁，将岸边的商业店铺延伸至桥上，使桥梁融于周边街区环境；

③广场型桥梁，提供宽敞开放的水上平台，设置座椅、花卉、彩灯与售货亭等；

④桥梁综合体，将商业、娱乐、文化及居住设施与多层交通进行立体整合，建设桥上城市。

【案例1】乌德勒支的 Dafne Schippers 桥横跨阿姆斯特丹的莱茵运河，长长的弯道引导人们向上穿过公园，通过学校的屋顶花园，形成一个连贯的城市基础设施，多重功能的土地使用激发社会活力，完美结合了建筑和城市景观（图 3-56）。

图 3-56　乌德勒支自行车桥

【案例2】哥本哈根圆桥由 5 个圆形的平台串联而成，宽大的桥面能够支持人们走路、骑车、跑步、散步等活动，桥上具有弧度的边界提供了各种观赏城市风光的角度，让人们放慢脚步，并且在此聚会（图 3-57）。

（3）环境融合

桥梁应契合地域的环境特征。从城市大环境来看，桥身设计应考虑与地段历史文脉的联系，要在特定的场境中赋以特质匹配，与两岸建设环境统一协调。从地段小环境来看，桥头部位的处理十分关键，应尊重、顺应与利用现有的河岸关系。如果河岸兼具亲水与防汛堤坝的双重标高，桥头设计可以考虑与上下层河岸的步行连接；如果河岸与人流集中的公共建筑相邻，可以通过标高设计将桥头与建筑利用公共平台相互连通。此外，要重视桥下空间的使用，促进其公共可达与开放，水平方向与亲水沿岸的公共空间相连，垂直方向通过公共楼梯或电梯与桥头公共空间相连，并结合商业、餐饮与展览等功能服务设施的配置，使之成为滨水开放空间的重要节点。

图 3-57　哥本哈根圆桥

【案例1】巴黎苏菲里诺人行桥横跨塞纳河，由 2 个拱结构组成，并在桥梁中部巧妙地结为一体，使处于不同水平面的行人能够在两条路径之间穿行，或是开阔的天空视野或是亲水的潺潺水声，为横穿塞纳河的人们提供不同的体验（图 3-58）。

【案例2】巴黎波伏瓦桥飞架塞纳河沿岸繁忙的高速公路之上，将国家图书馆与新贝希公园连接起来，为市民休闲游玩或驻足观光提供了独特的场所。步行桥总长 304m，是悬吊与拱形结构的结合体，柔和的拱既是结构体也是步行道，为行人观赏两岸风光提供了不同的场景

图 3-58　巴黎苏菲里诺人行桥

（图 3-59）。

3.4.4　堤岸

　　堤岸是指沿江河湖海的岸边或渠道、分洪区、围垦区边缘修筑的挡水建筑物。以前大多数采用土石构筑，目前更多的是钢筋混凝土结构。

　　（1）生态岸线

　　河岸位于人工建设与自然河流的交界处，很大程度上决定着水、陆两大生态系统的稳定，其生态建设的目标在于：

　　①将水、河道、河堤与植被等联成一体，建立起阳光、水、生物与土壤之间互惠互存的生态系统，为水陆生物创造优良的生存繁衍环境；

　　②促进河中生物、微生物的良好生存，并通过它们建立完善的食物链对污染物进行分解与吸收，强化水体的自净能力；

　　③提高河岸的孔隙率，形成可渗透界面，协助河流调节水位与滞洪补枯。

　　[案例] 休斯敦的布法罗河散步道项目，结合了排洪、生态修复与线性公园等用途，使河道重新焕发活力，并成为城市公共空间系统的重要组成。设计通过缓斜的堤岸连接漫步道和自行车道，天然水道和土壤之间运用金属笼、碎石和再生混凝土进行固定以塑造软质护岸，使得高架桥下的空间重新成为鸭、鹭、龟、鱼等动物的栖息地。同时，优化植物配置，近 30 万株本土多年生植物、地被植物和乔灌木等替代外来的入侵植物（图 3-60）。

　　（2）亲水设计

　　防汛堤岸一般采用紧邻河流建造高出城市地坪标高的直立式混凝土河岸，造成城市活动与自然河流的阻隔。由于洪水位只在汛期出现，其他时间河流大多数处于常水位。堤岸设计应该在保证汛期防洪安全的前提下，尽可能提供平时的亲水利用，如图 3-61：

　　①内移防汛墙，将防汛墙退后设置，在临水一侧留出岸地空间，为人们提供亲水的可能；

　　②抬高河岸后方的城市用地标高与防汛堤岸相平，实现堤岸用地的综合利用，可以建设直接临水的广场、道路与建筑等；

　　③如考虑节省造价，也可以局部将邻近河岸的部分用地或活动层面抬高，后方的建筑地块通过天桥与防汛堤岸相连，使人方便地接近水面；

　　④与建筑相结合设置防汛堤岸，将建筑基座临河的一侧设计成跌落的亲水平台，与堤坝顶面齐平的建筑楼面层则可设计为休闲赏水的半室外空间；

　　⑤在重点滨水地区还可以通过平移式、升降式或翻转式等机械防汛

图 3-59　巴黎波伏瓦桥

图 3-60　休斯敦布法罗河散步道公园

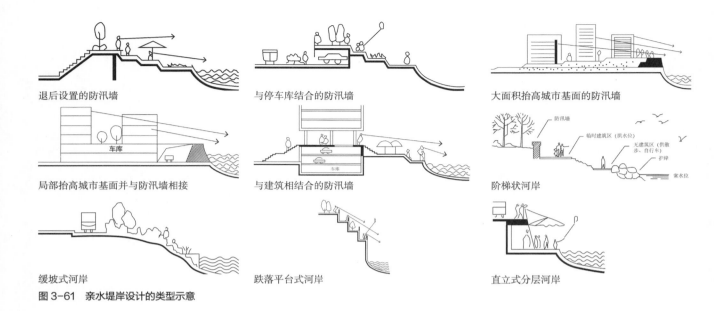

退后设置的防汛墙

与停车库结合的防汛墙

大面积抬高城市基面的防汛墙

局部抬高城市基面并与防汛墙相接

与建筑相结合的防汛墙

阶梯状河岸

缓坡式河岸

跌落平台式河岸

直立式分层河岸

图3-61　亲水堤岸设计的类型示意

图3-62　俄罗斯喀山市卡班湖群滨水区

设施实现亲水环境设计。

[案例] 俄罗斯喀山市的卡班湖群滨水区以"弹性带"作为设计概念，将上中下游3个湖泊连成网络，湖堤的生态改造遵循水的排蓄，自然生态的廊道融入城市，为公众提供了可驻足、多尺度的亲水休闲空间，沿线的慢行环境系统也提升了地区的连续性和可达性（图3-62）。

3.5　城市景观

城市的自然和人工环境要素为创造高质量的城市空间形态提供了大量素材，但是要形成独具特色的城市景观，需要通过城市设计方法对各种城市要素进行结构性的空间组织，主要包括城市地标、城市轮廓线、景点、观景点、视廊与对景等，这些是城市景观形成的基础。

3.5.1　地标与轮廓线

（1）城市地标

地标是城市中具有独特形象并处在显著位置上的构筑物或者自然物，通常以高耸或高位的景物来提供方位的指示，引导人们在城市中的穿行，也可以是具有集体认同感的社会场所，它们都会给人以深刻的印象和精神上的震撼。例如，我国古代的风水塔，往往是标志城镇方位的地标，形态简洁明确，体现了当地的文化与风俗。人工实物型的地标设置应充分考虑选址的显著性与形体的特色性，选址的显著性意味着它周边具有开阔的空间或重要视廊，以保证公众视线的可达与指引作用；形体的特色性意味着地标在城市居民和外来访客心目中占有极高地位，既要呈现地方文化的延续性，也要提倡时代的创新精神。

[**案例**] 阆中古城内以 25m 高的中天楼为制高点，被视作古城风水坐标和穴位所在，城内街道以它为轴心，呈"天心十道"向四面八方次第展开。城外以临江的华光楼为制高点，四层约 30m 高的过街楼形式，造型华丽，色彩古朴，是由嘉陵江进入古城的门户（图 3-63）。

（2）城市轮廓线

城市轮廓线是城市实体要素，包括建筑物、构筑物和自然物等共同叠加形成的远景轮廓线，当背景是天空时，也称天际线。城市轮廓线可以反映城市的整体形象和个性特征，其观赏效果与视点位置关系密切，只有从不受遮挡的开阔视野才能看到一定范围的连续城市空间，所以城市轮廓线景观往往是一些重要视点的观赏结果，例如大型广场、公园绿地、江河湖泊等滨水地带与高山、高台以及高层建构筑物的顶部观光层等。这些视点尤其需要关注天际线的设计与塑造，应注意（图 3-64）：

①考虑与地形的关系，尤其利用自然景观形成水体前景、山体背景等自然层次，建筑轮廓线组织要与山体轮廓线和谐，彼此主从结合，相互映衬；

②分析物质空间与非物质空间之间"虚实相间"的节奏形式，强调大尺度的高低与宽窄变化；

③可以设置独特的地标型构筑物，将周边松散平淡的天际线统一起来，并形成向心结构；

④突出城市的文化个性与建筑风格，展示城市特色形象。

城市轮廓线的形成会涉及一个相当大的区域，建设时间跨度大，并且与市场经济发展和房产开发等诸多复杂因素相关（图 3-65）。因此，对城市轮廓线的组织是一个连续的动态的调整过程，新建筑都要用"加入"的方法进行空间模拟，分析其对城市轮廓线的影响，排除会破坏整体轮廓线的方案。

[**案例**] 芝加哥的城市天际线壮丽而优美，舒展有序的整体轮廓，纵横相宜的空间形态，给人以深刻印象。它反映了城市空间发展的一个动态过程，既有时间的积淀，也有深刻的社会经济背景，基本上不是一个"大手笔"的城市规划所能设计的产物。但在这个过程中，完善的控制法规对于引导天际线的有序发展起到重要作用（图 3-66）。

3.5.2 对景与视廊

对景是园林建筑中常用的构景手段，同样也运用于城市中景点与观

图 3-63 阆中古城鸟瞰

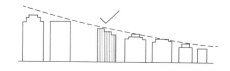

建筑物整体形式须与结构配合，并和邻近建筑物配合，创造一个优雅、和谐的城市形式。

1 计划须与邻近历史构造物及/或建筑物特色之和谐配合。若有必要，必须提供转换尺度之次元素，以减低尺度差异。

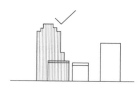

2 新增加之高度不应造成计划与邻近建筑物类似，也不应造成印象的扭曲。

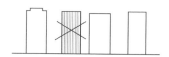

3 新增加之高度不可造成户外休憩空间、座椅与日照之阴影。

图 3-64 旧金山市中心开发纲要

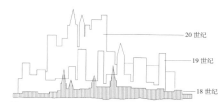

图 3-65 美国纽约市曼哈顿天际线不同时期的变化

景点的组织。城市景点主要指优美的自然或历史文化景物,如北京紫禁城、上海外滩与杭州西湖等。为了更好地供人观赏,要保证留出视线通廊与开敞空间等观赏空间,同时还需要提供人们活动的场地,使景点具有公共可达性。观景点是人们观赏景点的场地,需要考虑在什么样的场所氛围下观赏什么样的景观,还要让这些观景点成为城市公共场所,面向更多的市民与旅游者。视廊(View Corridor)是指人们远距离观赏城市景点时所留出的视线通廊,它与城市路网结构、开放空间布局与建筑高度控制紧密相关,一般通过城市总平面布局来留出水平向视廊,通过建筑高度控制来留出竖向视廊。在城市街道环境中,对景也指人们视线的聚集逗留之处,通常表现在人们运动过程中的视觉端景,当街道弯曲时,在街道直线方向往往也是组织对景的上佳位置。

[案例] 始于1991年的圣保罗大教堂战略性眺望景观通过对眺望点及眺望对象间的建筑高度控制进行风景保护,共划分为3个分区:景观视廊(VC-View Corridor)、广角眺望周边景观协议区(WSCA-Wilder Setting Consultation Area)和背景协议区(BCA-Background Consultation Area)。其中,背景协议区的控制是保证视线通透并维持景观本身所构成的天际线(图3-67)。

图3-66 芝加哥城市天际线

圣保罗大教堂周边景观控制概念图

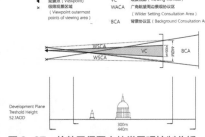

图3-67 伦敦圣保罗大教堂景观控制分析

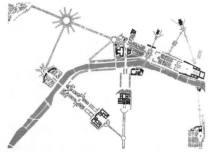

图3-68 巴黎城市空间视景的轴线组织

3.5.3 建筑组群秩序

建筑物的体量、高度、尺度、比例、材料、用色与形态构成等因素都会对城市空间环境产生重要影响。城市设计虽然并不直接设计建筑物,但可以在一定程度上决定建筑形态的组合、结构方式和城市外部空间的优劣(图3-68)。

(1)建筑组群

"美感"更多产生自一个组合中各项元素间的和谐关系,而不是元素本身。因此,建筑及其空间环境的形成,不但在于成就自身的完整性,而且在于是否能对所在地段产生积极影响。通常,建筑只有组成一个有机的群体时才能对城市环境建设做出贡献,基地内外的空间形态、动线组织和环境景观等均应该与特定地段的环境文脉相协调。格式塔心理学(Gestalt Psychology)家认为,美学的秩序与和谐来自于模式的分类和识别,需要在环境中的秩序和纷杂之间寻求平衡,通常可以运用组织或分组的原理来创造"好"的形式[5],例如(图3-69):

①用相似或共同特点的形式重复;

②空间上更近的被认作是一组并区别于空间上较远的其他元素;

③通过相同的背景或附属物来定义地域或群组,地域或群组内的元素区别于其他的元素;

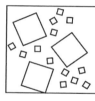

（1）相似的原理，它能将相似的或同样的元素从其他元素中识别出来——形式或者共同特征（如窗户的形状）的重复。

（2）亲近的原理，它使得那些空间上比较接近的元素看上去成为一个群体，和那些离他们较远的相区别。

（3）共同背景和共同围合的原理，一个围合或一个背景限定了一个领域或组群。在这个领域或组群中的元素区别于其外的元素。

（4）方向的原理，元素沿着他们共同的方向成组，或平行或向一处空地或实体集中。

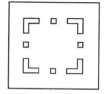

（5）闭合的原理，它使得不完全的或局部的元素被看作一个整体。

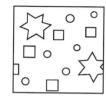

（6）连续的原理，它使得识别具有不同倾向的形式成为可能。

图 3-69　组织与一致的原理

④通过明确的方向性来排比或分类；

⑤通过围合使不同的元素能够被识别为一个整体；

⑥通过连续性使无意识的图形能被识别。

（2）视觉整合

视觉整合主要与建筑外立面的设计有关。其中，比例指一座建筑物不同部分之间的关系，也可以指任何个别部分与整体之间的关系。例如，建筑物外立面上的实心和空心部分之间的比例或窗墙面积比例，可以简化为实心（白色）和空心（黑色）来研究街道立面图形的开窗比例与节奏。韵律指建筑物及其相邻建筑物元素的（某种）相似性，并且以复杂性（即大量视觉细节和信息）和样式的同时存在为先决条件。某些街道通过特定建筑风格的重复取得统一，而其他街道则表示出巨大的多元性，但仍然通过共同的基本设计原则或主题而获得统一，如建筑物轮廓线、相似的建筑面宽、体量、尺度、比例、材料、细节与开窗样式及入口处理等方式。有时候建筑的立面划分会以垂直或水平元素为主导，如果某些街道的建筑外立面侧重于垂直方向，水平向立面划分的建筑则会打乱街道的整体视觉节奏（图 3-70）。

（3）连续景象

城市环境不是作为一个静态的物体被体验的，而是随着时间推移在空间中移动时获得的动态体验。这种体验是对一系列城市景物与场景的

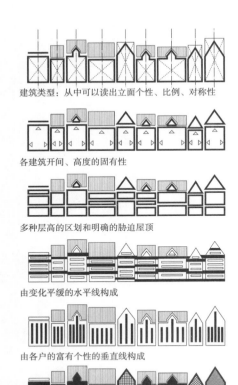

建筑类型：从中可以读出立面个性、比例、对称性

各建筑开间、高度的固有性

多种层高的区划和明确的胁迫屋顶

由变化平缓的水平线构成

由各户的富有个性的垂直线构成

立面外观设计慎重的建筑群

图 3-70　德国 Stralsund 市的街区景观条例图则

反射或探索，例如，通过狭窄、两侧高墙耸立并且较为黑暗的街道到达一个广场，这个广场在对比之下将会感觉更加宽阔和明亮。某些时候，体验是通过场景的并置、隐藏与揭示而激发出来的。例如，一座城市的景象首先被简单一瞥，然后被隐藏，但在后来又通过一个新的角度或突出有趣细节的方式再次揭示。这个"否定再奖励"的过程丰富了穿越建成环境的空间体验（图 3-71）。因此，城市设计应当是处理空间与时间关系的艺术，让不同的建筑个体在相容与渐进中达成一个多姿多彩的整体，追求的是结构的整合，而不是形态的简单一致。

3.5.4　城市色彩

城市色彩是一种地域性表现。不同城市的自然地理条件，如地域属性、生物气候条件以及作为建筑材料的物产资源对于城市色彩具有决定性的影响，而文化、宗教和民俗等人文地理因素，使这种差异变得更为鲜明而各具特色，独特的城市色彩又将反过来成为城市地方文化的重要组成。

（1）特色分区

城市色彩问题应从城市角度对现有空间环境所呈现的色彩形态进行整体分析，在此基础上依据城市发展阶段、功能片区属性和建筑物质形态进行色彩研究，然后结合特色分区确定各自的目标定位及色彩控制引导方法。对于城市历史地段及其周边的风貌区，可以根据其历史状态确定顺应文脉的主色调。对于城市其他地区，应考虑城市的气候条件、山水特征，与自然环境相协调，在色彩配置方面应主要从色彩本身的整体协调考虑，控制好彩度、明度与面积，防止不和谐的色彩出现，不必强

图 3-71　序列视景分析

求主色调[6]。

（2）控制引导

图3-72　德国波茨坦小镇

城市色彩主要由建筑色彩与场所色彩这两部分组成。其中，建筑色彩指城市中众多建筑物的群体色感，分为建筑主色调（如墙面、屋面等的色彩）和辅色调（如建筑门窗、装饰线脚等的色彩）；场所色彩是指与建筑色彩相互补充的环境色（天空、水体、岩石等纯自然色彩除外），包括街道设施、铺地与绿化等的色彩。在一定的区域范围内，城市色彩可以通过对建筑主色调、建筑辅色调或场所色彩进行协调与引导。应该指出，城市色彩设计有时是对建筑形体环境进行调和的一种补救措施，可以在一定程度上弥补因城市规划失控而破坏的城市风貌。

[案例] 波茨坦地区的城市色彩规划遵循德国特有的中明度和中纯度暖色调的建筑色彩传统，将沉稳的氧化红色系和赫黄色系定位为城市主色调，灰色系、白色系作为辅助色系，并以蓝色系为点缀，得到了居民和造访者的积极评价和肯定（图3-72）。

注释

[1] 引自张庭伟，于洋. 经济全球化时代下城市公共空间的开发与管理 [J]. 城市规划学刊，2010（5）.

[2] 引自 [美] 马修·卡莫纳，史蒂文·蒂斯迪尔，蒂姆·希斯等. 公共空间与城市空间：城市设计维度（第二版）[M]. 马航，张昌娟，刘堃等 译. 北京：中国建筑工业出版社. 2015.

[3] 引自 Llewelyn-Davis. Alan Baxter and Associate, Urban Design Compendium[M], London: Brook House, English Partnership. 2000.

[4] 引自 [美] 约翰·O·西蒙兹. 景观设计学：场地规划与设计手册 [M]. 俞孔坚等 译. 北京：中国建筑工业出版社. 2000.

[5] 引自 [美] 马修·卡莫纳，史蒂文·蒂斯迪尔，蒂姆·希斯等. 公共空间与城市空间：城市设计维度（第二版）[M]. 马航，张昌娟，刘堃等 译. 北京：中国建筑工业出版社. 2015.

[6] 引自王建国. 城市设计（第 3 版）[M]. 南京：东南大学出版社. 2013.

思考题

1. 公共空间的概念在狭义和广义上有什么区别？公共空间主要有哪些方面的功能？

2. 地下公共空间的功能属性都有哪些？如何实现地下地上空间的一体化设计？

3. 鉴于街区因素的影响，当新建筑位于街区的不同位置时（如角部、中部或占据整个街区），在建筑的设计策略上有什么不同？

4. 尺度与尺寸有什么区别？尺寸、比例与尺度之间有什么关系？人们在以步行为主导的城市和以车行为主导的城市中，在空间尺度的感知上产生差异的原因是什么？

5. 市政设施由哪些类别组成？各类别在城市中发挥的作用如何？请举例分析轨道交通设施和桥梁工程实现与城市环境融合的空间设计手法。

6. 通过城市设计方法对城市要素进行结构性的空间组织过程中，包含了哪些城市景观元素？请简述这些元素的概念及其对城市空间组织的意义。

延伸阅读推荐

1. 卢济威. 城市设计机制与创作实践 [M]. 南京：东南大学出版社，2004.

2. 卢济威，庄宇等. 城市地下公共空间设计 [M]. 上海：同济大学出版社，2015.

3. 王建国. 城市设计（第 3 版）[M]. 南京：东南大学出版社，2013.

4. [美] 马修·卡莫纳，史蒂文·蒂斯迪尔，蒂姆·希斯等. 公共空间与城市空间：城市设计维度（第二版）[M]. 马航，张昌娟，刘堃等 译. 北京：中国建筑工业出版社，2015.

5. [英] 克利夫·芒福德. 街道与广场 [M]. 张永刚，陆卫东 译. 北京：中国建筑工业出版社，2004.

6. 张庭伟，冯晖，彭治权. 城市滨水区设计与开发 [M]. 上海：同济大学出版社，2002.

7. [美] 约翰·O·西蒙兹. 景观设计学：场地规划与设计手册 [M]. 俞孔坚等 译. 北京：中国建筑工业出版社，2000.

8. 卢济威. 城市设计创作——研究与实践 [M]. 南京：东南大学出版社，2012.

参考文献

1. 张庭伟，于洋. 经济全球化时代下城市公共空间的开发与管理 [J]. 城市规划学刊，2010（5）.

2. 卢济威，陈泳. 地下与地上一体化设计——地下空间有效发展的策略 [J]. 上海交通大学学报，2012（1）.

3. [美] 马修·卡莫纳，史蒂文·蒂斯迪尔，蒂姆·希斯等. 公共空间与城市空间：城市设计维度（第二版）[M]. 马航，张昌娟，刘堃等 译. 北京：中国建筑工业出版社，2015.

4. Llewelyn–Davis. Alan Baxter and Associate, Urban Design Compendium[M], London: Brook House, English Partnership. 2000.

5. [英] 克利夫·芒福德. 街道与广场 [M]. 张永刚，陆卫东 译. 北京：中国建筑工业出版社，2004.

6. 杨冬辉. 因循自然的景观规划——从发达国家的水域空间规划看城市景观的新需求 [J]. 中国园林，2002（3）.

7. [美] 约翰·O·西蒙兹. 景观设计学：场地规划与设计手册 [M]. 俞孔坚等 译. 北京：中国建筑工业出版社，2000.

8. 黄光宇. 山地城市空间结构的生态学思考 [J]. 城市规划，2005（1）.

9. 余琪. 现代城市开放空间系统的建构 [J]. 城市规划汇刊，1998（6）.

10. 吴人韦. 国外城市绿地的发展历程 [J]. 城市规划，1998（6）.

11. [美] 约翰·O·西蒙兹. 景观设计学：场地规划与设计手册 [M]. 俞孔坚等 译.

北京：中国建筑工业出版社，2000.

12. 寇志荣，卢济威，陈泳. 交通效率型城市街道的人性化策略研究—基于机动交通与步行活动的共生视角 [J]. 城市建筑，2011（10）.

13. 日建设计站城一体开发研究会. 站城一体开发——新一代公共交通指向型城市建设 [M]. 北京：中国建筑工业出版社，2014.

14. 杨春侠. 城市跨河形态与设计 [M]. 南京：东南大学出版社，2006.

15. [美] 斯皮罗·科斯托夫. 城市的形成——历史进程中的城市模式与城市意义 [M]. 单皓 译. 北京：中国建筑工业出版社，2005.

16. 王建国. 城市设计（第 3 版）[M]. 南京：东南大学出版社，2013.

04 构建城市联系

城市因互动而存在。步行、自行车、小汽车和公共交通等出行方式让城市生活得以正常运转，同时也让城市与更广阔的地域相连接。

没有一种运动系统是独立存在的，新老城区的成功与否的评判标准不仅仅是这些运动系统在功能上的体现，更取决于它们与城市连接的良好程度以及如何提升城市的空间品质与特性。

（1）路径连接：新的发展需要与现有路径建立清晰的连接关系，连接越直接，新旧整合就会越成功；

（2）出行选择：为人们出行提供更多的选择，特别是步行、自行车与公共交通；

（3）场所感：建立联系是塑造空间场所的重要组成，这意味着城市道路、街道与巷道等设计应反映地方文脉；

（4）安全感：出行方式的多样化意味着城市需要为所有的出行方式提供安全的路径，单独为步行或自行车设立隔离的路径并不总是一种好的解决方式；

（5）停车问题：停车需求也应考虑如何与城市连接，糟糕的停车策略会破坏城市的整体设计；

（6）交通管理：精心设计的建筑与空间布局有利于管控交通车流与密度，交通标志与附加的交通安宁措施只能作为额外的管理措施。

[案例]巴塞罗那的"超级街区"规划旨在把街区道路空间归还给行人，创造更绿色、更健康和更加适于步行的街区城市，其措施：①通过减缓机动车的通行速度，鼓励街道空间的新用途；②整合和优化公共汽车和慢行系统的衔接，提倡自行车和步行出行，同时重新安排大街区的货运交通，减少交通噪声和排放；③改善道路绿化，增加微型绿地以吸引鸟类栖息，通过增加街区绿化来串联分散的绿地，形成绿色廊道；④增强公共服务设施的步行可达性，推动街区生产性活动，创造就业岗位和促进社会融合（图4-1）。

4.1　步行

步行是人类最基本、最传统的活动类型，也是最经济和环保的出行方式。在步行过程中，大量有价值的社会交往和休闲娱乐活动会自然而

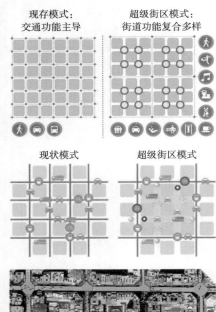

现存模式：　　　　超级街区模式：
交通功能主导　　　街道功能复合多样

现状模式　　　　　超级街区模式

图4-1　巴塞罗那"超级街区"规划

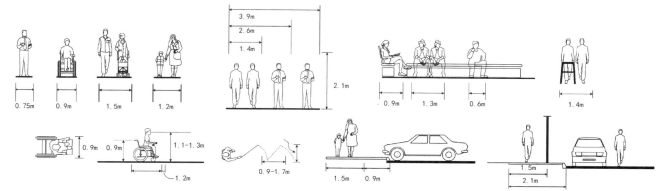

图 4-2　步行活动尺寸图示

然地产生。因此，它不仅是一种交通方式，而且还是很多其他活动的潜在
起点和发生中介，适宜步行的城市是有活力和吸引力的，需要将步行置于
城市空间设计中最重要的位置。

4.1.1　步行者

　　不同于机动车交通，步行既是一种受个人体力影响的短距离出行
方式，又是一种与周边环境产生互动的社会行为，在行进过程中具有购
物、休闲、健身以及体验城市生活等多种需要（图 4-2）。一般认为，在
200m 的距离内步行是最快的交通方式，而 400~500m 则是大多数人可以
接受的步行距离[1]，极限步行接受距离不宜超过 2km，步行时间不宜超过
30min。无疑，可接受的步行距离也因时、因地、因人和因出行目的而异，
而环境品质对步行的距离感知具有较大影响。如果线路有趣，行人就会忘
掉距离遥远，充分享受途中的乐趣，反之亦然。

　　另外，步行是人们受自身主观意愿支配的运动，不像机动交通那样
整齐划一的队列行进，具有随机性强、自由度高的特征，而且较其他交通
方式更能克服路径上的各类物理性限制，使得行人可以到达城市的很多地
方。在步行路径的选择方面，大多数行人喜欢抄近路，并尽量避免高差，
偏爱水平方向的步行活动，无论是何种高度的上、下台阶运动都不是人们
的优先选项。如在路段中出现高差，坡道往往比台阶更受步行者的钟爱。

4.1.2　步行环境

（1）宜步行性
　　指建设环境支持和鼓励行走的程度，包括为行人提供舒适安全的环
境，在合理的时间和体力范围内使人们能够到达各种目的地，并在步行网

图 4-3　迪拜的街巷檐篷为人行道提供遮荫

图 4-4　哥本哈根通过人行道连续给予行人优先权

图 4-5　巴黎通过丰富的街头表演增强街道的活力

图 4-6　便捷可达的生活街区

络中提供沿途的视觉吸引[2]。具体而言，主要有（图 4-3 ~ 图 4-5）：

①连接性，日常使用的出行目的地应在合适的可步行距离内，并通过步行网络保证行人可以方便地到达目的地与公交站点；

②安全性，步行通道与过街横道应保证通行安全，路面材料及表面处理需避免行人滑倒，夜间提供良好的照明，并采用开放空间设计，预防社区暴力和犯罪行为；

③易辨性，标识指引系统清晰，能够在本地地图或智能手机应用程序上查找得到，以便访客能通过导航轻松到达；

④舒适性，步道宽阔、平坦而且坡度较小，免受过量噪声或交通尾气的污染，如能提供遮雨棚或休息场所更好；

⑤愉悦性，步行空间令人愉快而有趣，且干净有序，具有吸引人们再次使用和促进交往的潜力；

⑥包容性，应配备方便残障人士通行的设施，通过缓坡、视觉反差、声音及特别的触觉特征来为他们提供便利。

（2）街区形态因素

在街区设计中，应谨慎分析人们对步行的需求，将步行的便捷可达性置于设计首位（图 4-6）：

①高容量的地块开发与人口密度可以增加公共交通站点的密度，吸引步行者在短距离内与公交进行链接；

②混合的土地利用可以提高公共服务设施的步行可达性，使居民在步行范围内满足日常的多种生活需求，而且可以提供更多的就近工作和学习的机会，减少机动交通出行，另外还有利于增加街区建筑形态与空间布局的多元性，提供富有生机变化的步行环境；

③便捷连续的街道网络可以为步行提供更短或更直接的路线，另外在给定面积内，街道长度越长，就集中越多的建筑物，相应的步行范围内可以到达的目的地也越多。

（3）街道环境因素

安全舒适而有吸引力的街道空间会鼓励人们步行：

①人们更乐于行走于他们能被往来的司机、居民或其他行人能看见的街道上；

②所有降低车速的措施都能让行人感到更安全，交叉路口的安全岛、小转弯半径和使用特殊铺装的过街横道都有利于行人更方便地通过路口；

③在人行道和车行道之间建立绿化隔离或停车区等缓冲地带可以减少快速交通对行人的消极影响；

④行道树既可以遮挡夏季暴晒的阳光，也可以有效地减少风速度，还可以改善街道环境品质；

⑤窄单元、功能多元与高透明度的沿街建筑底层界面有助于提升步行安全度与愉悦感；

⑥精心设计过的共享街道可以避免不同使用者的冲突，同时也能鼓励其他活动的发生，这需要考虑合理的空间布局、铺地材料的微妙差异以及细节的改变。

[**案例**]巴塞罗那圣约翰林荫大道的改造项目，将现有人行道的宽度从12.5m扩展到17m，其中6m用于步行，剩下的11m用于休闲娱乐，增加了城市的公共休闲空间。同时，在保留的百年古树旁另增加两排新的行道树，形成大片遮荫区，为新的娱乐区、儿童游乐场和酒吧露台创造更好的环境。部分铺地采用条石与草地相间的可渗透路面、引入当地植物以保证生物多样性，共同维持区域生态的稳定（图4-7）。

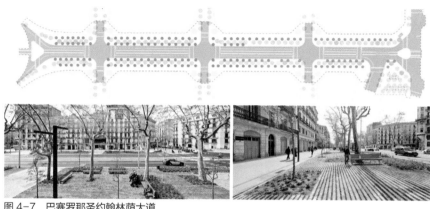

图4-7　巴塞罗那圣约翰林荫大道

4.2　自行车

自行车是一种健康、经济、公平和可持续的交通模式。相比步行，它更加节能高效，可以节省出行时间与体力；相比机动车，它更加绿色环保，可以实现门到门的出行需要。中国曾经是世界上自行车交通最发达的国家，但近年来自行车出行变得不方便，需要通过建立更直接、更安全的路径以及提供更方便的停车空间来鼓励骑行。

4.2.1　骑行

自行车通常作为环保的交通工具用来代步、出行，骑行速度一般在10～20km/h，通勤距离一般为5km。作为自行车道的主要使用者，大多数骑行通勤者选择更加快捷的路线，而不是更加安全，舒适和更具吸引力的路线。近年来，越来越多的人选择骑行锻炼或自行车出游。他们通常骑行很长距离，很少受到时间的限制，受欢迎的骑行目的地包括沿河沿海道路，位于自然保护区内的道路，以及交通量较低、交通速度较慢的具有吸引力的道路。

4.2.2　骑行环境

（1）自行车社区

适宜自行车出行的街区环境可以让自行车成为一种受欢迎的活动，主要体现在以下方面：

①安全性，避免受到机动车流量与速度的影响，适合步行的街道大多数情况下也会使骑车者满意，还要考虑和其他骑行者保持一定的距离；

②连续性，设计连续且标识清晰的骑行路线，能到达所有受欢迎的地点；

③便捷性，车道直接不绕路，避免使骑车者需要从车上下来，并且方便停车；

④舒适性，自行车道笔直、没有障碍并且平坦（具有一定的粗糙度以防滑），在气候炎热的地区，沿路的树荫则显得格外重要；

⑤愉悦性，考虑周边环境景观的整体性，能够提供信息服务（如信息亭、二维码和无线网络等），并与公共空间设计相结合；

⑥适应性，在骑行者数量可能增加的区域，应注意道路空间的弹性设计，预留安全停车、交通换乘场所和骑行网络。

[案例]哥本哈根每天有大约12500名骑自行车的人穿越码头桥及周边地区，而这里的楼梯成为骑行者的障碍。2010年建成的新自行车桥将骑行者与步行者分开，并为骑行者创造了清晰的路线引导和时尚有趣的空中体验，让他们快速且不费力地穿过这个区域（图4-8）。

（2）自行车道

骑行者需要清晰明确的路径，指引他们去商店、学校或车站，免去交叉口短暂停留或骑行过程中遇到障碍的烦恼（图4-9至4-11）。

①在机动车流量小、低速（≤30km/h）行驶的街道上，骑行者可以与机动车混行；

②在繁忙或难以降低车速（30～50km/h）的街道上，应提供独立的、在道路交叉口有特殊设计的自行车道，提倡在交叉口绿灯允许汽车通行之前的4～6秒钟先让自行车通行；

③路侧停车会影响骑行安全，应通过有效的停车管理和路边清晰界定的停车区来保障非机动车路权；

④非机动车（特别是电动车）与步行速度差异较大，为了避免相互干扰，在非机动车道与人行道之间应设置路缘石。当非机动车道与人行道布

图4-8　哥本哈根蛇桥

图4-9　独立的自行车道

置于同一平面时，应设置阻车桩、盆栽、座椅等方式进行隔离，或采用不同的铺装、标志标线等方式进行区分，这对盲人或视障人群也有好处。

[案例1] 西雅图第二大道为自行车通行专设过街横道，交通信号灯使自行车优先通行（图4-12）。

[案例2] 哥本哈根的人行道、自行车道和车行道之间以材质差异、高差以及路缘石等进行区分，保证不同速度的交通之间不发生冲突（图4-13）。

（3）自行车停放

在城市中心区、生活街区及街道沿线提供充足的自行车停车点，对于鼓励自行车使用来说十分重要。

①自行车停车点应布置在便捷醒目的地方，并尽可能接近目的地，如靠近公共建筑物与公共交通站的步行出入口；

②高密度住区或城市公寓中，共有的自行车库可以鼓励人们更方便地使用自行车；

③自行车沿街停车有多种布局方式，它们应首先在街道的整体设计中充分考虑，后补的自行车停车架通常使用不便或效率不高；

④自行车的使用应被整合到城市公共交通系统中，如在地铁车厢中为自行车指定停放区，这可以为长途出行者创造适宜骑行的条件，同时也可以扩大公共交通服务的范围。

4.3　公共交通

当路程太远而无法步行或骑行时，替代小汽车的最好交通工具是公交车。新城区建设应首先规划快捷的公共交通线路，考虑提供何种类型的公交服务。城市公共交通主要由常规公共交通（公共汽车、有轨电车和无轨电车）、快速轨道交通（地铁、轻轨、单轨和市郊铁路）、辅助公共交通（小公共汽车、出租汽车和三轮车）和特殊公共交通（轮渡、水运交通和索道缆车等）组成。

4.3.1　站区

（1）站点服务范围

公共交通的发展离不开站区周边高密度人口的支撑。例如，100人/ha的密度能为每个车站提供近2500人左右，而<80人/ha的密度可能就不能吸引公交运营者[3]。表4-1显示了不同公共交通工具每个车站的理想服务范围。事实上，共享单车的发展已经拓展了每个车站的辐射范围，由10分钟内0.8km的步行辐射距离扩展到了3km的自行车辐射距离（图4-14）。

图4-10　自行车信号灯优先

图4-11　骑行等候红灯的专用扶手

图4-12　西雅图自行车道设计

图4-13　哥本哈根自行车道设计

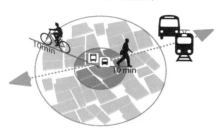

图4-14　根据步行和骑行10分钟的可达范围来增加交通枢纽周围的建设密度
（10分钟步行约700米，骑行约3公里）

表4-1　公共交通服务范围（m）

	小型公共汽车	公共汽车	旅游车	轻轨	地铁
站点间距	200	200	300	600	1000+
服务宽度／范围	800	800	800	1000	2000+
每站服务范围	320～640	480～1760	1680～3120	4800～9000	24000

图4-15　小汽车的可达均好性造成城市的低密度建设；公共交通枢纽地区通过高密度城市建设提升公交的可达性

（2）公交导向的城市发展（Transit-Oriented Development, TOD）

以大运量公共交通车站为中心、以400～800m（约5～10min步行路程）为半径建立集工作、商业、文化、教育、居住等的高密度综合功能区，吸引人们更多地使用公共交通、自行车与步行的出行方式，缓解城市交通拥堵问题，促进土地混合与高效利用（图4-15）。其设计原则包括：

①组织紧凑的有公共交通支持的高强度开发；

②将商业、办公、住宅与其他公共服务设施集中布置在站点步行可达范围内；

③建造适宜步行的高密度路网，将各个出行目的地连接起来；

④混合多种类型、密度和价格的住房，满足不同人群的使用；

⑤强调连续的步行系统组织与人性化的公共环境设计，提升站区空间品质。

［案例］巴西库里提巴的总体规划确定城市沿着数条交通走廊发展，打造以中心城区为核心、线型扩张的城市形态，有效整合BRT快速公交、道路体系和土地开发。公交专用道两侧的建筑底部主要是零售业，上面的楼层以办公、住宅功能为主。这样高密度混合的土地利用产生了大量的沿走廊带状出行需求，与高效的快速公交干线走廊相互支持（图4-16）。

4.3.2　设施

（1）公交线路

与不同交通模式之间取得无缝连接是公共交通成功的关键，保证城市中心与边缘、地下与地上的公交换乘便捷通畅。城市公交尽可能提供24小时的全天服务，线路应直接，而不是形成一个扭曲的环或尽端路。另外，应设置有效的公交车道管理条例，在交通流量较大的道路上可以划分出高峰时段使用的公共汽车专用道，并明确公交车在十字路口的优先权。

（2）公交车站

即使该区域有足够多的人群来支撑公交车的运营，公交站点也应被设计得具有吸引力，例如：

①提供标识指引清晰、便捷通畅的路径可以直接到达车站，包括在

图4-16　巴西库里蒂巴的土地使用规划鼓励增加BRT沿线的建设密度

主要交叉路口的过街便利与安全性；

②将车站布置于有较多活动发生的地点（如靠近商店或办公大楼等），最为理想的地点是靠近该区域的中心；

③公交车站应位于道路交叉口附近，便于人们过街换乘；

④车站等候区宜提供遮蔽设施、无障碍设施、休息座位与站点标识以及公交线路实时信息等；

⑤公交车站应结合街道绿化带、非机动车道或设施带进行合理布局（图4-17），当乘客穿越非机动车道区域时，应通过划示斑马线、特殊铺装与抬高等方式，提示非机动车避让行人；

⑥车流量较小的机非混行路段不建议设置港湾式公交站，宜采用直接路边停靠的方式。

［**案例**］NORREPORT 地铁站是哥本哈根最繁忙的交通枢纽，新站区通过透明化的公共环境改造，强调与城市生活的复合，为周边高密度的老城区提供"天然的聚集场所"。设计基于场地交通出入口引发的人流动线分析，将小体量的建筑体分布于主要动线之间的空隙，减少对于日常通行活动的干扰。新车站屋顶是一组圆形的漂浮结构，下面是独立的透明玻璃体，阳光可以由此引入到地下站厅（图4-18）。

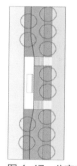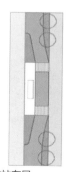

图 4-17　公交车站布局
左：站点结合侧分绿带
中：站点结合非机动车道
右：站点结合设施带

现状人流分析

建筑体量生成

改造前

改造后

图 4-18　丹麦 NORREPORT 地铁站

4.4　街道与交通

街道是我们生活中最重要的公共空间。步行在街道上，不只是为了到达目的地，本身亦是一种生活体验，一个会带来快乐的过程。然而，机动交通的出现对街道生活产生深远影响。街道逐渐退化为机动车的通道，行人和自行车只能争夺机动车剩下的空间，曾经发生在街道上的购物、娱乐、散步和不期而遇的交谈行为在现代化大道上日益减少。

4.4.1　街道功能

街道主要有场所、通行、到达、停车、绿化与排水、市政设施和路灯等功能。其中，场所和通行是决定街道性格最重要的两个方面。在过去，街道的设计等级大多数是依据机动车交通而确定的，这就导致了在规划阶段机动车容量的要求占据了支配地位，而行人和骑自行车的人被边缘化了（图4-19）。因此，街道设计中的场所需求不应屈从于通行需求，应依据网络中街道功能的相对重要性而平衡考虑。

（1）场所

场所功能是街道和道路的基本区别，也是塑造丰富和愉悦的城市环境的基础。它更多地源于街道和两侧建筑的整体关系以及建筑围合形成

交通通行

交通性道路
深圳龙华街

活力主街
苏州凤凰街

社区街道
上海思南公馆

场所品质

图4-19 街道交通通行与场所品质的关系

的空间品质。好的街道是对街道空间序列、剖面和立面及其他细节的预先设计，考虑公共空间、重要视景和标志性建筑以及与地形地貌、阳光和微气候环境的协调，注重文化特色、视觉品质、鼓励社会活动的潜力。另外，表面材料、种植与街道家具的选择也是塑造场所的重要组成部分，需要注意交通指示牌与广告标识过多或者过度的使用对街道场所空间品质的影响，并注意要将车行路对社区生活的影响降到最小。

（2）通行

街道提供机动车通行是至关重要的，但不能忽视其与其他街道功能的关系。除了机动车，还应关注步行和自行车的出行方式，这些方式相比于车行更加环保与可持续，可以为街道空间的整体特性、公共健康和通过减少碳排放而改变气候产生积极影响。

（3）到达

通往建筑和公共空间的入口是街道另一项重要的功能，应考虑不同年龄与身体状况的人使用。提供建筑临街面的直接步行入口，并且被来自街道上的目光所观望，可以帮助街道充满活力，成为活跃的空间。

（4）停车

停车是许多街道的重要功能，但不是必需功能。良好的路边停车设计可以方便沿街购物，为街道增添活力。相反，蹩脚的设计会影响交通通行，损害街道的视觉质量，甚至会带来安全隐患。

（5）绿化

绿化也是许多街道的重要功能，但不是必需功能。连续种植高大乔木形成林荫道，可以有效提升街道空间品质。另外，注意发挥行道树池与沿街绿地在雨洪管理方面的作用。

（6）排水、市政设施和路灯

街道是排水和公共事业设施的主要通道。地上设施的集约化整体布局对街道环境品质有很大影响，另外设施的埋地服务也会对街道的地上设计和维护产生影响。另外，街道环境可从可持续的排水系统获益，例如防洪、创造野生动植物栖息地和有效的污水循环利用。

[案例] 西雅图贝尔街原来是一条普通的车行道路（2车道+2侧停车带）。由于周边地区缺乏公园绿地空间，通过街道改造，转变成为公园般的社区户外客厅，同时保留了步行、自行车、小汽车和公共汽车以及紧急车辆通行的功能。设计依据现有地下市政管线的分布，巧妙地调整地面绿化种植布局，使公园景观元素通过菱形斜线构图插入街道空间。另外，采用统一的地面铺砌与无道牙设计，塑造人车共享空间，给居民提供漫步休闲、驻足停留、聚会娱乐和户外咖啡等活动场所，节假日可以承载定期表演与集市活动（图4-20）。

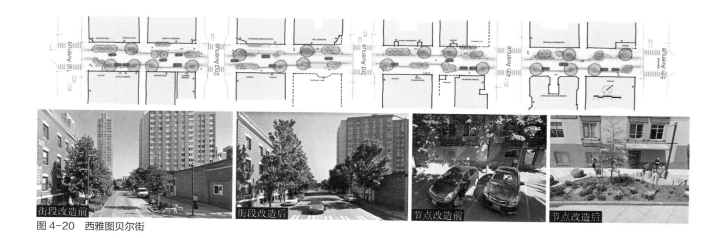

图4-20　西雅图贝尔街

4.4.2　街道使用者

街道是多功能的空间，所以在不同的使用中会有产生冲突的风险。避免风险的关键在于要为所有的使用者和使用方式来设计街道，他们对于街道空间具有不同的需求（图4-21、图4-22）。

（1）步行者

步行者包括不同行为能力与各个年龄的人，以及那些在街道上行走、站立与坐下休息的人，而且要让那些行为不便的使用者更好地使用街道。在设计安全、舒适而连续的人行道时，还需要考虑丰富的街道视景、宜人的街道尺度、防御不良气候的遮蔽设施以及美观悦目的建筑前区来保证步行体验的愉悦性。与步行者使用有关的街道要素涉及：人行道、过街横道及交通信号灯、过街休息岛、人行道斜坡、盲道、寻路标识、林荫树、灯光、座椅、饮水、防雨设施、路缘石、垃圾箱、商业临街界面以及景观小品等（图4-23、图4-24）。

（2）骑行者

骑行者包括骑自行车者、人力车者和电动车者。为骑行者提供的设施必须安全、直接、直观和明确划分以及与路网结合，以此来鼓励不同的骑行者使用。非机动车道可以根据交通状况进行合理划分，与信号灯保持协调一致，并纳入交叉口设计中，构成连续通达的非机动车网络。与骑行者使用有关的街道要素涉及：骑行区及缓冲带、隔离带、交叉口等候区、交通信号灯、共享单车停车区、自行车桥和地下通道、自行车架及立体停车区等（图4-25、图4-26）。

（3）公共交通使用者

公共交通使用者指使用轨交、公交或小型公共车辆的乘客，这种可持续交通模式显著提升了街道的总运量和效率。公共交通专用空间应该

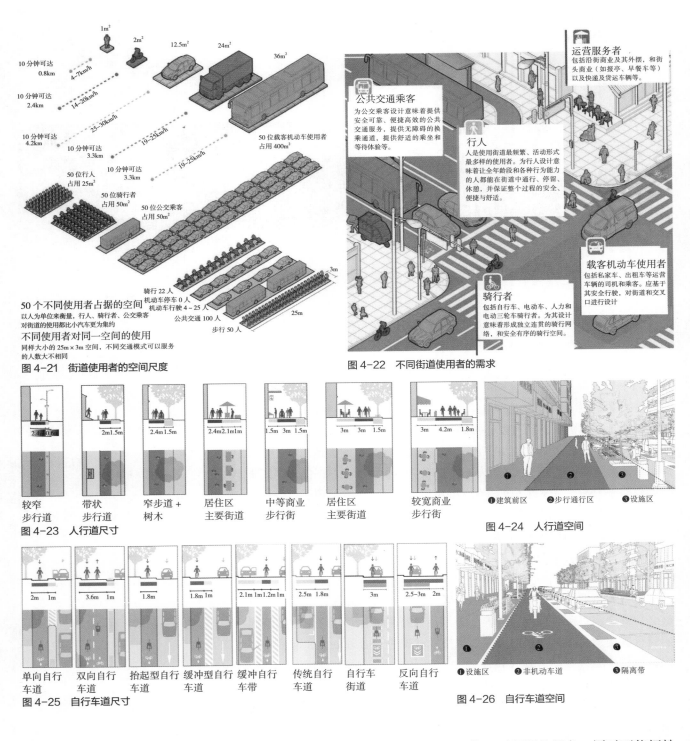

图4-21　街道使用者的空间尺度

图4-22　不同街道使用者的需求

50 个不同使用者占据的空间
以人为单位来衡量，行人、骑行者、公交乘客
对街道的使用都比小汽车更为集约
不同使用者对同一空间的使用
同样大小的 25m × 3m 空间，不同交通模式可以服务
的人数大不相同

图4-23　人行道尺寸

较窄
步行道

带状
步行道

窄步道 +
树木

居住区
主要街道

中等商业
步行街

居住区
主要街道

较宽商业
步行街

图4-24　人行道空间

❶建筑前区　　❷步行通行区　　❸设施区

图4-25　自行车道尺寸

单向自行
车道

双向自行
车道

抬起型自行
车道

缓冲型自行
车道

缓冲自行
车带

传统自行
车道

自行车
街道

反向自行
车道

图4-26　自行车道空间

❶设施区　　❷非机动车道　　❸隔离带

满足不同乘客的需求，提供方便、可靠且可预测的服务，同时不能牺牲
街景质量。与公共交通使用者有关的街道要素涉及：公交车道与站点、
公交车棚、站点寻路标识、实时到站信息、交通信号灯、无障碍登车区、

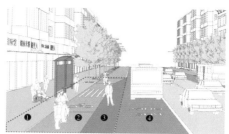

❶设施区 ❷非机动车道 ❸公交站台 ❹公交车专用道

图 4-27 公交车道空间

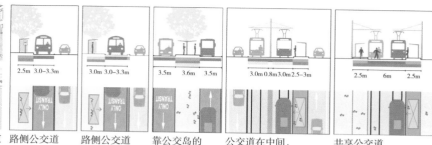

2.5m 3.0~3.3m	3.0 3.0~3.3m	3.5m 3.6m 3.5m	3.0m 0.8m 3.0m 2.5~3m	2.5m 6m 2.5m

路侧公交道（无分隔） 路侧公交道（有分隔） 靠公交岛的公交道 公交道在中间，结合行人安全区 共享公交道

图 4-28 公交车道尺寸

❶公交车道 ❷机动车道

图 4-29 机动车道空间

2.7~3m	3~3.3m	4.75~5.5m	3m	2~2.5m	1.8~2.5m	2.5m

车行道 大型货车道 双向车行道 转弯车行道 出租车停靠 平行停车位 摩托车车位

图 4-30 机动车道尺寸

休息座椅、售票机、自行车停车点和垃圾桶等（图 4-27、图 4-28）。

（4）机动车使用者

机动车使用者指驾驶个人汽车以按需点对点运输的人，主要包括私家车、出租车和机动两（或三）轮车的驾驶员。街道及交叉口的设计在满足驾驶员需求的同时，不得损害行人、骑行者和公共交通使用者，停车点的设置主要取决于对于基地是否合适。与机动车使用者有关的街道要素涉及：车行道、交通信号灯、交通标识、路面交通标记、交叉口转弯半径及等候区、路灯、路边停车及计时表、车行出入口管理、护柱或路障、交通安宁设施和交通监视器等（图 4-29、图 4-30）。

（5）货车和市政服务车使用者

货运车和市政服务车使用者指驾驶货车或为城市提供必要服务车辆的人。适宜的路缘石设计、指定的载货卸货区和限时的专用车道对此类使用者有好处。紧急救援车辆和城市清洁车需要足够的操作空间，在确保街道其他使用者安全的同时，需要妥善安置这些空间，但不宜使他们的需求主导布局。货车和市政服务车由于其体积较大，与其相关的街道要素涉及：交通标识、专用停车区、转弯道、伸缩或可移除护柱或路障、交通安宁设施、铺装材料和限时停车等（图 4-31）。

（6）路边经商者

路边经商者包括沿街商店的业主、租户及街头摊贩等。商业是街道生活的重要内容，街道应该容纳正式和非正式的沿街商业活动。它们为人们提

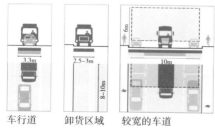

3.3m	2.5~3m	6m 10m 8~10m

车行道 卸货区域 较宽的车道

图 4-31 货车及市政服务车使用空间尺寸

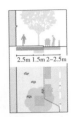

商业用途的　人行道上推车　加强区的推车
建筑前区
图4-32　路边经商者街道使用空间尺寸

供良好服务，对街道活力与魅力起了支撑作用，因此需要为这些人分配足够的空间，并提供日常的清洁维护以及电力和水源，以支持商业活动并提高当地的生活品质。与路边经商者使用有关的街道要素涉及：摊位管理、专属领域、座椅、仓储、电力与水源、垃圾箱、灯光与营业时间等（图4-32）。

4.4.3　设计原则

（1）路径穿过而非空间切割

街道是城市动脉，给予城市以活力。城市干道需要考虑如何与中心区联系以及与城市路网的连接。步行和机动车通行是创造功能混合与城市活力的机会，不必将它们完全分开。只有当车行交通流量威胁到了空间环境品质（如噪声、尾气污染等）时，路径分开才显得必要。

[案例]一直以来，达拉斯市内8车道的Woodall Rodgers高速路阻隔了市中心、艺术区与人口稠密的北部居民区的联系。新建的克莱德沃伦公园覆盖在这条德州最繁忙的高速公路之上，促进了此地区的空间发展与活力再生，也为城市创造了一个新的核心区。公园总用地约2.1ha，是达拉斯最受欢迎的新公共空间，这片城市绿洲提供市民丰富多样的室外活动场所，鼓励不同类型的活动可以在全年进行（图4-33）。

（2）社交场所而非交通通道

街道设计首先要关注街道所处的城市环境、土地使用与景观特征等，这也是传统街道生活之所以多姿多彩的原因，然后思考这条街道会发生什么、应该开展哪种我们喜闻乐见的活动。例如，在商店林立的街道上，应让人们方便地逛街购物，穿越马路，在商店门口徘徊、聊天，或在街边喝茶。在此基础上，发展出合理的公共空间网络（街道、广场和庭院等）。

图4-33　达拉斯城市公园

[**案例**]达拉斯的格林维尔大道通过将原 4 车道缩减为 2 车道（两侧新增路边停车带），使原来的交通性过境道路转变成社区型商业街道。主要措施：路口设窄街交通标记，提醒驾驶员减速；交叉口路缘石缩小转弯半径，并改成铺砌地面，强调步行过街优先；取消垂直街道的左转通行，降低过境车行交通量；沿街增加林荫树、非机动车停车架与阻车档，塑造步行友好的街道环境；将原店前停车区改为商业外摆区，活化街道空间（图 4-34）。

（3）空间网络而非道路层级

通行交通与其他活动整合的最好方式是创造空间网络，而不是建立道路等级。地区功能布局要考虑该区域的动线组织，包括对机动车流线的分析。这里不可避免地会有些交通性道路，要么在新建设区域内，要么在其外围，但它们应该被精细化设计，以降低对穿过地区的影响，并允许行人和骑行者安全地共用这条道路。

[**案例**]美国的住区道路结构往往呈现树状与网络的形态区别。低密度的城郊住区一般采用有等级的树状道路结构，即整个住区是各个自成体系的地块组成，它们只和主道路有单独的联系，但地块之间没有联系。而传统的住区则是通过街道网络而组织起来的，不是集中于主道路的交通组织。如果在上一等级的树状道路结构（即主道路）上，发生一次意外交通事故将会导致塞车，但如果相似的意外发生在网络型的道路结构上，则可以选择其他的道路通行（图 4-35）。

4.4.4　街道类型

传统交通工程对街道的分类仅仅基于机动车的交通流量进行分级，很少考虑其他交通方式，也忽略了街道的多功能性。因此，需要用新的分类方式（表 4-2）来描述街道是如何被打造成一个完美的场所。这一方面需要关注行人、自行车、公交车和机动车等不同街道使用者的特征，平衡各方需求；另一方面需要考察街道的环境属性，即它在城市领域的角色以及限定街道空间的建筑与景观类型。

图 4-34　达拉斯格林维尔大道

表 4-2　城市街道的分类方式

传统以机动交通功能的分类	结合环境特征与交通功能的分类
主要交通干道	主干道（联接城市组团的交通通道）
地区交通干道	林荫大道（拥有正规的、优雅的景观）
地方交通干道	主街（混合功能、活跃的建筑临街空间）
交通支路	街道/广场（主要位于居住区域，鼓励交通安宁）
尽端路	巷弄/庭院（停车或其他活动的共享空间）

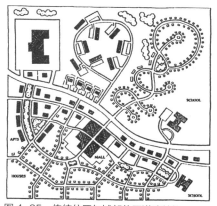

图 4-35　传统住区与城郊住区道路结构

（1）步行优先街道

步行优先的街道在高密度城区可以为人们提供安心的场所，同时也激活一些未充分利用的场地。不论是小广场或街角绿地，狭窄的巷弄或宽阔的步行商街，它们都是城市街道与公园等公共空间网络的一部分，均布在城市不同地区（图 4-36）。

在某些老城区的狭窄街巷中，允许本地居民车辆缓慢速入，其设计原则是让步道优先设置在建筑前的空地上，剩下的空间用于车辆行驶，用车道的最小通行宽度来核查空间是否满足车行，步道的边界无需沿着车行流线设置，但是驾驶员视线和路边停车是需要考虑的。街道若是按照上述方法来设计，那么自然会因为空间的围合限定感与建筑前区的设计而督促司机开得更慢，无需其他附加的交通安宁措施（图 4-37）。

[案例1] 生活服务型巷弄通常是用于小汽车或送货车通行的后街，将之改造成步行友好的商业巷道可以增加社区公共空间的多样性。具体措施：压缩车道宽度（需保证 4m 宽的紧急安全通道），将车速限制在 10km/h 以下；拓宽人行道，增加沿街商家前的临街空间；鼓励底层建筑提供大而透明的开口，并转换活跃的用途来促进街道的活力；通过建筑界面的材料、纹理和标识的精心设计，增加视觉趣味；安排定期的维护和管理，确保巷道整洁有序；除特殊情况外，禁止在巷道内停车，卸货活动可以在活动较少的清晨或夜晚进行（图 4-38）。

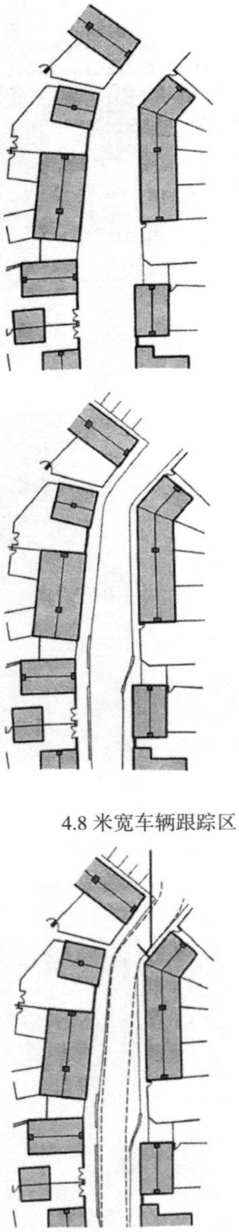

4.8 米宽车辆跟踪区

图 4-37　老城区街巷的车行道设计示意

图 4-36　步行优先的街道

改造前　　　　　　　　　　改造后
图 4-38　生活服务型巷弄改造

[**案例 2**] 微型公园是将街道的侧边停车位暂时或永久地转换为生机勃勃的新公共空间,这通常是城市与当地企业、居民或社区组织之间合作的产物。具体措施:布置在离交叉口至少 5m 的地方;基面标高与人行道齐平,方便行人使用;采用可移动的户外桌椅,增强灵活性和适用性;通过灵活的柱子或护柱与相邻的停车位相隔开(图 4-39)。

改造前　　　　　　　　　　改造后
图 4-39　侧边停车位改造为公共空间

（2）共享街道

许多拥挤的狭窄街道在交通高峰时段或拥挤路段已经非正式地作为共享街道来使用。通过消除行人、自行车和机动车之间的明确空间划分,街道被所有人共享,并且每个使用者也更加能尊重其他使用者。这些街道应选择行人多、车辆少或不鼓励开车的地方设立。对于一些过于狭窄而没有独立车道的街道,它们可以被重新设计为安全的、承载更多活动的共享街道。无疑,共享街道为行人提供了使用优先权。尽管具体设计依据当地环境和文化会有所不同,但是领域边界的消除、铺地材料及空间配置都表明机动车是客人,行人才是主角。例如在商业区,共享街道可以带来丰富多彩的户外活动,如户外餐饮、休憩交流、艺术及环境展示等;在居住区,共享街道可以成为住户前院的延伸,提供居民相互碰面与交谈的日常生活场所。

[**案例 1**] 共享商街可以通过步行活动、空间场景或其他环境元素的提示,来减缓机动车行驶速度,优先保护行人。具体措施:在进入共享街道的

入口处增设交通提醒；通过改变路面铺砌材料或划分方式来限定车辆行驶路径；使用长椅、植栽、艺术品、护柱或自行车架等街道设施，隔离出行人活动专属区域；允许商家车辆在指定时间内方便地装卸货物（图4-40）。

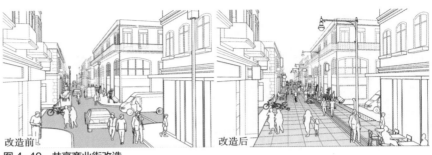

改造前　　　　　　　　　　　　　　改造后

图4-40　共享商业街改造

[**案例2**] 老城区内低交通量的住区街巷中，人行道可能很狭窄或不存在，或已作为共享街道在使用，这些街巷可以被重新设计。具体措施：街巷入口处使用标牌提醒公众，使驾驶者意识到进入低速区域；通过可移动的花盆、雕塑、停车位或其他街道设施来偏转机动车的行驶路径，降低车速；利用局部路段的狭窄通道或路面铺砌材料、颜色和坡度的变化，以减缓车速；允许居民将街道用作家庭生活的延伸，提供儿童游戏区或自行车停放等（图4-41）。

改造前　　　　　　　　　　　　　　改造后

图4-41　住区街巷改造

（3）社区街道

社区街道主要位于生活街区，是进入各个家庭、学校、商店与餐厅以及公园等的前厅，也是居民享受生活、儿童玩耍与邻里相聚的场所。生活主街连接着住区的主要生活服务设施，同时将它们与城市的其他地区联系起来。通常，这里充满活力与繁华商景，每天都会吸引大量人群，甚至会举办一些特殊的活动或市集。而相邻的其他住区街道则相对安静，车辆慢速前行。社区街道上精心铺砌的人行道、周全考虑的自行车设施、遮荫的树木以及交通安宁措施都能确保居民愿意通过步行或是骑车到达各个目的地。

[**案例**] 社区主街的人行道宽度应满足相应的行人数量，并考虑公交路线和自行车道，适当限制小汽车速度。具体措施：提供宽敞、连续、畅通且无障碍的人行道；街道保持双向各1条行车道，各车道宽度约3m，车速控制在20km/h以下；减少沿街停车位，将空间优先分配给步行休闲、绿化景观和自行车架等街道设施；交叉路口处需保证行人过街安全而方便（图4-42）。

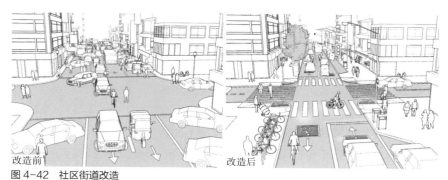

改造前　　改造后

图4-42　社区街道改造

（4）主干道和林荫大道

城市主干道可以将人们从一个社区转移到另一个社区，同时将之与城市中心区相连接。这些主干道包括大型的标志性大道、市中心购物街、独特的林荫大道、公交客运街道和商店林立的中心大街等。它们通常包括了城市中最宽和最连续的街道，为创造重新连接邻里与社区的多模式联运走廊提供了理想机会，优先发展可持续交通可以有效提高街道的交通运载能力，并为城市活动创造更多空间。这样的街道能促进商业活动，提升公共空间品质以及有利于周围社区的可持续环境。

[**案例**] 快速而宽阔的城市街道通常是区域性的交通干道，需要保证各种交通方式的和谐共处，提高交通效率的最佳方式是转化更高效的交通模式，而不是拓宽车行道。具体措施：划分不同的交通行驶空间，增强公交专用道的运行效率；公交站点靠近交叉口设置，便于安全换乘；保持宽敞而连续的人行道，增加街道休闲设施和绿化景观；鼓励沿街商活动；设置非机动车专用道，保证骑行安全（图4-43）。

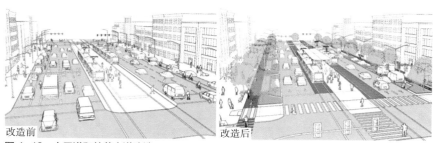

改造前　　改造后

图4-43　主干道和林荫大道改造

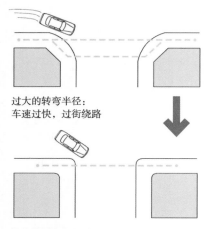

过大的转弯半径：
车速过快，过街绕路

较小的转弯半径：
降低车速，缩短步行过街距离

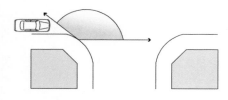

过大的转弯半径：
行人必须看得更远，才能注意到车辆

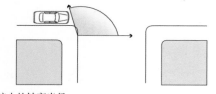

较小的转弯半径：
行人较容易注意到车辆

图4-44　转弯半径与步行过街

4.4.5　交叉口

交叉口是人车交通事故发生率最高的区域，传统的交叉口设计关注如何提高机动车的通行能力，而当前更加关注过街行人、骑行者、机动车驾驶者以及公共交通使用者的安全性以及平衡不同交通模式之间的需求。特别是在步行活动的重点区域，如商业区、医院、学校与公交站点附近的交叉口应以人为本，进行重点设计。

（1）保持紧凑

优秀的交叉口的设计关键是其周围建筑的排布方式以及它们如何围合交叉口所处的空间，建筑的排布应该被首先确定，然后设计与现有空间环境相配的交叉口。其中，交叉口的转弯半径是重点（表4-3），小转弯半径与紧凑的交叉路口设计可以有效减慢车辆转弯速度与缩短行人的过街长度，因此更有利于步行安全过街（图4-44）。一般而言，转弯半径不宜大于8m，有非机动车道时不宜大于5m。

表4-3　交叉口路缘石转弯半径推荐值（单位：m）

道路等级	主干路	次干路	支路
主干路	10	10	10
次干路	10	10	5
支路	10	5	5

[**案例**]作为曼哈顿百老汇大街沿线改造工程的一部分，纽约联合广场于2010年完工。其中，缩小街道交叉口半径是此轮改造的重点，让被小汽车占领的街角空间重新回归步行，重塑街道生活，激发社会活力（图4-45）。

（2）过街设施

交叉口设计首先应考虑设置平面过街设施，即便在设置人行天桥、地下通道的路口，也应尽量保留平面过街设施，避免垂直上下的绕路。

改造前

改造后

图4-45　纽约联合广场街角改造

同时，过街设施的位置应顺应行人的习惯路线，避免平面上的绕路（图4-46）。在城市中心区、居住区与公交枢纽等步行集中地区，可以通过过街横道的特殊铺装、立体抬起等方式降低车速、保护行人过街安全，也可以采用路缘石延伸的方法，缩短行人过街距离（图4-47）。过街横道长度超过16m，或双向4车道以上的街道交叉口应增设中央安全岛，减少一次性过街距离。

（3）街角公共空间

街道交叉口不仅连接了多个方向的交通通行功能，也提供了人们转换方向、碰面偶遇与休闲驻足的上佳场所。许多街角空间应作为城市的重要节点，设置商店及展示橱窗、户外杂货亭、餐饮休憩设施以及绿化小品等，强化场所的标识性。另外，对于不规则路网造成的复杂交叉口，可以通过小转弯半径的路缘石改造将各个机动车交汇口调整成90度的转角关系，以简化车行的交通组织，然后将拓宽后的街角空间设计成市民休闲场所，形成生机勃勃、富有特色的街头广场。

[案例1]《波士顿完整街道设计导则》中将交叉口改造项目分为短期与长期的2种解决方案。其中，短期方案包括取消小型停车场、增加自行车停车架与临时街角广场等。长期方案包括缩小街角转弯半径、设置交叉口路缘延伸、缩窄车行道、鼓励街角商业、增加交通安宁措施及绿化景观、休闲设施等（图4-48）。

[案例2]美国NACTO的《城市街道设计指南》中，建议对历史上形成的复杂交叉口进行改造，认为锐角或钝角的交叉口都不方便行人过街，而且会降低驾驶员的能见度，存在交通安全隐患。新的交叉口设计应尽可能接近90度，可以考虑实施转弯限制或单向车行线，同时优化步行环境、增加街角小广场等（图4-49）。

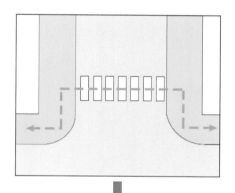
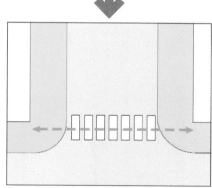

图 4-46 交叉口过街不宜绕路

图 4-47 过街设施

非永久性的干预措施，如在街道上的自行车共享站和休憩区域，可以帮助在交叉路口重新分配空间，是公共区域富有活力。

街角处建筑入口采用高透明度的材质，沿街立面门洞开空率要高

永久性的将交叉口的转交区域扩大，可以创造用于景观、休憩和公共艺术的空间

图 4-48 完整街道的交叉口改造示意

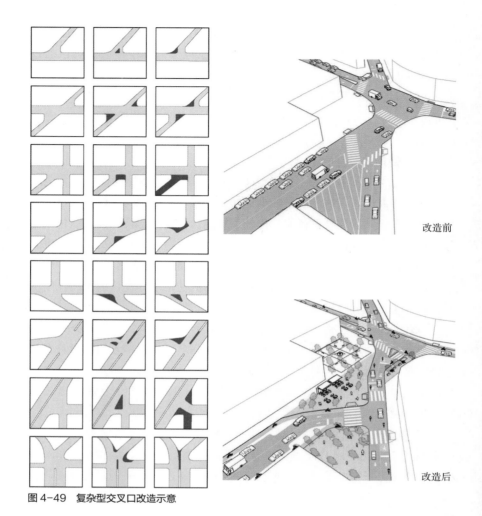

改造前

改造后

图 4-49　复杂型交叉口改造示意

4.4.6　交通安宁

（1）车流与车速

需要意识到活动混合是有限制的，机动车流量越大速度越高，对于行人与骑行者的环境品质也就越低（图 4-50）。一条双向行驶的街道如果每小时车行流量 500 辆以下，行人可以轻松过街；如果介于 500～1000 辆 /h 时，街道设计就需要测算好行人过街的时机；而当车流量大于 1000 辆 /h 时，意味着行人必须等待一定时间才能过街 [4]。另外，居住区内 20～30km/h 的限速是比较合理的，该速度下的受伤率和死亡率比 50km/h 要低很多，并且机动车噪声也降低了（图 4-51）。如果可以降低机动车速与车流量，就可以减少或者避免不同的道路使用者之间的冲突，对步道、自行车道与机动车道进行隔离只能考虑作为最后选择。

	总通行车辆数目 / 日	步行环境	环境因素 – 噪音 & 污染	骑行安全感 & 愉悦感
极其愉悦的街道 	1000 辆	安全性　●●●● 舒适度　●●●● 愉悦感　●●●● 建筑底层界面开放度　●●●●	噪声程度 ○○○○ 能否交流 ● 污染程度 ○○○○ 能否开窗 ●	安全感 ●●●● 愉悦感 ●●●●
愉悦的街道 	5000 辆	安全性　●●●● 舒适度　●●●○ 愉悦感　●●●○ 建筑底层界面开放度　●●●○	噪声程度 ●○○○ 能否交流 ● 污染程度 ●○○○ 能否开窗 ●	安全感 ●●●● 愉悦感 ●●●○
一般的街道 	10000 辆	安全性　●●●○ 舒适度　●●○○ 愉悦感　●○○○ 建筑底层界面开放度　●○○○	噪声程度 ●●○○ 能否交流 ○ 污染程度 ●●○○ 能否开窗 ○	安全感 ●●●○ 愉悦感 ●●○○
不愉悦的街道 	25000 辆	安全性　●○○○ 舒适度　○○○○ 愉悦感　○○○○ 建筑底层界面开放度　○○○○	噪声程度 ●●●○ 能否交流 ◐ 污染程度 ●●●○ 能否开窗 ○	安全感 ●○○○ 愉悦感 ○○○○
极不愉悦的街道 	50000 辆 行人不宜通行！	安全性　○○○○ 舒适度　○○○○ 愉悦感　○○○○ 建筑底层界面开放度　○○○○	噪声程度 ●●●● 能否交流 ○ 污染程度 ●●●● 能否开窗 ○	安全感 ○○○○ 愉悦感 ○○○○

图 4-50　车流量与环境品质

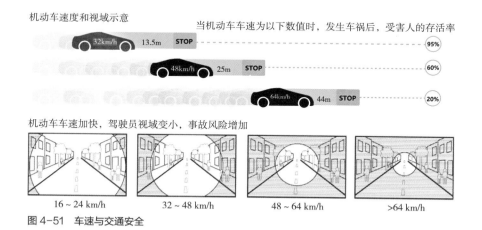

图 4-51　车速与交通安全

（2）降速设计

理想的情况是设计让司机时时谨慎开车的街道，通过建筑、空间与活动的合理安排达到降车速限车流的效果，并且视觉上更加协调，行人和骑行者会感受到周边环境的亲切愉悦。交通安宁设计既有街区整体

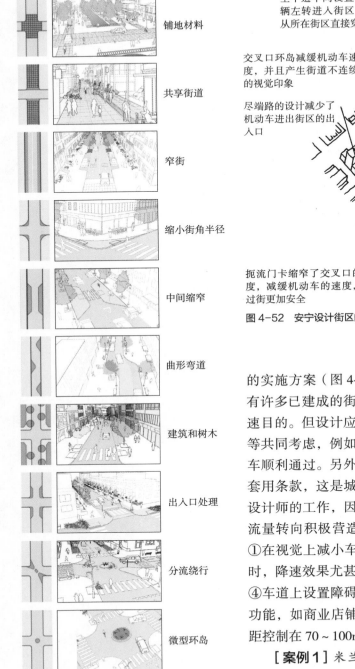

铺地材料

共享街道

窄街

缩小街角半径

中间缩窄

曲形弯道

建筑和树木

出入口处理

分流绕行

微型环岛

图4-53 安宁设计街道的做法示意

主干道中间设置的阻隔可以避免车辆左转进入街区，还可以阻止车辆从所在街区直接穿入另一个街区

交通分导设计强制车辆右转

交叉口环岛减缓机动车速度，并且产生街道不连续的视觉印象

禁止右转的标志阻止车辆抄近路

尽端路的设计减少了机动车进出街区的出入口

扼流门卡缩窄了交叉口的街道宽度，减缓机动车的速度，使行人过街更加安全

半绕行设计使街块只出不进

绕行设计强制所有车辆在交叉口转向

只出不进的街区机动车出口

图4-52 安宁设计街区的做法示意

的实施方案（图4-52），也有对单个街段的专题研究（图4-53）。目前有许多已建成的街道，如果不通过附加的交通安宁措施，就无法达到减速目的。但设计应该将行人、骑行者、公共交通、服务性车辆和救护车等共同考虑，例如立体抬起式交叉口更易于行人过马路，但不利于公交车顺利通过。另外，交通安宁措施也应符合当地环境，避免千篇一律的套用条款，这是城市设计师和景观建筑设计师的工作，而不仅仅是交通设计师的工作，因为新一代交通安宁设计的关注点已从简单限制车速与流量转向积极营造人车和谐且更具活力的街道空间。具体的方法包括：①在视觉上减小车道宽度的边界，特别是边界铺装肌理似乎不适合驾驶时，降速效果尤甚；②建筑紧挨街道边缘；③缩小每条车行通道的宽度；④车道上设置障碍物；⑤路边停车；⑥车道两侧布置有大量人群活动的功能，如商业店铺、学校等；⑦缩短街段长度，交叉口或过街步道的间距控制在70～100m左右。

[案例1]米兰加里波第大街结合老城区的历史建筑布局，塑造不同的街道空间形态与场所环境，产生丰富的空间序列变化，引起驾驶员关注而减慢车速，并对其形成持续的提示（图4-54）。

[案例2]米兰贝尔科尼街的沿线树木采用较为集中的组团式种植，分布在街道的南北两端与中部转弯处，使驾驶员的可视环境变窄，增强前方环境的不确定性，引导车辆减速（图4-55）。

[**案例3**] 米兰运河小镇的中心广场上除了使用与人行道不同的鹅卵石材质划分人车区域以外,通过布置多种类型的城市家具与街道设施对车辆行驶方向进行偏转,使驾驶员行驶更加谨慎(图4-56)。

[**案例4**] 米兰克列奥尼街利用历史城镇所特有的狭窄曲折的街巷肌理,形成了多次弯折的机动车路径,并且沿街串联了若干附属小节点空间,促使驾驶员谨慎驾驶而降低车速(图4-57)。

（3）**实施策略**

交通安宁从传统道路交通工程对街道物理设施的改造推广至将街道空间再分配看作一个公众参与和教育的过程。即强调街道转型过程面向全体街道使用者,可以促成不同交通方式使用者之间的权利平等与空间共享,其实施是一个持续渐进的群体协调和长期完善的过程,直到被社区成员与街道使用者所广泛接受。一般而言,实施交通安宁化时间较短的街道,倾向于采用效果直接的交通类强制性限定措施,而经过长时

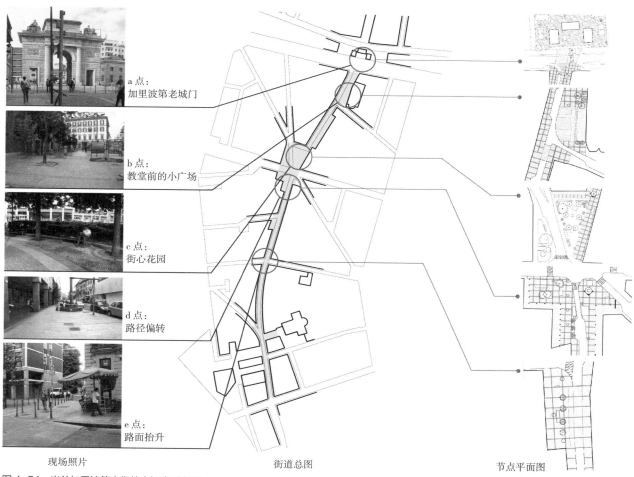

a 点:	加里波第老城门
b 点:	教堂前的小广场
c 点:	街心花园
d 点:	路径偏转
e 点:	路面抬升

现场照片　　　　　　　街道总图　　　　　　　节点平面图

图4-54　米兰加里波第大街的空间序列变化

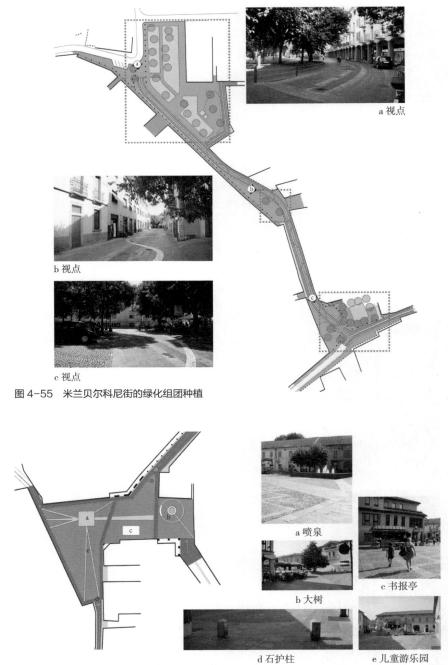

图 4-55 米兰贝尔科尼街的绿化组团种植

a 视点

b 视点

c 视点

a 喷泉

b 大树

c 书报亭

d 石护柱

e 儿童游乐园

图 4-56 米兰运河小镇中心广场的家具设施布局

间的自教育过程与驾驶习惯的形成，以及更多市民对共享街道的认识与
认同，交通安宁设计策略会逐渐向引导性的街道环境与景观设计类策略
转变。

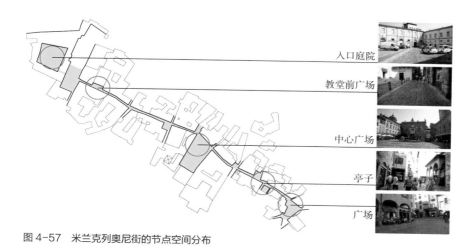

图 4-57 米兰克列奥尼街的节点空间分布

4.5 停车与出入口

车在大多数时候是静止的，它们在哪里停放以及如何停放是影响街区设计的重要因素。在研究停车供给标准的时候，应结合当地的交通需求去思考停车问题，而不是让停车问题去主导周边环境的发展。

4.5.1 停车标准

（1）减少停车供给

停车供给标准对于人们选择出行方式、街道活动、交通安全以及视觉质量等方面都具有重要影响。在制定地区发展规划时，应考虑降低停车供给标准（尤其是地块的专用停车场），某些特殊性住房（如青年宿舍、小户型公寓与老人公寓等）或公共交通节点周边的住区可以减少停车位数量要求。另外，今后共享汽车的发展也会减少停车位的需求。

（2）差别化管理

老城区用地紧张，人口密度高，应优先发展公共交通，降低停车供给，以减少小汽车使用，让交通需求适应城市空间品质；新城区处于开发建设之中，公交发展不充分，可以适度提高停车供给标准，以建筑物配建停车设施为主来满足新家庭增长的停车需求。另外，在人流集聚的公共活动中心或商业核心区的外围环路地区设停车区，核心区内限定停车数量与时间或增加收费，以缓解中心区的交通拥堵。

［**案例**］《波士顿完整街道设计导则》中提出街道车道与路边停车带的错峰使用，即在交通高峰时段可以将沿街停车带改为通行车道，而非高峰时段（如夜间）的通行车道可以提供临时停车（图 4-58）。

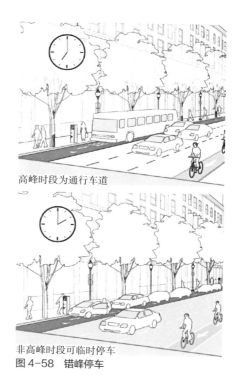

高峰时段为通行车道

非高峰时段可临时停车

图 4-58 错峰停车

图 4-59　停车管理示意

图 4-60　路侧停车位转换

（3）共享停车

并非所有的停车位需要分配给个人拥有，可以在时间维度上实施"共享停车"规划。即在每天的不同时间里有不同群体或性质的人交叉使用某一停车场地，使之达到最大效率。例如，白天使用的办公楼停车场可在夜晚被周围的住户或来购物、游泳或看电影的人群使用。

4.5.2　停车方式

（1）路侧停车

城市支路和非交通性次干路可考虑设置路侧机动车停车位，它可以起到人车之间的缓冲与隔离，具有交通安宁的作用。但需要考虑相应的停车管理，运用收费价格杠杆，提高车位周转率，让更多的人使用（图4-59）。为了维护街道景观，每个停车区段最好不要超过8个停车位，连续的停车区段之间可以用街道小品或植物隔离。同时，不能影响行道树的种植与人的自由行走。适应地区需要，路侧停车位也可以转换成人们休憩与交流的茶座区，或者供共享自行车停车（图4-60）。

（2）路外停车

机动车停车不应主导街区空间，也不应干扰行人或骑行者。

①建筑地块的理想户外停车区应该是自己的后院，避免布置在面向主要街道的建筑前区，这会影响街道的环境品质与步行安全（图4-61）；

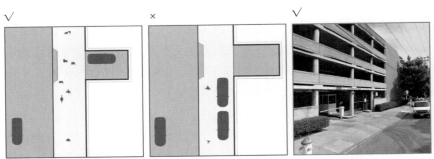

图 4-61　禁止在建筑退后空间前停车，允许停放在出入口车道上

②地下或立体停车有利于土地资源的有效利用，地下停车可以很好地服务地面与地下的商业，而多层停车楼的底层应考虑布置公共功能，以保证与街道活动的融合；

③大型停车场应与景观一体化设计，减弱大尺度停车区域的消极影响，或者通过种植大树将停车区遮蔽起来，或者通过灌木、景观墙面将停车区分隔成不同分区（图4-62）。

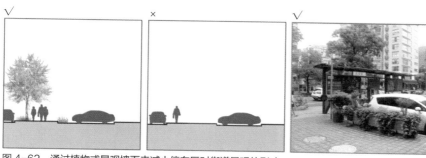

图 4-62　通过植物或景观墙面来减小停车区对街道景观的影响

4.5.3　沿街出入口

减少与行人的冲突

沿街地块及地下车库的车行出入口应充分考虑所在街道的等级和功能属性，减少对行人的干扰。

①优先设置在较低等级或服务性的街道上，避免设置在步行活动密集的路段，协调好进出车辆与过路行人的关系（图 4-63）；

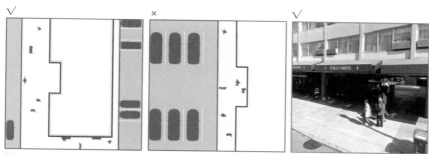

图 4-63　将停车场设置在建筑物背后

②鼓励与相邻用地合用机动车出入口，减少进入地块的机动车出入口车道数与宽度（宜≤ 7m）（图 4-64、图 4-65）；

③保证人行道铺地的连续性，尽量与相邻人行道标高相同，可以采用与人行道铺装较为接近的材质进行铺装，也可以采用表面粗糙的小石块铺装以减速（图 4-66）；

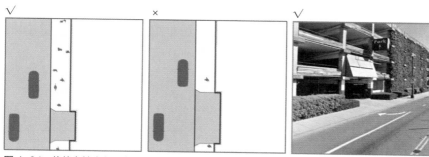

图 4-64　将停车楼出入口车道宽度控制到最小宽度

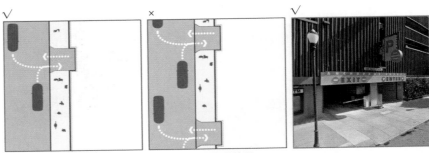

图 4-65　尽量减少进出停车楼的机动车出入口车道数量

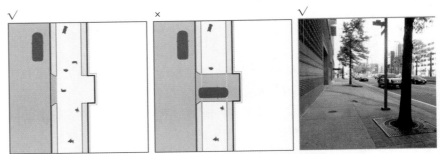

图 4-66　进入场地内的车道与人行道交叉时，应保证人行道铺地连续性

　　④酒店、办公或餐馆车辆落客区宜设在地块内，减少对其他街道活动的影响，在特殊情况下，也可以将门厅后退或者设置沿街的港湾停车区（图 4-67）；

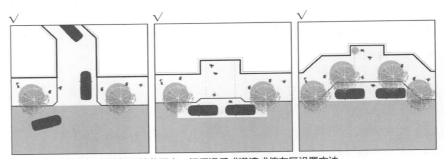

图 4-67　落客区设在建筑用地范围内，门厅退后或港湾式停车区设置方法

　　⑤地块的后勤装卸车出入口尽量与停车场入口合用，与主入口、步行街或户外活动聚集区保持一定距离。如实在没有找到合理的位置时，采用街道的限时配送货物方式也是可以的。

注释

[1]　引自 [丹] 扬·盖尔. 人性化的城市 [M]. 欧阳文，徐哲文 译. 北京：中国建筑工业出版社，2010.

[2] 引自 Southworth Michael. Designing the Walkable City [J].Journal of Urban Planning and Development, 2005 (4).

[3] 引自 Llewelyn–Davis. Alan Baxter and Associate, Urban Design Compendium[M], London: Brook House, English Partnership.2000.

[4] 引自 Llewelyn–Davis. Alan Baxter and Associate, Urban Design Compendium[M], London: Brook House, English Partnership.2000.

思考题

1. 如何定义步行环境的"宜步行性",6 个宜步行性描述性指标有哪些?

2. 在街区层面,哪些形态因素可以提高步行的便捷可达性?

3. TOD 的设计原则有哪些?

4. 如何提高公交站点的吸引力? 请结合身边的实例列举其设计手法。

5. 共享街道的理念和设计手法有哪些? 请举例阐明商业区和居住区的共享街道所承载的不同活动内涵及实现策略。

6. 什么是交通安宁? 降速设计具体包括哪些设计方法?

延伸阅读推荐

1. [丹]扬·盖尔. 人性化的城市 [M]. 欧阳文,徐哲文 译. 北京:中国建筑工业出版社,2010.

2. Llewelyn–Davis. Alan Baxter and Associate, Urban Design Compendium[M], London: Brook House, English Partnership.2010.

3. 上海市规划与国土资源管理局,上海市交通委员会,上海市城市规划设计研究院. 上海市街道设计导则 [M]. 上海:同济大学出版社,2016.

4. [英]卡门·哈斯克劳,英齐·诺尔德,格特·比科尔等. 文明的街道——交通稳静化指南 [M]. 郭志峰,陈秀娟 译. 北京:中国建筑工业出版社,2008.

参考文献

1. [丹]扬·盖尔. 人性化的城市 [M]. 欧阳文,徐哲文 译. 北京:中国建筑工业出版社,2010.

2. Southworth Michael. Designing the Walkable City [J]. Journal of Urban Planning and Development, 2005 (4).

3. Llewelyn–Davis. Alan Baxter and Associate, Urban Design Compendium[M], London: Brook House, English Partnership, 2000.

4. National Association of City Transportation Officials, Global Designing Cities Initiative. Global Street Design Guide [M]. Washington, DC: Island Press, 2016.

5. City of London, Department for Transport. Manual for Streets[R]. London: Thomas Telford Publishing, Thomas Telford Ltd. 2017.

6. City of Boston. Boston Complete Streets–Design Guidelines [R]. Boston: City of Boston, 2013.

7. [英]卡门·哈斯克劳,英齐·诺尔德,格特·比科尔等. 文明的街道——交通稳静化指南 [M]. 郭志峰,陈秀娟 译. 北京:中国建筑工业出版社,2008.

05 塑造人性场所

图 5-1 莫斯科 Triumfalnaya 广场

城市空间因人的活动而获得意义，这种意义不仅在于人与场所的功能之间会产生有效关联，而且符合人的情感释放、交流与认同的需要。

城市设计应从为人"塑造场所"出发，创造高质量、多功能与富有特色的场所环境，继而使场所为公众所使用和享受，促进社会的和谐与融合。同时，每个场所都是"生长"在特定的自然与人文环境之中，应突出个性和特色，展现特定的场所记忆和地域情感。而这种"动人环境"的营造和"场所意义"的赋予，就需要对城市建筑与公共空间及其交互界面进行精心设计，并通过生活的实践来检验。

[**案例**]基地原先被停车场所占用，改造后划分成开放的矩形广场与围合的丁香花园两个部分。其中，矩形广场利用地形高差，通过边缘处的大台阶将休闲驻留场所从繁忙的街道边分隔开来，广场两侧添置了两排趣味盎然的秋千，极具吸引力，为城市增加浪漫色彩，人们在此碰面、喝咖啡、听音乐、滑板或游戏等。而丁香花园则给人以纯正的莫斯科内庭感觉（图 5-1）。

5.1　积极的外部空间

促使建筑为户外空间提供积极的形态限定与功能支撑，并激发社会活动的发生是城市设计的重要原则。好的建筑设计有助于公共领域的形成，鼓励人们相遇、交谈和逗留。

从传统城镇的历史演变来看，持续的人口增长促使城镇空间由松散无序向密集有机的形态转变，因此是一个建筑越造越多、越造越密的过程。很多无用的外部空间由此被占用，留下了积极明确的城市空间，呈现建筑与城市空间相互限定与咬合的状态。而在那些事先有规划的城镇中，外部空间设计往往优先于建筑，建筑需要依据规定的边界或路径来建造，这种建设方式一直持续到上世纪早期[1]。但是，之后的现代建筑教育往往聚焦于建筑单体而忽略建筑限定城市空间的历史经验。美国学者柯林·罗曾在《拼贴城市》中将现代城市的"空间困境"形容为"实体的危机"和"肌理的困境"，并运用图底关系（Figure-Ground）分析柯布西埃的圣·迪耶方案与意大利帕尔马的总平面，揭示现代城市的建设方式是如何相悖于传统城市（图5-2）。另外，随着城市机动化的发展，小汽车激增与快速路建设使城市空间进一步消解和离散，与城市建设相关的其他（如市政、交通、绿化、消防、水利与人防等）专业部门也条块分割，各自为政，不同的行业规范或标准迫使设计师必须去执行。因此，目前的状况常常是在城市规划、道路建设和建筑完成之后，再去处理剩余的城市空间设计。

我们提倡公共领域的空间品质应该高于一切，良好品质的城市空间需要重新占据其核心地位——无论是街道、广场、水域还是公园。

5.1.1　户外空间

（1）空间与吸引

丹麦学者扬·盖尔认为户外空间活动是一种潜在的自我强化的过程。当有人开始做某一件事时，别的人就会表示出一种明显的参与倾向。也就是说，有活动发生是由于有活动发生，没有活动发生是由于没有活动发生。因此，如何理解与塑造人们日常生活所依赖的户外空间环境变得尤为重要。人们能方便的进出，能在城市与建筑群中流连，能从城市空间与建筑中得到愉悦，能与人见面和聚会，这些活动的发生与数量在一定程度上受到外部环境品质的影响。城市空间本身成为重要的连接点，将个人日常的必要性、选择性活动和群体的社交活动之间进行连接。

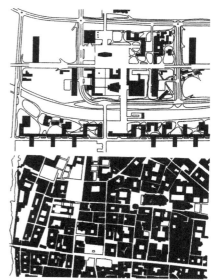

图5-2　圣·迪耶方案和帕尔马的总平面

（2）环境与行为

人与环境之间存在双向互动的关系，而行为是人与环境之间的"媒介"。不同年龄、职业、阶层、民族与文化背景的人群具有不同的需求爱好和行为特点。不同地域、气候与时间条件下，人们的行为也会呈现出不同的特征。例如，欧洲的很多广场上都设有露天咖啡座，而国内则往往用于广场舞表演与健身锻炼，有时也成为儿童放风筝的地方。但无论如何，公共空间应以"人"为基本标尺，考虑人的视觉与感觉，才能为人的活动交流创造条件。例如在步行街上，人的适宜步行距离为300~500m；在广场或公园等开敞空间中，人适宜的视觉尺度是：相互交谈为1~3m，看清对方表情与心绪要小于10m，依稀辨别对方的脸要小于20~25m，看见对方轮廓要小于100m[2]。

[案例]利用节假期间的临时场地设计，将3000m²的广场空间切分成数个功能与活动各异的小区域，空间尺度宜人，创造出面向所有人开放的活动场所。通过不同形态的桌子、长椅与防水软枕以及其他家具设施，进一步定义出儿童游玩区、临时咖啡厅、餐厅、音乐剧院舞台与小工坊等不同区域，为平时空旷而消极的广场空间注入活力（图5-3）。

图5-3　波兹南Wolności广场临时公共空间

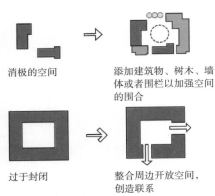

消极的空间 → 添加建筑物、树木、墙体或者围栏以加强空间的围合

过于封闭 → 整合周边开放空间，创造联系

图5-4 空间形态分类

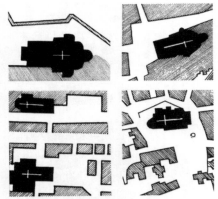

图5-5 欧洲传统城市空间分析

图5-6 威尼斯充满活力与对话的通道

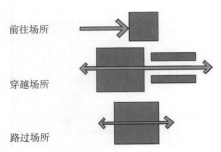

前往场所

穿越场所

路过场所

图5-7 穿越或路过场所

5.1.2 积极场所

（1）限定与流动

城市户外空间应该被设计成积极空间，具有明确的限定与围合，而不应该留有歧义或剩余的空间。这需要赋予每个户外空间以明确的功能、特点和形态，通过毗邻的建筑、墙体、围栏、柱子或树木等方式限定空间的边界，即将空间形态当作实体来阅读（图5-4）。

奥地利学者卡米拉·西特曾绘制黑白的图底关系图来分析欧洲中古世纪如何遵循艺术原则进行城镇建设（图5-5），研究传统广场中各种不同建筑要素之间的有机关系，通过空间之间的视线分析来识别户外空间是否积极。在一个被建筑围合且边界清晰的广场中，广场本身的虚空间形态可以成为一个图形。但这并不是意味着只有界定清晰的围合空间才是积极的，在场所中布置实体形成围绕着它们的流动空间，也可以创造出有趣味的场所。当空间既不形成一个"图形"又不是"流动"的，并且两者组合不伦不类时，问题就会随之出现。

（2）功能与特性

与户外空间相适的功能往往来自于布设其中的设施家具，这些设施家具和周围的环境特征、使用需求与交通组织密切相关（图5-6）。有些场所较为吵闹与繁忙，通过人流激发活力；另一些场所则显得安静与轻松，通过水面、树木与阳光获得生机。街道、广场和公园可以被看成是一系列的"户外房间"，它们由于活动内容的不同而变化万千：

①是否通向一些逗留、餐饮、会面或事件的目的地；

②是否穿越或路过公众喜欢的街道或广场（图5-7）；

③是否可以坐在那里看云起花落；

④是否提供人们生活、工作或娱乐的多功能场所。

另外，每个城镇都会有不同类型与层级的公共空间，重要的是如何通过发展促成这些公共空间的多样化，如空间的类型（是小巷、街道还是市场？）、属性（开放广场、围合庭院还是室内中庭）与特征（是用于非正式的娱乐休闲，还是正规的公众礼仪？）以及场地的规模大小。

[案例] 在1748年由诺利绘制的罗马地图中，公共建筑的室内中庭空间与户外的广场、街道空间一样是留白的，表明室内与室外的公共空间是结合起来的。也就是说，室内公共空间的位置和规模是由建筑所在的街道、广场的关系而确定，室内活动与户外生活相互渗透与融合，从而具有城市意义（图5-8）。

（3）场所与入口

场所借助出入口与其他场所联系而对外开放，其位置受到整个场所及外围通道的制约。一般来说，出入口越多越容易给场所带来活力（图

图 5-8　诺利的罗马地图

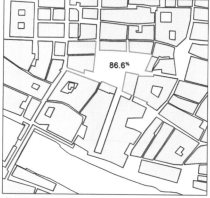

5-9）。出入口也被视为场所边界的切口，当它独立于其他边界而存在时，自身已暗示了边界的存在。有些出入口不仅是控制人流、物流的开关装置，而且是场所的窗口与象征。不少著名的城市场所都有独具匠心且象征意义强的门阈，如威尼斯圣马可广场面向大海设置了两根立柱，象征着海上的门户（图 5-10）；佛罗伦萨的乌菲齐廊通过西南端的入口拱门可以看到维琪奥宫的标志性塔楼（图 5-11 培根），而从拱门往外看则是阿尔诺河两岸的美丽风光（图 5-12 西特）。可见，出入口赋予场所以生命与活力，而场所自身的性格又影响了出入口设计。

5.1.3　建筑前区

（1）紧密相邻

街道共同的建筑控制线保证了建筑临街面的连续，为公共领域提供

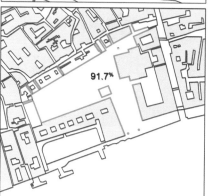

图 5-9　广场边界与出入口分析

图 5-11　由乌菲齐廊拱门向内看

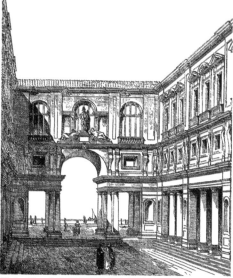

图 5-12　由乌菲齐廊拱门向外看

图 5-10　圣马可广场面向大海的立柱

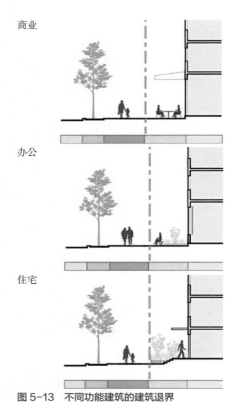

商业

办公

住宅

图 5-13　不同功能建筑的建筑退界

图 5-14　位于建筑前区的商业外摆

限定和围合。同时，它还有助于确保新的项目建设恰当地整合到现有街道中（图 5-13）。最小化的建筑后退距离可以促进建筑与公共领域的交流互动，当底层零售店面的后退距离在 1 ~ 3m 时，行人可以轻松地看到商品。一旦建筑远距离后退控制线时，则需要保证所产生的空间可使用且具有吸引力（图 5-14）。后退空间宜与人行道采用相同标高（或采用微坡设计），形成连续开敞的室外活动场所，可以设置休憩或商业外摆等，但严禁堆放杂物或进行食品加工（表 5-1）。在建筑前区设置车库或停车场会割裂建筑与街道的关系，它们应位于建筑的旁侧，或隐藏在建筑的背面。

表 5-1　不同建筑功能退界空间的设施建议

		底层住宅	底层围墙	住宅底商	商务底商	商务前院
景观小品	绿植花坛	√	√	√	√	√
	凉亭花廊	O	√	√	√	√
	雕塑艺术	X	O	√	√	√
	喷泉水景	X	O	O	√	√
公益设施	休憩座椅	O	√	√	√	√
	健身器材	X	√	√	√	√
	自行车架	X	√	√	√	√
	阅报栏	X	√	√	√	√
	信息服务	X	√	√	√	√
	文化展示	X	√	√	√	√
	环卫设施	X	√	O	√	√
	儿童游乐	X	O	√	√	√
	体育场地	X	O	O	√	√
商服设施	书报亭	X	√	√	√	√
	售货亭	X	O	O	√	O
	咖啡茶座	X	X	O	√	O
	商品外摆	X	X	O	√	O
招牌广告	广告灯箱	X	X	√	√	O
	店招店牌	X	X	√	√	O
照明设施	景观照明	X	√	√	√	√

（2）正向面对

街道、公园和水域空间如果不能被公众视线所看到，会让人产生不安全的感受，尤其是在夜晚。这些公共空间是可以共享的城市资产，但邻近地块的建筑布局往往会忽视这一点。事实上，面向公共开放空间的建筑可以获得主人翁的身份感，而且面对绿化公园或宽阔水面时也容易获得更高的地产价值。因此，建筑应面朝公共区域，并提供连通的步道或车行道便于人们进入，这有利于提升此区域的活力与安全感。

5.1.4 空间形态

边界限定

好的公共空间一般都具有明确边界，正是通过周围建筑的限定，场所得以脱颖而出。空间围合的质量主要依据空间的宽度 (D) 和边围建筑高度 (H) 的比例关系（图 5–15）。日本芦原义信认为，当 $D/H=1$ 时，街道空间尺度比较适宜；当 $D/H>1$ 时，随着比值的增大街道空间会逐渐产生远离之感；当 $D/H<1$ 时，随着比值的减少会产生接近之感（图 5–16）。而美国艾伦·雅克布斯发现伟大街道的沿街建筑高度一般都小于 30m，很多街道的高宽比介于 1：1.1～1：2.5 之间，而那些特别宽阔的街道往往是通过紧密排列的行道树来强化和限定街道的边界。同样，广场也应考虑空间的围合，使之具有"图形"特征。普遍认为，广场的最小尺寸应等于它周边主要建筑的高度，最大尺寸不应超过主要建筑高度的 2 倍。需要注意的是，上述的比例是相对的，人的活动、微气候特征、特殊的空间职能以及亚空间划分等因素都会影响空间的尺度。

5.2 柔性的空间边界

令人愉悦的场所都有一个共同点：建筑和开放空间相得益彰。这虽然已被很多案例所验证，但目前讨论场所的细节，尤其是建筑，往往被

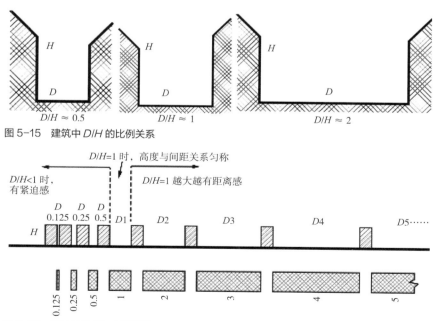

图 5–15 建筑中 D/H 的比例关系

图 5–16 D/H 的关系与空间质量

图 5-17   上海街景中建筑底部可驻留空间

"风格"或"主义"（如新古典主义、乡土主义、现代主义、后现代主义和解构主义等）所困扰。其实无论什么主义，建筑设计都应该将重点放在"城市建筑"上，即建筑和开放空间应被视为一个整体。从这个角度来看，建筑设计的好坏与否，取决于它对公共领域做出积极贡献的能力——面向街道空间，激发街道生活，确保所有相邻的开放空间都得到积极使用。正是建筑与公共领域之间的交互界面，决定了室内与室外、封闭与开放、私密与公共、个体与社区之间的和谐关系。

5.2.1   积极界面

（1）良好节奏

建筑临街面应积极地为公共空间增添活力与趣味（图 5-17）。杨·盖尔认为，当人以平常的步行速度（约 100m/80s）行走，优秀的沿街立面将保证每隔 5 秒就有新的活动或景象可以看到[3]。这意味着：

①频繁的门窗而没有大面积的实墙面；

②狭窄的街面单元，为街景创造竖向的节奏；

③建筑底部有一些类似壁龛或门廊的空间，提供温馨的驻留感；

④从户外能看到室内的生动场景，或商业活动外溢至街道。

表 5-2 提供了评价建筑临街面活力的性能指标。其中，"A 等级"可能只会出现在城市核心零售区域，而其他的街道也应该注重建筑临街面的细节。

表 5-2   评价建筑临街面活力的性能指标——积极的临街界面导则

A 等级	
每 100m 超过 15 个门面	没有空墙，几乎没有消极的门面
每 100m 超过 25 个门窗	建筑表面有明显的浮雕或凹凸效果
功能非常多样	高质量的材料和精致的细节
B 等级	
每 100m 有 10~15 个门面	少许空墙或消极的门面
每 100m 超过 15 个门窗	建筑表面有较多的浮雕或凹凸效果
功能多样	良好质量的材料和精致的细节
C 等级	
每 100m 有 6~10 个门面	建筑表面有很少的浮雕或凹凸效果
有一些不同的功能	普通质量的材料，很少细节
一小半的空墙或消极的立面	
D 等级	
每 100m 有 3~6 个门面	平淡的建筑表面
很少或功能单一	很少或没有细节
空墙或消极的立面为主	
E 等级	
每 100m 有 1~2 个门面	平淡的建筑表面
功能单一	没有细节且没东西可看
空墙或消极的立面为主	

（2）空间渗透

建筑的室内场景为来往的路人提供兴趣点并使其功能显而易见，同时窗户可以暗示其他人的存在而形成"街道眼"，有助于行人的安全感。结合界面设计（图5-18），将建筑空间延伸至街道上，意味着：

①面向公共领域的门窗数量越多越好；

②在不妨碍隐私的地方，尽量用大面积透明玻璃，而不是只能从室内向外看的镜面或者磨砂玻璃；

③增加壁洞、门廊、雨篷、阳台或柱廊等灰空间，提供不利气候的遮蔽，延长户外逗留时间。

这些做法可以为行人与商家提供互动机会，同时也提供了许多室内外的交流点，使不同活动叠合在街道上。

[案例] 剧院在新的改造中置入了一个明亮的大厅空间，光线透过内嵌于维多利亚式柱廊的落地玻璃照入前厅，空间更显宽敞而舒适。设计将咖啡厅、酒吧与售票处迁移至建筑主体内部的做法解放了拱廊空间，通透的玻璃幕墙模糊了室内外的边界，"临街"的咖啡店吸引着人们入内一探究竟（图5-19）。

（3）边界过渡

建筑的外边缘可以考虑布置正式的（如座椅、长凳等）或非正式的（如后退的入口、雨篷、花坛与台阶等）设施来提供人们休息逗留；也可以通过餐馆、咖啡厅、酒吧等商业外摆的过渡，将街道生活变得生机勃勃。当建筑底层和路面之间有高差时，应弱化其限定与阻隔（如在酒吧或餐馆的前区设45cm的高差就可以保证隐私与可控性），不要影响可达性（图5-20）。当然，视觉的渗透性容易干扰私人领域的隐私性，但其渗透程度应由私人领域的使用者来灵活调控（如窗帘、百叶等），而不是由设计师代替他们做出永久性的物理和视觉屏蔽的决定。

– 活力：积极的界面使用会激发都市感，增加步行安全感。频繁出现的门和窗增加了内外的互动，鼓励街道活力、监督街道。

– 深度：带有凹凸的"较厚"立面的进深，如遮盖、阳台、凸窗、柱基和确定的入口等可以变得吸引人在街上停留。

– 透明：加强建筑内部和外部的视觉联系，延伸了人们对公共空间和建筑自身的体验。

– 韵律：强化窄面宽的建筑或者立面上如门窗等垂直元素，通过改变人们经过的门窗间的距离感使步行更有吸引力。

图5-18　有空间渗透感的界面

图5-19　约克皇家剧院室内空间升级

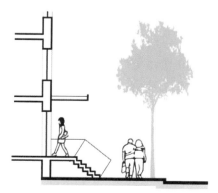
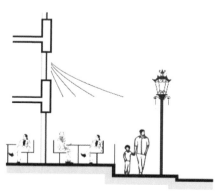

通过高差变化以保证隐私，提高对街道的监控力　　商业外摆空间增添了公共领域的活力

图5-20　建筑底层与路面的高差过渡

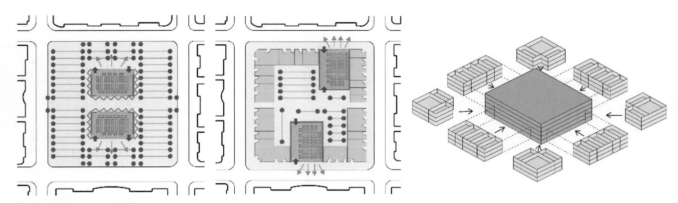

(a) 如果大盒子的购物商业体都被停车区所包围，那么潜在活跃的临街面就呈现给停泊的小汽车，后立面被暴露出来，街景也被破坏了；

(b) 通过把购物商业体旋转90度，把建筑插入一个周边式的街区，入口从两侧进入，这样同时可以创造活跃的街面；

(c) 为了创造活跃的临街面，大盒子可以被更小的单位所围绕，难点在于大盒子式的零售建筑的出入口应该在小尺度的零售单位之间凸显出来，使二者互相支持，相得益彰。

图 5-21　不活跃空间与积极活动单元的布置

（4）功能支持

公共空间周边建筑的功能往往影响着空间的活力，美国学者威廉·怀特建议公共空间至少要有 50% 的立面用于零售或服务功能[4]。生动有趣且对外开放的室内活动可以使户外空间更有活力，并能促进商业繁荣，而办公楼或银行的空白墙面则会使空间变得无趣乏味。这就要求建筑底层有更多的积极功能，例如员工食堂、办公大堂或者剧院票务亭等功能应该面向更具活力的户外空间来被人们共享，而不是隐藏在室内。对于"大盒子"的剧院、仓库、超市或停车楼等不活跃功能，应将之布置于内核，外围应该由沿街商业单元或积极的活动来包裹（图 5-21）。

[案例] 这个具有标志性的停车楼除了常规的停车以外，底层是零售店和餐厅，上层还有住宅。同时，这个开放的建筑还有慢跑楼梯和适合观景的大平台，从而成为公共街道的衍生部分，融入周边的社区发展（图 5-22）。

5.2.2　丰富性和美感

建筑与城市设计作为一种公共艺术，应满足更广泛的公众需求。城市的美感更多来源于一个组合中各项元素间的和谐关系，而不是元素本身。因此，应该重点关注整体，即建筑本身内外的整体以及与周边邻居构成的整体，以及平衡人们对于环境中秩序和纷杂之间的不同需求。

（1）新旧协调

尊重周围的既有建筑，对其做出积极回应而不是要和他们保持一致，这在于场地文脉的理解。有时候需要考虑建筑是怎么融入城市环境，有时候则需要考虑如何通过强烈的对比来创造场所。优秀的建筑通常可以

图 5-22　迈阿密林肯路停车场

整合城市周边的空间肌理与视觉环境，当然也有特例来强调冲突与戏剧性。尊重场地文脉，通常要考虑：

①连续的建筑界面；

②街道的水平与垂直向节奏（如建筑面宽、门窗比例与尺度等）；

③城镇的特色形态（如街区、街道与建筑类型等）；

④相邻建筑的高度、屋顶与檐口线；

⑤本地的建筑材料；

⑥优秀的建筑品质。

无疑，可以用不同的方式取得与现有环境的协调，但也要避免将这些原则和方式变成教条式的指令，这会导致平庸与单调。

[案例1]慕尼黑的"五个院子"占地 2.4ha，总建筑面积约 48,000m²，之前是城市的金融中心区，但所在街区及周边仍清晰保存着中世纪的生活街坊肌理——即建筑密集且有若干封闭的庭院。上世纪末，这里被改造成集购物、餐饮、艺术馆、办公以及住宅为一体的时尚消费地。设计通过梳理原有东西内廊，新增南北廊道，将庞大的建筑体量化整为零，构建宜人场所，还巧妙地将原本分散的五个内院串联成整体。改造后，建筑外立面和主体结构得到完整保留，不拘一格的商业化内部改造与原有历史建筑产生鲜明对比，既保存了场所记忆，又创造了崭新的购物消费空间（图 5-23）。

[案例2]连州摄影博物馆由新旧两幢建筑相互咬合而成。新建筑立面和屋面的折线形态回应传统"连州大屋"的空间意象。基地内的小广场向公众开放，悄然地融入周边的市井生活。几乎所有的建造材料均来自当地，体现了时间的厚度和可游历性，建筑是以一种奇异的方式将这些粗犷的新旧物料组合成新的时空叙事和场所体验（图 5-24）。

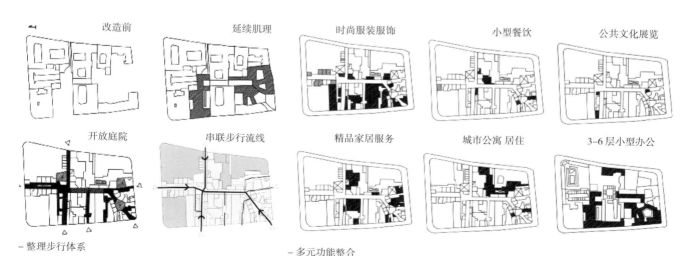

图 5-23　慕尼黑"五个院子"的改造策略

（2）细节设计

出色的建筑立面从不同的距离去观察，都应该富有细部层次。立面元素的数量、构成及比例关系，决定了视觉的品质与趣味性。其中，小尺度的细部对于底层更为重要，它们可以为行人提供视觉趣味；而较大尺度的细部适合从较远距离观看。一般而言，应注重门窗部位的细节设计，尤其是从公共领域向私人领域过渡的入口处。另外，材料在为建筑立面提供色彩与纹理的同时，也提供了构造细节做法与视觉趣味，巧妙的设计可以加剧或减弱建筑各部分之间的差异以及建筑和相邻建筑之间的关系。

［案例］ 剧院改造后的建筑立面注重细节设计，凸显其公共性与趣味性。红砖砌成的墙面和四个巨大的通风管道既性格鲜明，又契合周边的历史氛围。门厅的通透玻璃幕墙上，105 位来自城市不同角落的利物浦居民，以真人尺寸被印在可转动的金属遮阳板上，由此拼接成了一幅公共艺术作品，体现剧院建筑亲切、毫无距离感的特征（图 5-25）。

5.3　适宜的建筑尺度

建筑的规模、体量以及与周边环境的尺度关系，会对地区的微气候、能源消耗、空间意向与社会活力等产生不同的影响。

5.3.1　建筑高度

高层建筑在展现与强化城市中心区或交通枢纽区的商业潜力、社会活力和视觉形象等方面具有显著意义，它们应布置在城市的重要地段，如主要道路两侧、街道转角、远景尽端或公园周围等。同时，要考虑它们与相邻建筑的关系、临街面功能和后退距离等，并避免对城市微气候产生负面影响（如风环境或阴影等）。中等高度的建筑在很多城市环境中都扮演着良好的角色，它们能够适应不同的功能用途，兼具中高密度的开发强度以及较低的能源消耗与建设成本。2～3 层的低层建筑大多布置在城市郊区、风景区或公园，它们掩映在大树下方，与自然环境和谐相处。

另外，建筑的高度还应考虑城市场所特征与街道景观要求，并满足其他的城市规划管理条例，如建筑日照、卫生、消防、防震抗灾以及历史保护等方面的要求。当不同高度的建筑并置时，可以采用小建筑"包裹"大空间、体量跌落等方式与周边建筑进行协调，同时确保与行人体验最相关的底层空间活跃有趣。

［案例］ 基于同一块基地上开发相同容量的建筑（75 个建筑单元 /ha），由于建筑体量的不同布局呈现不同的城市形态：（a）矗立于开敞空间中

图 5-24　连州摄影博物馆改造设计

图 5-25　利物浦剧院立面改造

的高层开发,(b) 2~3 层的联排住宅布局,(c) 4~5 层的城市围合街区。它们会导致不同的街道界面形态、公私空间关系、绿化景观布局以及后期的管理维护模式(图 5-26)。

5.3.2 建筑进深

从自然通风和采光的角度来看,建筑平面的进深在满足使用灵活性的前提下应尽量窄。表 5-3 提供了不同的建筑进深对自然通风和采光的影响评价。一般而言,最好将建筑的长边临向街道,使平面进深方向变窄,这可以为设计连续的正立面提供可能性。

表 5-3　建筑深度的影响

建筑深度	使用评价
< 9 m	有中间走廊的建筑太窄,限制了室内空间的灵活性
9~13 m	提供了适宜自然采光和通风的最佳空间
14~15 m	依然易于细分,但需要一些人工照明和通风
≥ 16~22 m	需更多的能耗供应,虽用双面的房间形式插入一个中庭或光井对于 40m 宽的地块也是可行的

[案例1] 办公大楼服务于政府的 2 个不同部门,办公层平面进深 12.40m,中间不设立柱。一系列模块化的办公室一侧沿着中心通道排布,而另一侧面向户外;办公区也可以根据不同的功能需求进行灵活划分,很适合行政办公与公共交流。由垂直交通、会议室与卫生间及设备用房组成的固定结构位于各个部分的交汇处,空间布局紧凑而高效(图 5-27)。

[案例2] 新建筑沿用原有工业厂房建筑的地下基础,并直接建于其上。一道上下贯穿的核心墙体空间支撑起三层 50m 长的办公楼。14m 进深的办公空间开放而灵活,所有的服务功能都被整合为独立的建筑元素,集中布置在建筑的一侧。而在建筑底层,利用地形高差塑造面向街道开放的餐饮空间(图 5-28)。

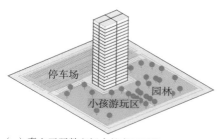

(a) 矗立于开敞空间中的高层开发

(b) 2~3 层住宅楼的街道布局

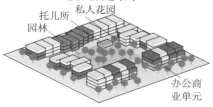

(c) 城市周边式街区

图 5-26　相同建筑体量下不同的城市形态

图 5-27　塞维利亚 Andalusia 政府办公楼

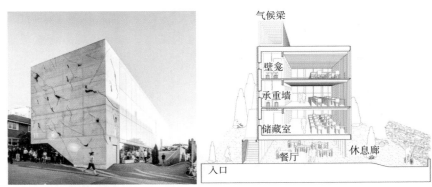

图 5-28　奥胡斯 Sonnes 大街 11 号办公楼

5.3.3　空间形状

建筑室内空间的尺寸要适应广泛的活动需求，既能够被细分（这与窗户位置有关），又能被合并成更大的空间。例如在居住类建筑中，$10 \sim 13\text{m}^2$ 的空间能够用作起居室、卧室、厨房或餐厅，拥有这种空间尺寸的住宅也可以转化成小型的酒店式公寓或工作室。另外，长方形相比其他的空间形态更容易被扩展、划分与使用。

[**案例**] 长方形的工作室单元被一圈闭合的黑色木板均分成 2 个部分。一半是铺着地毯的常规办公区，可以为 6 位建筑师提供固定的办公桌；另一半是铺着木地板的不固定的多功能场地，布置了一系列胶合板存储型滑轨家具，能够被轻松移动，为这个空间创造了许多灵活使用的可能性（图 5-29）。

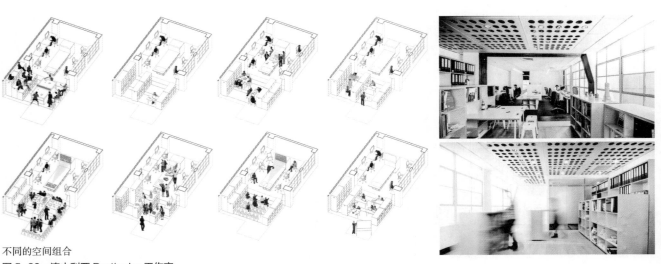

不同的空间组合

图 5-29　澳大利亚 Particular 工作室

5.3.4   街道转角

　　街角是城市视景的重点，建筑可以通过加强转角部位的立面造型设计、建筑体量后退、高度拔高或植入特殊的使用功能等方式，加强街道角部的识别性和场所感。同时，由于建筑与两条不同的街道相邻，可以设置到达不同建筑区域的出入口，这为建筑功能的混合使用提供可能。

　　[**案例**] 这是一家IT公司旗下的音乐公司，坐落在街道转角处。其建筑转角造型突出了建筑的功能特征，同时融合于周边的街区环境中。通过曲线形的外墙设计将两侧独立的墙面联成连续的整体，对外表演的平台镶嵌在建筑转角处，既是街道的特色对景，也是促发城市观演活动的媒介（图5-30）。

图5-30   韩国音乐公司曲线楼

5.3.5   建筑面宽

　　沿街的建筑单元面宽应尽量狭窄与整齐，既可以满足使用的灵活性，又可以保证街景的垂直向节奏感和店面的多样性。一般而言，当朝阳面的每个房间单元面宽在5~7m时，可以较好地满足空间的灵活使用，比如小商店或有露台的房间，而且每个单元可以任意组合；而面宽小于5.5m的建筑单元需要在进深方向扩大时，会不利于自然通风与采光。

　　[**案例**] 为了实现集约紧凑型发展，项目要求住宅密度不少于100户/ha，因此采取"低层高密度"和"高层高密度"相组合的住区建设方式。同时，为了满足采光通风要求，规划要求低层住宅建筑体量的30%~50%是天井、内院或屋顶花园等户外空间，并将每户住宅的限宽定为5~5.4m，高度限制在15-25m之间。在此基础上，形成了多元化的住

克劳斯与卡恩　　霍内与拉普　　阿内·凡赫克　　赛斯·克里斯蒂安斯　　里斯贝斯·凡德波

汉斯·托普克　　玛里斯·侯麦　　赫尔曼·赛斯特拉　　范博克与布鲁斯　　威廉姆·让纽特来

不同建筑师做的建筑密度实验和类型组合

图5-31　阿姆斯特丹新港口开发

宅户型与立面形态，丰富了沿街和临水的城市界面，延续了老城区传统的空间尺度与立面多样性特征（图5-31）。

5.4　弹性的空间环境

随着时间的推移，建筑为了适应功能的转变而产生空间环境的调整。设计者既需要理解空间环境随着时间变化的改变与不变，还要能设计出适应时间变化的空间环境。

5.4.1　多功能建筑

（1）功能复合

随着后工业经济的服务业兴起与清洁技术的提升，传统的功能分区原则逐渐失效，许多相容的使用功能再次走向混合与并置。目前大多数的标准化产品（如住宅、商店还是办公室等）进行空间转换都很困难。然而，如果建筑一开始就很好地考虑了兼容性设计，其固有的灵活性就能适应未来功能的变化。

［案例］这个新型的混合建筑体将小型自治的工作室、办公、商业和居住等功能聚集在一起，同时保证功能互不干扰。底层的商业区像是一个敦实的基石，办公空间占据了主楼的四个较低楼层，30套公寓单元则被安排在建筑的上半部，共同构筑一个温馨的大家庭（图5-32）。

（2）空间叠合

一般而言，在住宅公寓、宾馆或办公空间的下方可以布置低噪音的商店、餐厅或社区活动用房；而在那些人流密度大且有噪音的用房（如俱乐部、夜总会等）上方，布置商业功能可能比安排公寓住宿更为合理（图5-33）。表5-4提供了一些混合功能建筑的细部设计建议。

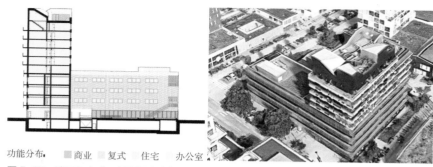

功能分布: ■商业 □复式 □住宅 □办公室

图5-32 法国Imbrika新型混合建筑

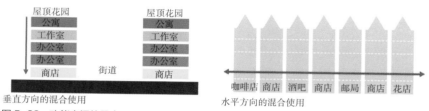

垂直方向的混合使用

水平方向的混合使用

图5-33 功能空间的叠合

表5-4 混合功能建筑的细部设计建议

细部元素	设计建议
入口	进入底层临街的入口与上部功能的入口相分离,且避免打破沿街商铺的连续性
停车	为大型开发地段配置适宜的停车场所,协调路内停车和路外社会停车场的错时使用(如白天为办公人员服务,晚上为本地居民服务)
服务设施和垃圾站	布置在开发地段的背部,采取相应措施以减少噪音和气味的影响以及避免后勤车辆的干扰
隔音	通过室内合理布局与隔音设计减轻噪音影响,餐厅或夜总会与住宿之间尤其需要隔音屏障
通风口	将气味或污染源(如地下室停车排放)的通风口远离主要用房布置

(3)街区混合

在功能单一的住宅区或商业区的周边增加弹性的使用空间,以保证在步行范围内实现功能的混合[5](图5-34),例如:

①在不同功能区之间的缓冲地带建设多功能建筑,如生活-工作单元或作为一站式中心提供咨询、培训和住宿等服务;

②在地块的内部或后部插建运行良好的工作(生活)区,提供就业机会;

③通过功能的"层级"管理,实现从一般工业用途,到轻工业/制作间/办公室,再到住宅功能的过渡;

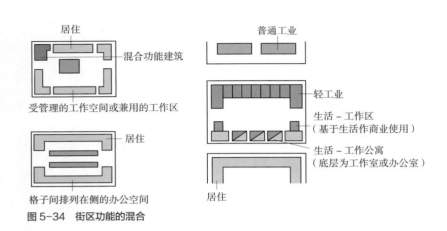

图 5-34　街区功能的混合

图 5-35　比利时 Cadiz 混合住区

④鼓励临时或共享的使用，如假日的小型工艺品作坊或集市等；

⑤在不同使用功能之间插入广场或公园等公共空间，提供休闲与交流场所。

[**案例**] 这是一个混合用途的综合性社区建设项目，包含了住房、医疗中心、酒店和商务办公及众多社区商店等功能。为了满足居民不同的生活需求，提供了多种居住单元，如公寓住宅、高级复式公寓、工作室和保障性住房等，所有单元都有户外阳台、顶层露台或者底层花园。这些居住单元交织在一起，并融合其他城市功能，造就了这个城中之城的社区空间（图 5-35）。

5.4.2　适应性再利用

（1）弹性结构

适应变化的建筑设计关键在于能够在保持较慢变化系统不变的情况下，允许较快变化系统的变化，即在结构不变的情况下改造服务空间与设施。结构不应该限制和束缚那些变化较快的系统的自由，可以采用灵活的方法来提高空间的适应能力，例如：

①将可变要素从不变要素中分离出来；

②允许在末端、一侧或者内部进行空间增长；

③创建"套件"，让使用者能够选择并灵活"插入"相对固定的结构框架；

④鼓励居民自建计划，提供打造个性化生活或工作空间的机会等。

上述的灵活性改造很大程度上取决于建筑空间的配置（如高度、宽度和进深等）、室内房间数量、流线组织以及设施管线布局等结构性因素。

[**案例**] 项目是为一个有着 30 年历史的贫民窟修建社会保障房，但由于资金紧张，只能建造每户 36m² 的房屋。设计师有效利用现有场地，为

这些家庭提供了他们难以独立建造的"半成品房屋",同时又给他们留出空间,让他们根据各自经济条件,对住房加以后续完善,从而将未来住宅的面貌留给了居民(图5-36)。

（2）包容性设计

建筑和公共空间都应该首先考虑不同人群(特别是婴儿、残障人士和老年人)的生理与心理需求。例如,"终生家园"需要回应的是所有家庭成员成长中不断变化的需求(如抚养小孩、容纳摔断腿的青少年、照顾老人等),需要关注相关的设计细节与标准。而在公共场所,不是将活动类型和使用人群分离,而是研究如何通过设计满足不同的人群使用。例如,铺设区域都应该考虑坚硬、干燥和防滑的表面,能够承载交通负荷并区分人与车的使用空间,而在道路交叉口带纹理的路面铺设有助于视力障碍者过街等。

（3）历史转换

很多地方的发展受益于历史遗留下来的高品质建筑和开放空间,它们很好地融入新的发展中。城市发展是种时间的艺术,需要珍惜历史并保护有价值的老建筑及其环境,同时赋予它们新的用途,最好让新的技术适应老的建筑,而不是反过来。提高建筑的生命力就是要利用新技术与新设施提升建筑对环境的适应能力,使之重新焕发空间的活力。

[**案例1**] 六栋始建于维多利亚时期的联排建筑与新商务办公楼相互联结,优雅地镶嵌在街区环境中。为了恢复老建筑的原始风貌,门窗、屋顶和墙面都得到精心修缮,其室内被用于各自独立的办公空间,以维持老建筑内部结构的完整性。同时,该布局使得老建筑内分隔出多层级复杂空间,为深入其中的人创造多层次的空间体验。后侧的新办公塔楼围裹在波浪起伏的玻璃幕墙内,犹如浮动在这一排历史建筑之上,玻璃与石材的合理比例,让新老建筑的立面效果凸显(图5-37)。

图5-36　智利金塔蒙罗伊住宅区

图5-37　多伦多 7 St. Thomas 大厦

图 5-38　100 Harris Street 办公空间

[**案例 2**]原建筑是一座始建于 1890 年代的羊毛仓储大楼，厚重红砖砌筑而成的外墙和结实的木结构内框架构成了大楼的承重体系。设计重新发掘老建筑所蕴藏的能量，通过增加中庭空间为新办公楼带来充沛的自然光，并考虑了未来租户的需要，为地区提供实用、灵活、精致的办公场所。对于建筑外部肌理仅仅做了一些微小的改动，例如在北立面增加了遮阳板，以保证建筑的生态节能（图 5-38）。

5.5　繁荣的公共领域

鼓励公共领域的社交互动需要关注空间的结构及其组成要素。这涉及不同尺度与规模的设计细节，例如什么是硬质的路面；什么是软质的景观；什么形式的种植是适当的；什么路面适合车辆或行人使用，等等。同时也要求将公共环境艺术、街道设施、照明和标牌等看作一个整体，并进行总体把控。

5.5.1　社交空间

（1）集中活动区

公共活动区通常由热闹的活力核心（如户外的集市或表演区）与安静的逗留场所组成，空间设计需要考虑：

①可视性，让人们能够浏览周边环境，同时可以选择逗留还是徘徊在活动节点的周围；

②朝向，阳光明媚的朝南面和树荫下的座位往往是最受欢迎的；

③在活动节点和交叉口的附近布置休息座椅和停留空间；

④儿童不只是在特定的游乐区玩耍，还包括在住宅附近提供小孩们玩耍和父母们看护与交流的场所。

[**案例**]南头古城在近百年间不断消退而村庄不断膨胀。结合深港双年展的举办，提出重建南头十分匮乏的公共开放空间系统，将古城城门中

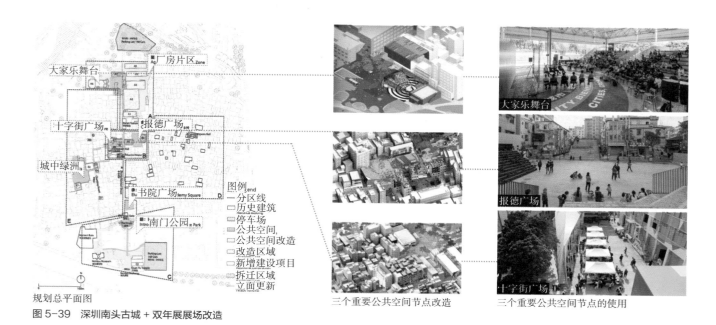

规划总平面图

三个重要公共空间节点改造

三个重要公共空间节点的使用

图5-39　深圳南头古城 + 双年展展场改造

心轴线打造成古城中的活力中心，沿线增加公共空间节点、改造建筑立面与增添公共设施等。其中，重要节点包括报德广场、创意工厂与集市广场、大家乐舞台等，构建出多处非正式的观演活动场地，促进社区居民公共交往（图5-39）。

（2）活力支持

营造生动有趣的公共空间，可以考虑引入儿童游戏场、咖啡馆、风味小吃摊或广场舞等，发挥人吸引人的效应；也可以通过"舞台布景"方式，在中央区域举办各种社会活动，如：

①鼓励民间艺人表演；

②将广场改造成晚间户外电影院或戏剧场；

③开展文化演出、商业集市、嘉年华或者路演活动等。

[**案例**]这里曾经是公共电视与广播电台所在建筑之间的停车场。设计用轻薄的穿孔金属板包裹了两栋相邻的建筑，斑驳的表面肌理不仅统一了周边环境的建筑语言，也成为各类新媒体一显身手的最佳场所。北侧大屏幕上可以滚动播出实时节目，而西侧墙面则可在广场举办活动时充当投影的幕布。小型表演舞台、下沉式的台阶座椅、巨大的投影幕墙以及源自密苏里州本土的草原景观植物占据了广场的不同角落，创造了一个极富互动性的开放空间，使艺术、教育和公共媒体在此交汇相融（图5-40）。

（3）路径直接

行人一般都不愿意绕道，如果可以看到目标，总是会径直走向那里。这意味着将经常使用的线路调整成笔直的通路，并提供沿途座位和照明，

图 5-40　圣路易斯市 Public Media 广场

图 5-41　伍尔维奇广场

可能更受到欢迎，这可以通过观察空间中的运动模式与寻找轨迹来验证。为了顺应人们的行走习惯，可以设计穿越大型公园草地或停车场的对角线步道，以创造更加步行友好的场地形态与景观。

[案例] 伍尔维奇广场的建设，包括了贝雷斯福德广场、格林恩德和杰那勒戈登广场（约 1ha），着力整合支离破碎的伍尔维奇市中心。广场内关键线路的设计是通过分析市中心人群的主要穿行路线之后确定的，从而提高该公共空间的利用效率以及与周边区域的连接性，丰富行人的体验，满足他们的需求。同时，广场内座位的安放、坡道的布局、照明设施的选择以及绿化植被的种植等都进行了细致的设计（图 5-41）。

（4）刺激感官

视觉不是认知场地的唯一途径，使用者还会受到场地的声音、气味以及触觉等共同影响，可以通过设计来激发人们的各种感官潜力。

①触感——感觉如何？场地的微气候特征与材料质感会影响人们的感觉。场地应该为阳光、风和雨而设计，使这里不论什么季节都是令人愉悦的，例如在有阳光的地方布置座椅，而在夏季利用遮荫使人留下来。另外，场地中的材料选择也很重要，这关系到大多数人对于冷与热、硬与软的感知。

②声音——什么声音可以塑造特色？声音能增强场所的氛围，例如潺潺的流水声、小鸟啁啾或风穿过树叶的细细簌簌，可以在城市中营造与大自然对话的亲密感。而在中心区，可以通过产生声音的活动来激发社会活力，不论是摊贩、音乐还是节庆的娱乐节目。另外，还可以通过密植的植物减弱与屏蔽不和谐的噪音，特别是交通噪音。

③气味——可以添加什么香味？香味能提高场所的体验，无论是花香、咖啡还是新鲜面包的香味。也许对有些人来说并不愉快，但其他人可能会喜欢某些特别的气味——例如啤酒厂的酵母气味，并吸引他们到达这里，营造特色场景。

[**案例1**] 为了纪念"9·11恐怖袭击事件"，设计通过"反省缺失"的符号语言，在双子塔原址做了向下跌落9m多的大瀑布，参观者在瀑布雷鸣般的声音中沿着青铜栏杆看受害者的姓名，强烈感受到双塔原来的存在。周边设置了416棵橡树组成的森林广场，在忙碌的城区中营造出宁静与和平的公园环境，为纽约市中心提供一片沉思与回忆的地方（图5-42）。

图5-42　世贸双塔纪念园

[**案例2**] 该项目位于伯明翰市中心区域，与当地的圣像画廊以及周边各种风味的餐馆相连，设计从自然景观和社会活动中获得灵感，通过喷泉水声与咖啡厅的香气，以及广场周边樱花盛开时节的花香，营造愉快轻松的休闲氛围，让这里成为一个体验丰富、充满活力的场所（图5-43）。

图5-43　伯明翰布林德利工业区改造后的广场

5.5.2　个性场所

（1）地方认同

强调本地的独特性与认同感，能够超越简单的时尚，创造出自己的性格和氛围，这包括：

①延续传统的建设方式与手工艺；

②保留历史记忆，将一些历史元素融入地区景观；

③采用本土的气候设计与材料策略；

④将地方性符号或图标作为景观印记，例如将当地树叶或花印在人行道的混凝土板上，将地面当作公共艺术的展板等；

⑤鼓励本地居民参与，邀请当地工匠或组织当地居民参加设计活动等。

[案例1]场地位于具有特殊历史意义的二战纪念林内，设计的重心是通过一系列景观的描述创建了一个纪念性空间环境。大字母拼出的"Memorial"由钢结构开槽设计，明确标识出公园的主题。新栽植的树木配合灯光的效果，让整个场地显现红彤彤的视觉体验，让人感觉相比于世界的其余部分，我们是如此之渺小，因此唤起人们对于生命的敬重感（图5-44）。

[案例2]在这个占地1200m²的装置中，运用颜色和抽象的图案找回此地遗失多年的历史元素。深蓝色星空让人们想起传说居住在这里的女巫，蓝色环带则象征被埋在广场地下的河流，红色诉说着过去的纺纱和制砖产业，绿环代表村庄的果园。广场涂鸦过程中邀请当地居民参与，居民对社区的认同感和归属感得到加强（图5-45）。

[案例3]这里是费城海军船厂旧址，设计从道路结构、地面系统及植栽布局三方面入手，对工业生产固有格局进行整合与改造，保留了旧时铁路轨道及起重机轨道，并以"材料循环利用"为原则，选用旧址原有或经拆除的缝饰沥青、旧式混凝土、回收砖材、锈迹金属、粗质地面铺装材料以及充足的拆卸剩余材料对这处高度工业化的景观区进行修复，营造出充满创意的新企业园区（图5-46）。

（2）本土植物

橘生淮北则为枳，同一物种因环境条件不同而会发生变异。因此，应尽量使用本地或区域的植物种类，保护具有吸引力和生态价值的现有植被，这既可以维持更大的生物多样性，又有利于适应所处的地理与气候特征，并通过选择物种来创造不同的情感或角色。例如，树木、灌木、地被、攀缘植物和时令鲜花都可以用来增强地方特色，使用这些元素中的全部或某些元素能够获得不同季节的趣味，而水果和坚果类的植物可以吸引更多的野生动物。

（3）地面铺砌

场地铺砌应体现高标准的美学、耐用和环境性能。铺砌材料的变化可以表明使用功能（如公共与私人、步行与机动车、动区与静区等）的区

图5-44　加拿大卡尔加里红色广场

图5-45　西班牙隆达小镇广场艺术涂鸦

别、潜在的危险或提供警示等，引导人们正确使用。例如，松散的砾石或凹凸的小石块会减慢行人和车辆的速度，而平整的表面则鼓励更快地通过。另外，地面的铺砌设计还可以通过调节空间尺度（例如有层级的元素组织使大空间显得较小，简单而朴素的处理使小空间显得较大）、加强空间视觉特征（如提供流动感或稳定感）以及在美学上整合空间（如强化空间秩序与建筑布局）等方式提升场所品质。

[案例1] 超级线性公园是楔入哥本哈根多民族社区的一个新城市空间。三个色彩鲜明的区域分别有着自己独特的氛围和功能，红区为相邻的体育大厅提供延伸的文化体育活动空间，黑区是当地人天然的聚会场所，绿区提供公园草坡与大型体育活动用地。同时，这里展示了60个城市上百件艺术品，每个展品都用丹麦语和本国语的不锈钢牌作介绍，在植物选择上也强调物种多样性：日本的樱花、落叶松；中国的棕榈；黎巴嫩的雪松等，反映了当地社区的多文化背景。在设计的过程中，让当地居民充分参与，避免先入为主从而实现了最大的公共性（图5-47）。

[案例2] 该项目将原本被车行交通切割的遗忘地带变成了连接城市的集会场所。一条4.5m宽的灵活且柔和的慢行路径，在不同水平面上蜿蜒伸展，并利用路面色彩和纹理差异将行人和自行车区分开来，不仅保证2.3m宽的自行车道与整体路径的顺畅连接，还能与边缘的景观形成互补。含铁的石材、经过氧化处理的路面和防腐蚀的钢制扶手共同为路径带来了统一的特征，行人与自然环境联系得更加紧密（图5-48）。

图5-46　URBN总部园区进行景观重塑

图5-47　哥本哈根超级线性公园

图 5-48　巴塞罗那自行车道改造

5.5.3　城市家具

公共空间中往往布置了不同种类的环境设施，如座椅、遮蔽棚、围栏、路灯、交通护柱以及标牌等。有了这些设施，城市才能正常运行，它们需要细心设计和有效管理，其设计质量、组织与布局是城市空间品质评价的重要指标。

（1）清理杂物

很多城市家具都是必需的，但由于是归属于不同职能机构进行设计与管理，彼此之间缺乏协调，导致整体上的杂乱无章。并且，设计通常以工程技术思维为导向，如街道优先考虑小汽车而不是行人。要改变这种状况，亟需明确步行、自行车和机动车的优先层级，通过设计、施工、管理和维护等全过程的协调来实现，也需要与相关管理者（如地方规划机构、道路交通、绿化环卫及市政等部门）密切合作。改善的方法有：

①移除多余或废弃的设施；

②将元素组合在一起，如多杆合一、多箱并置；

③利用设施界定空间，避免干扰通行活动，可以隐藏在绿化景观中或建筑边缘，也可以乔装成艺术装置布置在开放场所（图 5-49）；

④依据周边建筑环境特征，将城市家具打造成系列产品。

（2）空间辨识

目前很多的交通标识是为机动车服务的，而且布置混乱，影响街道景观。改善的方法有：

①通过环境设计使地区的空间结构清晰易读，减少对交通标识的需求；

②对交通标识进行统一设计；

③在重要节点设置专为行人服务的标识牌；

④通过铺地的艺术化表现标出不同路径，或采用其他富有想象力的方法来引导方向。

图 5-49　艺术化的人车隔离设施

［**案例 1**］蒙特利尔艺术博物馆前的大道上采用"舞动的地板"的艺术概念，铺设了5000多个金色脚印，吸引人们进入其中，同时诱导他们顺着金色的脚步前行，既连接了博物馆内庞贝遗址的展览，又组成一幅靓丽的马赛克拼图。在这里，人们可以随意游走、即兴起舞或欣赏各式精彩的表演，将原本枯燥无味的步行道转变成一个活泼有趣的互动场地（图5-50）。

图 5-50　蒙特利尔金色之舞广场

［**案例 2**］这是一个放置于特定场地上的90m长的空间装置，希望利用它激活其他未得到充分利用的地块，使得通达博物馆不再有障碍。这些多孔的轻质材料采用编织和分层的方式，被悬挂于树冠上创造出一个类似天花板的平面，营造出既有私密性又可感到空间蔓延的体验。在这些网状天篷下，规划了咖啡茶座、野餐区、休息区和地掷球场等一系列活动场地，让整个空间被进一步激活（图5-51）。

（3）照亮场景

传统的照明系统主要以公路照明为目的，它们通常尺度大且不雅，较少考虑步行者的需求。除了路灯照明以外，灯光有时来自周边的建筑，通过泛光、聚光或低照度照明来提升街道环境品质，有时来自灯箱、围墙反射灯或商店橱窗的光来添加色彩与活力。如果对所有可用光源进行整体设计，可以产生理想的照明效果，将人的注意力引导至某些物体上而隐藏其他物体。另外，光的形状和颜色也可以创造戏剧性的场景，改变人们白天对场地的感知。一般而言，灯光越多，对夜间活动的鼓励也越大，但要避免不必要的光污染。

图 5-51　Barnes Foundation 艺术装置

［**案例**］该项目通过能源的自给性来促进市民各种夜间公共活动的发生。广场上有一个用于储存太阳能源的信息站（可以保证最高2kW/h的日

常能源供给），这里可以为夏季露天电影院提供屏幕、利用舞台装置举办小型演唱会，也可以使广场的物理空间与推特机器人相互连接，改变广场夜间人工照明的颜色、通过网络摄像机进行自拍，或在 LED 大屏幕上留言，呈现出与白天不同的场景效果，为公共空间注入了新的活力（图 5-52）。

5.6　安全的户外环境

安全是公共空间被大众使用的前提条件。一般而言，在具有良好能见度和充分照明的地方，感觉自己会被其他人看到和听到，就会感到安全。许多实践表明，周到的设计、良好的管理和社区参与的紧密结合，可以创造安全的环境，减少公物破坏行为与暴力犯罪的风险。

5.6.1　安全建造

图 5-52　马德里城市空间装置：串联

社区安全和预防犯罪最有效的措施之一是创造有活力的人居场所和充分监督的公共领域，包括以下三个方面内容：

（1）确保自然监管和人的存在，例如将建筑门窗面向公共领域、减少沿街的空白墙面、鼓励建筑底层的功能混合与夜间活力、提倡连通的路网而不是冷僻的死胡同、防止街道上过高过密的种植以增加可视性等；

（2）为行人和骑自行车者提供安全的路线，减少交通隐患，例如优化街道断面与交叉口设计、增加交通安宁措施和共享街道建设等；

（3）加强领域性设计与社区参与，当人们将公共空间视为自己的，他们就开始对此负责，相互监督与保护，形成具有归属感的场所。

［案例］ 此项目对 960m² 的街道进行永久性改造来探索城市公共空间的新价值。通过与附近小学的合作，了解孩子们对街道的需求，并为他们营造出不同的路面形式，身处其中可以坐、绘画、跳蹦床，甚至还可以玩儿沙子。其中，尽端的方形场地被空了出来，像画布一样，大家可以依据自己的愿望在其中绘画和调整（图 5-53）。

5.6.2　抵御犯罪

图 5-53　韩国"我爱街道"项目

从某种意义上讲，无论是采用公共安全措施还是私人保安设施（如铁丝网、防护窗栏等），不仅会暗示该地区有社会治安问题，还会影响城市的公共生活品质。如果在人流密度少的地区，觉得必须设置安全围栏或铁丝网来进行物理性隔离与管理，那么就要巧妙地设计，使之成为艺术品。注意在工作场所、商场或公共建筑的主要出入口处，配备保安人员与智能管理技术进行监管，有利于防范犯罪行为的发生。

图 5-54　西班牙为父母而设计的小清新大门

图 5-55　纽约汤普金斯广场公园改造后场景

[**案例1**] 大门围栏改造的目标是更换破损的人行道金属门，并修缮现存的围栏。设计师将其改造成叶片结构状，通过绘制人行和车行两个入口间的墙体，美化了街道。设计师的母亲是陶瓷师，亲手绘制了这两面墙壁，图案印在 10cm×10cm 的白色陶瓷片上，表达了该地区居民现在的生活琐事和未来愿景（图 5-54）。

[**案例2**] 场纽约东村的汤普金斯广场公园曾一度沦为无家可归者、酒鬼和瘾君子的聚集违法场所，当地警察试图关闭夜间公园来控制局势。之后通过透空的金属围篱将公园细分为不同区域，这里重新焕发生机。无家可归者占据了小径边上的长椅，狗主人可以在封闭区域内中遛狗，年轻人在篮球场中玩耍，孩子们在操场上游戏，无政府主义者、雅皮士们各自坐在自己围栏内的草地上。如今公园成为一个人人是演员同时又是观众的舞台（图 5-55）。

注释

[1] 引自 Llewelyn–Davis. Alan Baxter and Associate, Urban Design Compendium[M], London: Brook House, English Partnership, 2000.

[2] 引自 [丹] 扬·盖尔. 交往与空间（第 4 版）[M]. 何人可 译. 北京：中国建筑工业出版社，2002.

[3] 引自 Gehl J, Kaefer L J, Reigstad S. Close Encounters with Buildings[J]. Urban Design International, 2006(11).

[4] 引自 [美] 威廉·H·怀特. 小城市空间的社会生活 [M]. 叶茂奇，倪晓晖 译. 上海：上海译文出版社，2016.

[5] 引自 Llewelyn–Davis. Alan Baxter and Associate, Urban Design Compendium[M], London: Brook House, English Partnership, 2000.

思考题

1. 扬·盖尔认为，优秀的沿街立面应具备哪些品质？评价建筑临街面活力的性能指标有哪些？
2. 什么是"街道眼"？界面设计中实现空间渗透的策略有哪些？
3. 建筑设计时，尊重场地文脉通常要考虑哪些方面的因素，以实现新旧建筑的协调？
4. 促进弹性的空间环境与混合的街区功能有哪些策略？
5. 在个性场所的营造中，实现地方认同的策略有哪些？
6. 户外环境的安全建造主要包括哪三个方面的内容？

延伸阅读推荐

1. [美] 柯林·罗，弗瑞德·科特. 拼贴城市 [M]. 童明 译. 北京：中国建筑工业出版社，2003.
2. [丹] 扬·盖尔. 人性化的城市 [M]. 欧阳文，徐哲文 译. 北京：中国建筑工业出版社，2010.
3. [奥] 卡米诺·西特. 城市建设艺术：遵循艺术原则进行城市建设 [M]. 仲德崑 译. 南京：江苏凤凰科学技术出版社，1990.
4. 蔡永洁. 城市广场 [M]. 南京：东南大学出版社，2006.
5. [美] 阿兰·B·雅各布斯. 伟大的街道 [M]. 王又佳，金秋野 译. 北京：中国建筑工业出版社，2009.
6. [加] 简·雅各布斯. 美国大城市的死与生 [M]. 金衡山 译. 南京：译林出版社，2006.
7. [美] 威廉·H·怀特. 小城市空间的社会生活 [M]. 叶茂奇，倪晓晖 译. 上海：上海译文出版社，2016.

参考文献

1. Llewelyn–Davis. Alan Baxter and Associate, Urban Design Compendium[M], London: Brook House, English Partnership, 2000.

2. ［丹］扬·盖尔. 交往与空间（第 4 版）[M]. 何人可 译. 北京：中国建筑工业出版社，2002.

3. ［日］芦原义信. 街道的美学 [M]. 尹培桐 译. 天津：百花文艺出版社，2006.

4. ［美］阿兰·B·雅各布斯. 伟大的街道 [M]. 王又佳，金秋野 译. 北京：中国建筑工业出版社，2009.

5. Gehl J, Kaefer L J, Reigstad S. Close Encounters with Buildings[J]. Urban Design International, 2006(11).

6. ［美］威廉·H·怀特. 小城市空间的社会生活 [M]. 叶茂奇，倪晓晖 译. 上海：上海译文出版社，2016.

7. ［美］马修·卡莫纳，史蒂文·蒂斯迪尔，蒂姆·希斯等. 公共空间与城市空间：城市设计维度（第二版）[M]. 马航，张昌娟，刘堃等 译. 北京：中国建筑工业出版社，2015.

06 建立空间秩序

"空间"在辞海中解释为"物质存在的一种形式，是物质存在的广延性和伸张性的表现……"。"秩序"是当人们穿越外部空间的同时，体会到的三维物质感觉，那些空间和事件之间的一系列的联系总有自身的秩序。

"城市形态环境设计需提出城市空间的构成、空间形态及形成的过程，并且涉及到社会生活方式、经济技术条件、文化历史和管理制度等多方面问题，其最终目的是要形成良好的城市空间秩序。"

6.1　城市空间秩序的历史演变

亚历山大曾经指出，建构"城市永恒"的某种"无名特质"就是"整体性"，而"整体性"的显现是基于被称为"中心"的场所的建立，所有具有"完整性"的事物都必然有一个值得注意的"中心"。换言之，城市空间秩序的建立很大程度上有赖于具有控制力和涵盖力的空间极点（Space Pole）的构建，建立空间极点的过程实际上就是空间秩序形成和梳理的过程。极点的建立在功能上的依据就是它应与社会主导的行为价值体系相适应。

6.1.1　遵从统治者需求

传统城市的建设表明，统治者思想认同的，等级分明的空间秩序是城市建设的核心内容。这种秩序的明显特征是区别于其他空间极点的建设，这种极点或者是表征国家权力符号体系的宫殿、凯旋门、纪功柱，或者是实现神人合一的、满足市民精神寄托的神庙、教堂。因其具有特殊意义，使得它们不仅以最讲究的方式、最精美的细节被建造，在形式和尺度上具有相异于其他建筑的特征，更重要的是影响着城市的布局结构，是城市空间秩序的主导要素。传统城市就是靠有限的几个极点来控制整个城市，并形成简单明晰的空间秩序结构（图6-1）。

6.1.2　重视普通人需求

相比传统城市，现代城市规模扩大，出现了汽车、火车等新的影响

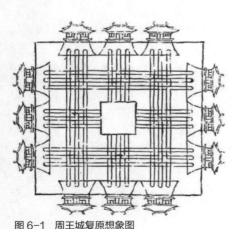

图6-1　周王城复原想象图

道路格局的设施，面临着拥挤、污染等问题，因此城市空间秩序的建立更为复杂。1933年，以勒·柯布西耶为代表起草的《雅典宪章》针对当时的城市境遇，在体系上放弃了传统城市强调建立统治者需求的空间秩序的规划方法，提出城市的四大活动是居住、工作、游憩、交通，强调要重视人的需求，而且是普通人的日常生活需求。《雅典宪章》指出城市规划的目的是解决四大活动的正常进行，认为规划工作者的主要工作是将各项预计用作居住、工作、游憩的不同地区，在位置和面积上作一个平衡的布局，再建立一个联系三者的交通网。"明日的城市"（图6-2）和"光明城"（图6-3）可以看作是《雅典宪章》核心思想的模式化表达。但是在真正的城市实践中，传统的城市空间秩序模式仍然产生着影响。1956年柯布承担的印度昌迪加规划（图6-4）和同年柯斯塔所作的巴西新首都巴西利亚规划（图6-5）都充分说明了这一点。

6.2　不同尺度下的空间秩序

与传统城市不同，现代城市空间秩序的建立不能仅仅靠"从上至下"的几个重要极点的控制来生成，有着更为复杂多样的控制因素，包括自然和人工因素等；也更加层次分明，大到整个城市，小到一个节点，都因循各层级的空间秩序而筑。

从城市设计的角度出发，城市空间秩序的建构要以"人"为中心，以使用的需求为导向。那些从形式美出发，图案化的轴线、节点设计只能提供城市空间秩序的纸上蓝图，无法真正落地，或是实施后无法满足人们的需求。

6.2.1　城市整体的空间秩序

（1）因循自然的空间秩序

自然的山、水本身为建立城市空间秩序建立了基础，因循自然建构的城市空间秩序也更加有机，更加稳定。中国传统山水城市并非山、水、城三要素的简单并置，而是以城市山水秩序的构建为第一要义。传统城市山水秩序构建的一般经验包括：以名山镇域，构建城市的山水坐标；以地域人工流域为基础，系统构建城市水网；以山水脉络孕育人文，又以人文补山水脉络之不足，彰显整体形胜；城市园林系统布局协同于城市建设，人居单元（Habited Unit）均衡同构。这些基本经验根植于中国传统生态哲学，体现着传统生命思维对山水、人居要素的综合驾驭，并以城市山水秩序集中呈现，形成了象征孕育生命的古代城市人居环境。

[**案例**] 由成都城市营建史来看，其山水秩序构建活动在古蜀国时期

图6-2　明日的城市

图6-3　光明城

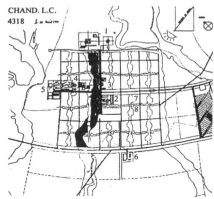
图6-4　1956年昌迪加尔规划图

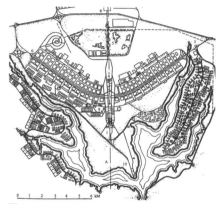
图6-5　巴西利亚规划图

图6-6　成都城多重双阙轴线示意图

已有积累，城市选址择成都平原中部高地，并有大量山岳祭祀活动；至战国末年李冰治水、秦代张仪筑城，成都城山水秩序基本确立；到五代、唐宋，成都城市大发展，文化繁荣，园林宫苑兴盛，城市水系治理也日臻系统，对后世影响深远；再到明清，成都城山水秩序在以往的基础上巩固、调整，形势更加考究，山水秩序则日趋明朗与成熟。其发展过程体现着山水本底、自然观念、营建方法以及宗教、文化、政治等多方面的综合影响。梳理成都城的营建历史，将其中对山水秩序具有重要影响的事件罗列，可见其山水要素变迁过程（表6-1、图6-6）。

表6-1　成都城山水秩序构建大事

	历史时期	重要事件	山水秩序的考虑与影响
积累	古蜀时期	祭祀岷山	岷山崇拜，影响城市走向
		羊子山土台	祭祀山川，面向岷山
		择平原中央台地定都成都。（《华阳国志·蜀志》）	择中而立，择台地建城
		建蜀王子妃之冢："盖地数亩，高七丈，上有石镜，今成都北角武担是也。"（《华阳国志·蜀志》）	后称武担山，成为成都镇山
确立	战国——秦汉	张仪筑城（少城、大城），形似"龟城"	城墙顺应地势，非正方。以武担山为镇
		筑城取土之处形成千秋池、龙堤池、柳池、天井池，水道相连	形成城市园林系统
		李冰命名汶山（岷山）为"天彭阙"	岷山"天阙"突显，强化岷山祭祀
		李冰开二江	穿二江成都中，形成"二江珥其市"的格局
		秦始皇封岷山	岷山崇高化
	三国魏晋	昭烈帝（刘备）即位于武担山之南，规划宫室，未能实现	武担山政治化
		武陵王纪掘武担山得玉石棺，中有美女，貌如生，掩之而寺其上，是为武担山寺（李思纯，2009）	突出武担山地位
发展	隋	杨秀取土增筑少城，建摩诃池	形成城市大型园林
	唐	西川节度使韦皋开凿解玉溪	连接郫江与摩诃池
		韦皋作合江园于二江合流处	形成合江处风景胜地，点缀形势
		西川节度使白敏中开凿襟河，后称金水河	构建城市水网系统
		高骈改道郫江东流	形成二江抱城的格局
		高骈筑罗城	包武担山于罗城内
	五代	建宣华苑，延袤十里	形成城市大型宫苑
	两宋	成都知府席旦疏导全城水系	完善城市水网系统
成熟	明	填摩诃池凹下之地，建设蜀王府，以武担山为镇，调整城市中心地带路网为正南北方向	形成城市正南北轴线
		建蜀王府过程中开凿"王府河"，称"御河"	水系调整

（2）人工规划的空间秩序

在现代城市规划兴起后，一些城市建立了人工规划的空间秩序，更加强调轴线、格网等。

[案例] 从纽约曼哈顿岛的发展历程，就可以看出从自然格网向人工格网的延展。17世纪，城市从曼哈顿岛的南端起源，是自由伸展的道路格网。1811年的规划中，南端保留了原始有机的城市格网，往北则划分成了东西向长、南北向宽的方格网（图6-7）。延续至今，形成了155条东西向道路，间隔约60m；12条南北向道路，间隔200～280m，局部略小。平均每公里内东西向道路有14～16条，南北向道路有4～7条。由于曼哈顿岛呈窄长形（南北长21.6km，东西长3.7km），滨水区主要位于东西两侧，所以加密垂直于水体的东西向道路增加了城市通向滨水区的路径，加强了城市与滨水区的联结。曼哈顿道路格网的长宽比较之其他城市都要大得多，也形成了其独特的长条形街区肌理。

由于河流、山体的线型弯曲，格网状的城市肌理也会顺应这些自然的形态而扭曲或转向，美国密尔沃基市位于密歇根湖西岸，境内有多条河流穿越，城市虽是典型的垂直格网布局，但是在弯曲的湖畔、河道边都会顺应水岸对格网进行局部调整（图6-8）。

6.2.2 局部片区的空间秩序

（1）城市轴线与空间秩序

轴线常常被用来建立空间秩序，并以此组织城市的各个元素。重要的建筑、广场、景观、雕塑等往往是沿某些主要轴线展开或取得一定的对应关系。

巴黎最主要的历史中轴线从西向东串联起卢浮宫、香榭丽舍大街、凯旋门、巴黎大会堂等。由于巴黎办公楼紧缺，政府决定扩大巴黎市区范围，将历史中轴线向西延伸，至塞纳河另一侧，建立拉德方斯中心商务区。1982至1983年间，巴黎市政府组织国际招标，最后选中了丹麦建筑师约翰·奥托·冯·施普雷克尔森（Johann Otto Von Spreckelsen）的设计方案。建成后拉德方斯地区不仅成为城市中轴线的重要收头，而且其自身的布局也依托轴线，将建筑排布在轴线两侧，把拉德方斯广场和新区的代表建筑——大拱门放置在轴线上，使人从远处就可以看到这个集古典建筑的艺术魅力与现代化办公功能于一体的建筑，与同一轴线上的凯旋门相映生辉（图6-9）。

（2）历史文脉与空间秩序

基于城市文脉构建有机秩序，有利于公共空间景观设计与城市更新地段现状综合条件的紧密结合，带来历史感和地方性，给城市更新地段

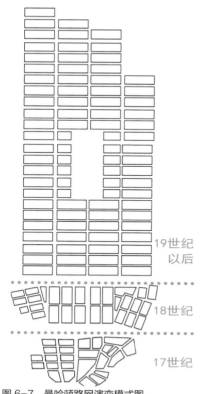

19世纪以后

18世纪

17世纪

图6-7　曼哈顿路网演变模式图

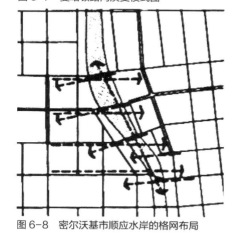

图6-8　密尔沃基市顺应水岸的格网布局

图6-9　拉德芳斯地区

公共空间带来特色与活力。因此，需要对城市文脉（Urban Context）要素信息进行分析与分类，然后再从不同的层次与层面构建有机秩序。

西安钟鼓楼广场城市设计为了突出钟楼和鼓楼两座历史建筑物的形象，保持它们的通视效果，建立了一条转折的轴线来联系两者。广场在接近钟楼盘道的三角地段被设计为下沉式广场，有58m宽的大台阶与钟楼西北侧的人行道直接相通；广场北侧沿鼓楼东西轴线设置一条10m宽，144m长的下沉式步行商业街，东端与下沉式广场相连接，西端有可供消防车行驶的坡道与鼓楼盘道相通。通过轴线的建立，将两座古楼联系起来，构筑了城市更新地段的公共空间特色，也规范了游客的主要流线（图6-10）。

（3）重要节点与空间秩序

节点（Node）是城市空间中观察者可以进入的具有重要地位的焦点。节点在城市空间中的特殊区位关系，使它对周边空间具有很强的"规范性"，而这种"规范性"表现为一种力，它能起到组织空间的作用。正如保罗·克莱（Paul Klee）认为的那样："空间中一个单一的点可以产生一股强烈的组织力，可从紊乱中理出秩序"。节点根据功能关系形成不同的结构，通过场力的作用规范城市空间。在规划设计中，可通过建构节点来达到规范城市空间秩序的目的。

美国巴尔的摩内港是城市重要的节点，也控制着整个城市的空间秩序。内港围绕水体组织，构筑了曲折绵延的岸线，并将水族馆、博物馆、餐饮等多样功能放置在周围。由贝聿铭设计的世界贸易中心临水而建，作为标志塔楼统领着内港的整体形态。内港既是中心城区的核心公共空间，也引导与规范了整个城市的空间秩序。如果没有了内港，巴尔的摩的城市空间秩序就不再如此清晰，或者说和其他城市相比毫无特色（图6-11、图6-12）。

6.3　使用的需求

城市空间秩序为城市提供了系统秩序和特色秩序。城市的识别性和认同感来自城市空间的系统秩序（通过对城市空间组织的人性化体验来感知）和特色秩序（通过空间感受产生特色化共鸣）。人性化体验和空间感受都需要通过"人"对空间的使用行为来激发，因此城市空间秩序应该满足人的使用需求。需求导致动机，动机产生行为，因而，城市空间秩序应该和人的行为价值体系相耦合。

人在不同的环境中与周围事物有着不同的联系，人在空间活动中是主体，而在空间活动中的一切活动习惯，就是人所要遵循的空间秩序形式，也是人们一直追求的有序空间，空间的秩序与人的活动过程密切联系。因此，空间秩序的建构要以分析人的心理需求和活动特征为前提（图6-13）。

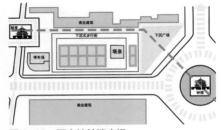

图6-10　西安钟鼓楼广场

图6-11　巴尔的摩城市卫星图

图6-12　巴尔的摩内港

图6-13　人的活动与空间秩序的关系

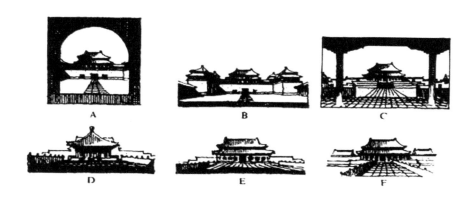

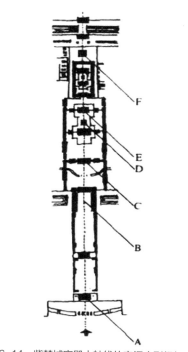

图6-14 紫禁城宫殿中轴线的空间序列组织

6.3.1 引起注意

人的认识过程有一定规律可循，只有符合这些规律的设计，才能为人们感知和理解，才能达到城市空间秩序设计的预期。心理反应过程一般遵循：感知（注意力）—兴趣（比较、证实）—判断—记忆—思考—联想—情感—行为。因此，首先要引起人的注意，让他可能依空间序列开展行为。上海浦西的多条道路如南京路、汉口路、福州路等都以黄浦江对岸的东方明珠为对景，让人有继续前行，到达滨江的意愿。

6.3.2 激发兴趣

心理学认为，人感兴趣的东西，往往易被人感知。人的兴趣要通过变化的物体激发，因此在空间序列设计中，应该促成不同点位上空间的特点，让不同的空间逐渐在人的眼前展开，使人获得不断移动的视野，而不是一览无余。有时候，一座高塔和几座低矮的楼房，在空间的动态变化中呈现出不一样的组合，虽然组合要素不变，但在不同点位的空间感知却互不相同（图6-14）。

6.3.3 易于识别

空间的可识别性基于该空间不同于一般空间的鲜明的特征，这是对城市空间秩序设计的更高要求。就像巴黎历史轴线上的多数节点都与众不同，或以立于道路中央的建筑为中心，或为多岔路口，或为著名的博物馆，它们是让这条空间序列闻名世界的重要原因之一（图6-15、图6-16）。

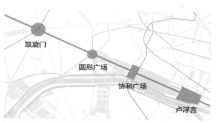

图6-15 巴黎历史轴线

图6-16 巴黎历史轴线平面图

6.4　让空间增值

城市空间秩序的建立最基本的要求是满足使用者的需求，在此基础上，要有意识地考虑让新建的秩序空间或者其周边的空间增值，更有效地满足更多人的需求。因此，说到底空间增值的最终受益者还是普通使用者。

6.4.1　拓展新空间

新的空间秩序的建立不仅可能为核心序列空间带来活力，而且位于序列上的重要节点有可能影响周边区域的功能置换、建筑更替、环境改造，使周围的空间开发增值，产生附加效益。

[案例] 位于纽约哈德逊城市广场南侧的高线公园借由旧高架铁轨的再利用，既为曼哈顿中城西部创造了以高线为主的新的轴线序列，也带动了周边区域的发展（图6-17），包括肉类加工区（Meatpacking）、西切尔西（West Chelsea）等由原本的工业区转变为时尚社区。肉类加工区的鹅卵石街道铺装依然如故，但该区已从毒品色情场所变成了高端精品店的集中区，黛安·冯芙丝汀宝（Diane von Furstenberg）、克里斯提·鲁布托（Christian Louboutin）、亚历山大·麦昆（Alexander McQueen）等前卫品牌都落户于此，低层工业建筑容纳着餐饮、夜总会、潮流服饰店，以及设计和摄影工作室，纽约杂志把肉类加工区称为纽约最时尚的社区。西切尔西区传统的19世纪中叶红砖与褐石饰面的排屋依然保留完好，旧厂房被改造成艺术展览馆，该区容纳了370多家艺术展览馆和无以计数的艺术家工作室，成为世界最大的现代艺术展览馆汇集地。随着哈德逊城市广场（Hudson Yard）的建成，高线公园的北端也会成为城市的核心区域。

图6-17　纽约高线公园及周边地区

改造前

6.4.2　变消极空间为积极空间

原本消极的城市要素如废弃的厂房，破旧老建筑，排涝河道，高速公路，铁路等，经过城市设计处理后形成新的、有机的、立体的空间秩序，从消极的使用空间变为积极的使用空间，化腐朽为神奇。

位于高线公园北端的哈德逊城市广场是美国有史以来最大的一项私人开发项目，也是纽约继洛克菲勒中心之后的最大开发项目。哈德逊城市广场原址为纽约地铁的调车场，在城市中并非主导空间，甚至是相对被遗忘的角落。项目以北美最新的建筑工艺，保留了地面的铁路系统，在此之上建设摩天大楼，这样的设计在全球史无前例（图6-18）。哈德逊城市广场是集艺术、生活、娱乐、餐饮、购物、商务等多种元素的综合型社区，它刷新了纽约的天际线至高点，将以超高层集群成为新纽约地标。它建成

改造后

图6-18　哈德逊广场改造前后对比

之后将成为城市的重要节点，改变城市的空间秩序，从原来人迹少至的地区成为城市活力十足的发展新引擎。

6.5 秩序的力量

新的城市空间秩序要能牢牢地"锚固"于城市基底，需要借助原有城市空间秩序，通过对其的历史延续、新旧联结，使新的空间秩序有较强的在地性，也为城市特色的再塑造提供了依托。

6.5.1 历史的延续

（1）重建历史空间秩序

对于欧洲历史城市中心的城市设计工作来说，柏林的贡献主要是基于"城市的批判性重建"（Critical Reconstruction）确定的纲领与实践。批判性重建的核心概念为"借助于保留大部分原轴网，以期体现 1940 年前规划的空间构成元素"，希望从 18 世纪的柏林城中汲取城市特征，成为 21 世纪新柏林的标志。

【案例】波茨坦广场（Potsdam Plaza）的城市设计是典型的批判性重建项目。希尔默和萨特勒（Hilmer + Sattler）的方案恢复了早先该地区具有代表性的莱比锡广场的八角形，并采取了整齐划一的传统街块形式。以方块为城市建设基本单元，每个方块大小均为 50m×50m，这样就可以合理分割，满足居民住房、商店、酒店、公司集团驻地以及音乐厅、剧场的多层次要求。短而窄的街道将方块隔开，街道通向城市的四面八方。为满足开发商对建筑密度的要求不得不将建筑高度提高到 35m，这个并非与古典柏林建筑相称的高度，后来又降低到 28m（图 6-19）。

图6-19　德国柏林波茨坦广场

（2）强化历史空间秩序

一些历史形成的空间秩序经由城市更新得到强化，可以在凸显历史文脉的同时，为城市创造富含传统韵味的空间秩序。

【案例】瑞典哥特堡地区设想在孔斯波茨阿维大街（Kungspor-Savenyn）东北侧建造一个规则的巴洛克式花园，与主要的纪念性剧院一起，强化指向对岸国王门广场的跨河轴线，这样既有助于增强两岸的联系，也可以增进景观轴线的历史内涵（图 6-20）。

6.5.2 新旧的联结

（1）空间结构对接

新城与老城在空间结构上的关联既有助于新老城区的衔接，也为新

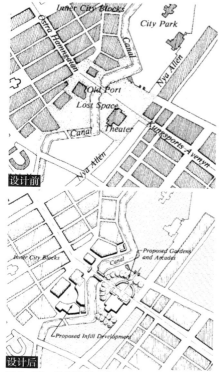

图6-20　孔斯波茨阿维大街设计前后

城空间秩序的建立提供了依据。

[案例] 英国伯明翰布林德利地区（Brindleyplace）位于市中心西部，占地 25 英亩（约 10ha），该地区的东部就是城市的核心——世纪广场（Century Square），再向东是全市最大的商业和行政中心区。布林德利是工业革命的产物，在 1768 年伯明翰运河开凿后成为金属制造业服务区，但是到了 1950 年代以后，迫于国际竞争压力，金属贸易萎缩，该地区呈现出萧条、破败的景象。1970 年代开始了对布林德利地区的更新，规划考虑了通往羊栏街（Sheepcote Street）、百老街（Broad Street）以及国际会议中心（International Conference Center, ICC）的三条轴线。其中与 ICC 联系的步行通道使得自维多利亚广场（Victor Square）—张伯伦广场（Chamberlain Square）—世纪广场的传统步行系统得到进一步延伸：轴线穿过 ICC 室内通道到达布林德利地区，在布林德利形成新的空间节点。三条轴线构筑了布林德利地区的空间秩序，也使其和城市核心地区的空间结构对接，延续和完善了城市的空间秩序（图 6-21）。

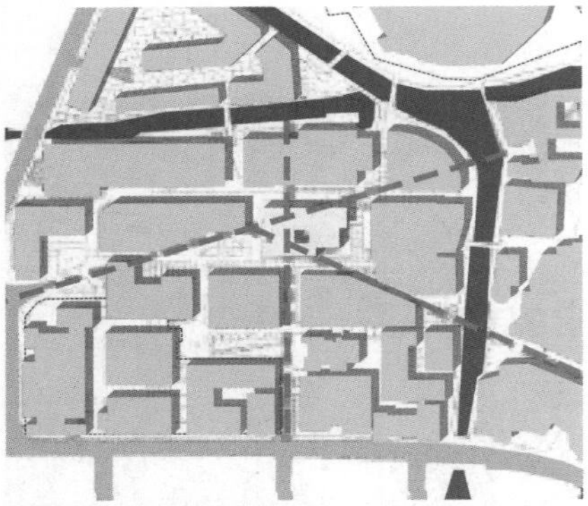

图 6-21　英国伯明翰布林德利地区轴线关系

（2）城市肌理同质

城市肌理反映了一定的城市形态，经历各个历史时期叠加而成，其变化总是以原有的形态为基础，并在空间上对其存在进行依附和改造。新城和老城在城市肌理方面的关系，很大程度上决定了两者是否协调。

[案例] 以汉堡港口新城为例，它紧邻汉堡老城区，因此在新城开发时如何与老城协调是主要考虑的问题之一。城市肌理上，港口新城的街坊形态与老城区保持一致，主要采用围合式，保证了新城和老城肌理的同质性。同时，城市尺度上也尽量采用小街坊，密路网，放弃建设大体量的集中式办公楼或购物中心，而是将各种功能分散布置在新城内，这样有效地促进了建筑底层沿街界面各类活力功能的置入，形成符合市民需求的生活服务性街道空间（图 6-22）。

图 6-22　德国汉堡港口新城城市肌理

大量研究成果表明，地形地势，包括自然山形、水系等，与城市肌理的形成和特征有着直接而密切的关系。因此，保留和利用原有的地形地势是保持城市肌理特征的关键。或可利用群山形成的空间关系，借鉴远山的景观形态，将自然山形融入城市，丰富城市空间肌理；或可利用水系蜿蜒的形态，街巷肌理随势延展，创造独一无二的城市肌理。上海浦西的道路网络大多是自发生成的，因此错综曲折，独具特色；而浦东的道路网络则是规划形成，笔直、宽大，却失去了滨水城市的精巧（图 6-23）。

图 6-23　上海浦西、浦东肌理对比

（3）建筑风貌协调

在肌理同质的基础上，建筑风貌的新旧关系协调也很重要，包括建筑高度、材质、风格等，使新旧城区具有整体和谐的样貌。

[案例] 汉堡港口新城在建设中，为保护汉堡城古老而完整的天际线

轮廓，保证整个城市都在老城中心教堂塔尖的控制之下，港口新城采用了建筑以低中层为主、高密度开发的模式。区域整体的建筑高度以北侧仓库城为参照，基本保持一致，层数控制在 8 层左右。建筑风格整体控制由北向南、从传统向现代逐渐过渡。港口新城北部与仓库城相邻的一排建筑着重考虑与仓库城的历史建筑相呼应，多选用红砖作为立面的主体材质，形成新旧共生的和谐关系（图 6-24）。南侧几排建筑的立面材质则逐渐过渡为以红砖结合金属构架和玻璃幕墙，呈现出更加简洁现代的风格（图 6-25）。

图 6-24　汉堡港口新城北部

6.5.3　构筑新秩序

在一些城市更新中，新空间秩序的建立也可带来新的景观和意象。或者一些新城平地而起，需要通过构筑新的空间秩序来赋予其城市特色。

（1）城市更新中秩序的建立

城市更新中空间秩序的建立比较重要。一种是对传统秩序的延续或复原，而另一种则是构建新的空间秩序，实现零散地块的整合，或是凸显某种意象。后者可能更为复杂和不易实施。

[案例] 德国柏林新政府区属于后者。它选址于施普雷河畔，通过新的轴线的建立，将河流两岸，以及东西柏林联结起来。这个被誉为"联邦纽带"的新政府区由舒尔特斯（Axel Schultes）和弗兰克（Charlotte Frank）设计，自东向西穿越施普雷河湾（Spree River），并在东侧设置了人行桥，将隔河相望的阿尔森建筑群（Alsenblock）与路易森建筑群（Luisenblock）连接起来，其特征明显的轴线序列，一体化的建筑形态，不仅将被河岸分隔的两岸城区紧密联系起来，也形象地寓意了东西柏林的合并（图 6-26）。

图 6-25　汉堡港口新城南部

（2）新城开发中秩序的建立

在新城开发中，轴线的建立容易统领整个城市的形态。一种轴线是人们的视觉轴线，也是活动路线；另一种轴线只是人们的视觉轴线，并不是或不完全是人们活动的路线。前者如华盛顿中心区，由一条约 3.5km 的较长的东西轴线和较短的南北轴线相交。长轴的东端是以国会山上国会大厦作为主题，西端以林肯纪念堂作为对景；短轴的北端为白宫，南端是汤姆·杰弗逊纪念亭。沿着长轴的南北两侧，建有国家博物馆、艺术陈列馆及航天技术馆等，还有一处下沉式的雕塑公园。两条轴线是人流的主线，人们可以徜徉在中心区开阔的广场、草地中，也可由此步入各个场馆（图 6-27）。后者如堪培拉，以国会山为核心，建立了从黑山电视塔至国会山，由国会山至战争博物馆等多条跨越柏利·格里芬湖（Lake Burley Griffin）的放射型景观轴线，与水域轴一起架构了两岸均衡而紧密联结的开放空间结构体系，统领着城市的整体形态（图 6-28）。

图 6-26　"联邦纽带"的新政府区

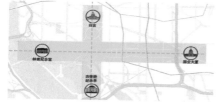

图 6-27　华盛顿中心区轴线关系

图6-28　堪培拉景观轴线

轴线的建立相对容易实现，而在城市尺度的立体空间秩序的建立往往需要城市开发长时间的遵循才能实现。

[案例] 20 世纪初，博南制定了著名的"芝加哥规划"，受其影响，在 21 世纪形成的"湖滨东区城市设计"中产生了立体道路系统（图 6-29），其中重要的一个特点是在市中心芝加哥河（图 6-30）两岸设计了两层城市基面（局部三层），下层为原有城市基面，上层为新建基面，在满足城市防汛要求的同时使货物运输与城市交通分隔开来，也使主要使用上层基面的行人更为便利与安全，再加上高架环形轻轨的设计又提供了第三层空中基面，因此市中心共有三层基面。城市多层基面为桥梁建造提供了便利：一方面使引桥与基面相结合而消隐；另一方面为双层桥梁的创造带来可能，桥梁的上层与轻轨或局部地区的城市三层基面相结合，下层与城市的二层基面相衔接，加强了两岸的多层基面联系。实际上，芝加哥规划的多层基面对堤坝、道路、桥梁、建筑、轻轨等都提供了整合的依据和要求。据此开发的城区也显现出很强的整体空间和形态。

思考题

1. 人与空间秩序有怎样的关系？
2. 好的空间秩序有哪些特点，分别起到什么样的作用？

延伸阅读推荐

1. C·亚历山大 著. 建筑的永恒之道 [M]. 赵冰 译. 知识产权出版社，2002.
2. 凯文·林奇 著. 城市意象 [M]. 方益萍，何小军 译. 北京：华夏出版社，2001.
3. 罗杰特兰西克 著. 找寻失落的空间——都市设计理论 [M]. 朱子瑜等 译. 中国建筑工业出版社，2008.
4. Spiro K. The City Shaped：Urban Patterns and Meanings Through History[M]. London：Thames and Hudson Ltd，1991.

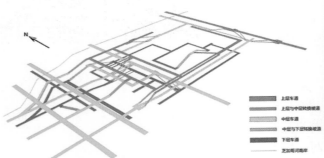

图6-29　"芝加哥规划"影响下的湖滨东区立体道路系统

图6-30　芝加哥滨水区立体分层

5. Wayne A，Donn L. American Urban Architecture：Catalysts in the Design of Cities[M]. Berkely and Los Angeles：University of California Press，1989.

6. 王立，李先逵. 探析节点对城市空间秩序的规范性 [J]. 规划师，2006（3）：79–81.

7. 张险峰，张云峰. 英国伯明翰布林德利地区——城市更新的范例 [J]；国外城市规划，2003（3）：57.

8. 杨小迪. 波茨坦广场的设计过程述评 [J]. 国外城市规划，2000（4）：40.

参考文献

1. 尹晓波，王维琪. 城市轴线与空间秩序的设计 [J]. 建筑技术，2010（12）：177.

2. C·亚历山大著. 建筑的永恒之道 [M]. 赵冰 译. 北京：知识产权出版社，2002.

3. 袁琳. 中国传统城市山水秩序构建的历史经验——以古代成都城为例 [J]. 城市与区域规划研究，2013（1）：241–256.

4. 凯文·林奇 著. 城市意象 [M]. 方益萍，何小军 译. 北京：华夏出版社，2001.

5. 王立，李先逵. 探析节点对城市空间秩序的规范性 [J]. 规划师，2006（3）：79–81.

6. 王鲁民，邓雪湲. 建立合理的城市空间等级秩序 [J]. 南方建筑，2003（11）：9–11.

7. 赵娟. 浅析人的行为与空间秩序的关系 [J]. 山西建筑，2007（8）：31–32.

8. 杨小迪. 波茨坦广场的设计过程述评 [J]. 国外城市规划，2000（4）：40.

9. 张险峰，张云峰. 英国伯明翰布林德利地区——城市更新的范例 [J]；国外城市规划，2003（3）：57.

10. 杨春侠. 促进桥梁与城市的"协同发展"——突破滨水区"城桥设计脱节"的困境 [J]. 城市规划，总第320期，2014（4）：58–64.

07 探索活力和特色

图 7-1　苏州博物馆传承历史

作为表演场所

作为交易场所

作为健身场所

图 7-2　静安寺广场作为不同使用场所的活力

7.1　城市活力根植于城市特色

每个城市都会给你不同的体验，走在佛罗伦萨满眼都是红顶白墙，初来梵蒂冈会惊艳于椭圆形的圣彼得广场，徜徉塞纳河古桥新桥交相辉映……这不同的体验可能便是这个城市特色的一部分，而那些最具特色的地方，常常人头涌动，成为城市最具活力的场所。

7.1.1　从特色危机到创造特色

我国当前许多城市都出现了"特色危机"。特色危机主要表现为城市记忆的消失、面貌的趋同、建设的失调、形象的低俗、环境的恶化、精神的衰落，以及文化的沉沦等。一部分由于历史资源和自然山水的破坏使得城市原有的特色丧失；另一部分由于快速标准化的建设使得新特色难以呈现。如何创造城市特色已成为许多城市的议题。一个城市的特色依托于三个方面：作为城市本底的自然环境（本章扉页）；作为城市内涵的历史文化（图 7-1）；作为城市未来的社会发展，这是城市呈现新特色的关键。

7.1.2　从消极环境到活力空间

许多城市环境品质逐渐恶化，自然山水被人为破坏，快速交通给步行安全带来威胁，建筑和公共空间无有序组织，原本人头攒动的积极空间变成了消极空间。许多的对策被提出，诸如恢复被填埋的水体，步行友好街区，贯通公共空间等，目的都是促进城市的活力。城市活力涵盖社会活力、经济活力和文化活力等方面。其中社会活力是城市活力的核心，主要表现为激发人的活动和建构良好的社会关系；经济活力是基础和驱动力；文化活力使城市可读、易识别和被认同，三者相互影响，协同促进城市的活力（图 7-2）。

7.1.3　城市特色激发城市活力

城市最具活力的地方也往往是城市最具特色的地方，因此城市活力根植于城市特色，城市特色激发城市活力。

　　成功的活力空间往往具有特色的视觉景观和较强的空间识别性，常常成为当地著名的旅游景点。例如，悉尼歌剧院是城市最著名的景点，这里每日都有许多观光客慕名而来，是充满活力的地方。它由几个贝壳组成低矮的建筑，却成为悉尼的地标，这有别于许多城市以单个高楼或一组高楼形成城市标志物，因此留给人们最深的印象（图7-3）。

　　一个城市或区域有了特色，也会吸引众多游客和市民到此，从而激发活力。如毕尔巴鄂是一个西班牙不起眼的小城市，很多人原本并不知道。但是当弗兰克·盖里（Frank Gehry）设计的古根海姆美术馆建造起来以后，许多人都来拜访此地。且不说这个建筑庞大的尺度似乎有些与这个传统城市的小尺度格格不入，也不论建筑自身内部空间有些许浪费，但它确实是独一无二的，被大众接受的东西有它存在的价值，独有的特点，这也是许多人慕名而来的原因（图7-4）。

图7-3　具有特色视觉吸引力的悉尼歌剧院

图7-4　独一无二的古根海姆美术馆

7.2　城市特色源自城市资源

　　城市特色不可能凭空而来，它需要有所依托，也即城市最本质和最基础的东西，包括历史、交通、生态和文化等城市资源。

　　历史遗存比较容易体现城市特色，在很大程度上展现了城市的历史发展进程，是一个城市的本质特色所在；火车、地铁、轻轨等交通方式是城市发展到一定阶段才产生的，它们是城市形态产生变化的影响因素，也是重塑城市形态特色的契机；河流、山脉等属于自然生态资源，每个城市的山水都有不同的特质，成为城市特色的依托；文化传承伴随着城市发展的历程，经多年积淀和演进而极富个性与魅力，也赋予了城市别样的韵味。挖掘这些资源的特点，创造与其他城市不同的景观，就可能产生城市特色。

7.2.1　历史遗存资源

　　莫里斯·哈布瓦赫（Maurice Halbwachs）的"集体记忆"（Collective Memory）理论对我们理解历史遗存具有一定的帮助，它强调记忆的公众性，指出历史记忆必须依赖某种集体处所和公众论坛，通过人与人之间的相互接触才能得以保存。要让历史遗存展现魅力，需要创造一处能观瞻、体验历史遗存的场所，引发当代市民的思索、记忆和共鸣，成为阿尔多·罗西（Aldo Rossi）所说的"集体记忆的场所"。

　　在费城的富兰克林故居遗址，有一个白色的钢制框架，勾勒出了美国开国功勋和避雷针的发明者本杰明·富兰克林（Benjamin Franklin）宅邸原址的轮廓。这座建筑在一场大火中全部毁坏。为了保持其最原始的状态，便

图 7-5　本杰明·富兰克林博物馆

图 7-6　重建后的一号楼与保留的深坑

改造前

改造后

图 7-7　巴黎奥赛火车站改造前后

搭建了这个框架，庭院里还有一座地下博物馆，展示富兰克林生平的一些文献资料和发明创造。这里通过历史建筑框架的勾勒，创造了集体观瞻、体验的场所核心（图 7-5）。纽约世界贸易中心在"9·11 恐怖袭击事件"中最高的双子塔被炸毁，留下了两个巨大的坑。重建时将最高的一号楼（自由塔）建在边上，而保留深坑，下设纪念馆，四周巨型瀑布倾入坑底（图 7-6）。现在，众多慕名而来的游客汇聚于此悼念亡者，铭记历史。

7.2.2　交通枢纽资源

交通枢纽资源为城市带来了利，也带来弊。

一方面，交通枢纽带来人流与活力。以公共交通导向的发展模式（TOD）提倡在实施前考虑交通枢纽如何与周边环境协调，如何与周边要素整合，发挥该枢纽最高的效益，同时也给地区带来尽可能大的活力。因此，地铁、轻轨等交通资源都应在城市设计阶段与周边环境一起作重点考虑。

另一方面，铁路对城市的束缚与割裂越来越严重，破坏了城市空间格局的完整性。但是，铁路站点在城市扩张后由城市边缘演变为城市中心，依照韦恩·奥图（Wayne Attoe）和多恩·洛根（Donn Logan）的"城市触媒"理论（Urban Catalyst），可以结合所在地区的战略更新，对其进行重新定位和功能更替，并激发周边地区的发展潜能，从而形成一系列由内而外、开发带动更多开发的良性且具控制性的催化连锁反应。随着城市开发，许多铁路都失却了原本的功能，因此重新定位与功能置换可以为地区和城市带来新的契机。被改为公共市场的奥利斯特拉斯堡帝国车站，被改为超市的英国巴斯绿色公园车站，被改为美术馆的巴黎奥塞车站（图 7-7）等都是城市的触媒。

7.2.3　自然生态资源

河流、山脉、湿地、森林等自然形成的生态资源伴随了城市的发展，在城市的扩张与开发中逐渐被吞噬，显得弥足珍贵。如上海原本是个多河道城市，但是填河筑路使得许多河道不复存在，仅在"陆家浜"和"肇家浜"等路名中依稀尚存河流的记忆。

由于这些生态资源是自然形成的，因此在不同城市呈现不同的特征，是城市特色最本真的依托。以河流特征为例，威尼斯是水网型城市，佛罗伦萨是单一河道型城市；上海和杭州都有两个主要水体，但前者以黄浦江、苏州河两条主要河流的交汇形成城市自然骨架，后者是一江（钱塘江）、一湖（西湖）构筑主导水域空间；伦敦与巴黎各有一条世界知名的河流，但前者的泰晤士河为多弯型河道，后者的塞纳河则变化略少。岸线形态的不同也为城市形态特色塑造带来可能。凸岸线围成的陆地呈半岛状，城市形态往往具有向心感，纽约曼哈顿南部为凸岸，使此处的建筑物存在几分向心的凝聚感（图7-8）；伦敦泰晤士河岸线的凹入，使圣保罗大教堂成为两侧河面视线的端景，控制着整个地区的形态。

7.2.4　文化传承资源

文化传承包括有形的，也包括无形的。日本最早提出了"无形文化遗产"这一概念，即"无形文化财"（むけいぶんかざい）。

有形的文化传承是可以直接看到的能够固化的人类财富，如建筑物、绘画、雕塑、峡谷、海滨、山岳等，其中艺术价值或观赏价值较高者；或者动植物栖息地、地质矿物等，其中学术价值较高者。如梵蒂冈，一个因宗教而生的国家，它的建筑、雕塑，甚至国徽、国旗、国歌等都与天主教紧密相关，宗教特色渗透到了城市的每一个角落（图7-9）。

无形的文化传承是不能够固化的人类财富，诸如语言、戏剧、音乐、舞蹈、宗教、神话、礼仪、习惯、风俗、节庆、手工艺等。日本将有形文化遗产和无形文化遗产同时作为并列的保护对象，并最早以法律形式对"无形文化遗产"实行保护措施，由此推动了人类对文化遗产的认知和保护。

7.3　城市资源的组织方式

城市资源的组织方式多种多样，但基本有两个倾向，显或融、聚或散，不同的城市特征决定了相异的城市组织方式。

7.3.1　显与融

"显"是让特有资源独立于周边环境以凸显，"融"是将它们重组与环境融合。"显"或"融"要看资源的特点和所处的环境。譬如，雅典卫城被称为西方古典建筑最重要的纪念碑（图7-10），它不仅是城市，也是世界著名的历史资源、文化资源。由于它在世界建筑史上的重要作用，它的建筑遗产被原封不动地保留下来，周边开发受到严格的控制，这就属于第一种情况。再如，新加坡河克拉克码头（Clark Quay），沿河低矮的货栈、仓库和大量排屋被改造成餐厅、旅馆等，背后是现代化的高层，两者共同构成和谐的滨水立面（图7-11），这属于第二种情况。

7.3.2　聚和散

无论是凸显还是融合，最后的目标都是整体环境的和谐。对于一

图7-8　具有向心凝聚感的曼哈顿南部建筑群

图7-9　梵蒂冈国旗与国徽都与宗教有关

图7-10　雅典卫城

图7-11　新加坡克拉克码头滨水立面

个城市或区域来说，如果有一项资源独立于环境，与周边要素都不相融，即使这要素再美、再重要，城市或区域的整体格局被它破坏了，形就"散"了。因此，整体环境要追求"聚"，让各个要素，各类功能，各种资源和谐地共处。巴黎香榭丽舍大街规定所有的广告牌必须用白色的。麦当劳准备入驻，由于它是国际化企业，有统一的标识，不愿意将它固有的颜色改变。但是巴黎政府决定，不变色就让它走人。最后麦当劳屈服了，入乡随俗，在巴黎就改成白色（图7-12）。

7.4　利用城市资源创造特色

无论是显或融，聚或散，最重要的都是要利用资源来创造城市特色，既发挥资源的最大效益，城市也能获得独具一格的特色。

7.4.1　保护或复原历史印迹

除了列入名录的历史保护建筑以外，也需要重视那些未列入历史保护名录，但值得保护的历史建构筑物，城市设计需要对其甄别，有选择地加以保护、更新和利用。还有一些历史资源已经消失，有条件地对它们进行复原，也有助于场地特色的塑造。历史资源的保护并不等同于静态的保护，而可以通过新旧建构筑物在城市中的共生，让城市的过去和现在对话，让当代城市建构筑物成为过去与未来的中介，延续城市的生命力。

（1）保护利用

针对列入历史保护名录的建构筑物，根据保护级别的不同，可以采用原样保留，或是部分更新。前者如上海的英国领事馆，在外滩源城市设计中，它被原封不动地保留下来，以大面积的绿地作围合。后者如伦敦泰特美术馆，原来是一座气势宏大的发电厂，高耸入云的大烟囱是它的标志。瑞士建筑师赫尔佐格和德梅隆（Jacqes Herzog & Pierre de Meuron）对它进行保护与更新利用，成为伦敦最受欢迎的美术馆之一：将巨大的涡轮车间改造成既可举行小型聚会、摆放艺术品，又具有主要通道和集散地功能的大厅，观众从这里乘扶梯上楼；主楼顶部加盖两层高的玻璃盒子，不仅为美术馆提供充足的自然光线，还为观众提供罗曼蒂克的咖啡座，人们在这里边喝咖啡边俯瞰伦敦城，欣赏泰晤士美景；在巨大烟囱的顶部，加盖了一个由半透明的薄板制成的顶，因为由瑞士政府出资，所以命名为"瑞士之光"。但是从外观来看，它依然是发电厂的样貌（图7-13）。

针对未列入历史保护名录，但经考察而值得保护的历史建构筑物，也要有条件地进行保护。城市设计在梳理、鉴别和保护利用方面要发挥

图7-12　巴黎香榭丽舍大街上的白色麦当劳

图7-13　伦敦泰特美术馆室内外照片

更为积极的作用。在上海虹口区南片区城市设计中，前期调研时发现了一座独特的里弄建筑，采用了不同于同类建筑的框架结构，这种形制在当地并不多见，通过与当地老住户深入访谈，获知这是日本侵略时建造的医院，后来被改造为居民楼，但是并不在历史保护名录中。从其历史价值和结构形制来看，具有较高的保护价值。城市设计结合其特殊的结构改造为创意产业与旅馆，发挥其潜在的价值。

（2）复原利用

有人认为重建的"假古董"不仅是毫无历史文化价值的赝品，而且破坏了历史的真实性，那么老城的保护与复兴到底需不需要重建古迹？北京古代建筑研究所原所长王世仁先生的观点是："保护"的主要对象是现有的历史建筑、历史街区和历史景观等实物遗存；而"复兴"则重在体现历史载体、历史信息和历史风貌。因此，古城的"复兴"离不开古迹重建。从 1989 年重建地坛西门"广厚街"牌坊，到 2004 年永定门城楼原址复建、2007 年正阳门外五牌楼原址重建，再到香山寺景区复建开放（图 7-14~图 7-17），北京近 30 年来陆续恢复或重建了很多历史景观，让古都的历史文化延续。日本追求"真实性"（Authenticity）是"最原始"的状态，不仅对现存古迹经常解体重构，拆去后代增加和改建的部分，恢复到初建时的状态，而且还要找到原始遗址，把消失了上千年的建筑重建起来。古都奈良的皇城朱雀门、东宫花园、药师寺（图 7-18~图 7-20）等都是如此。

图 7-14　重建的地坛西门广厚街牌坊

图 7-15　原址复建的永定门城楼

图 7-18　奈良皇城朱雀门

图 7-16　原址重建的五牌楼

图 7-17　复建开放的香山寺景区

图 7-19　奈良东宫花园

图 7-20　奈良药师寺

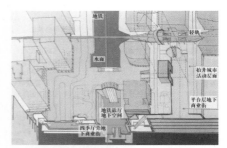

图 7-21　伦敦金丝雀码头

图 7-22　伦敦金丝雀码头 crossrail 站

图 7-23　纽约哈德逊城市广场

7.4.2　优化或整合交通资源

铁路、轻轨、地铁对城市的完整形态造成割裂，但也是重塑城市形态特色的契机。交通线路的优化、交通站点的整合都是可能的方式。

（1）站点整合

以公共交通为导向的发展（TOD，即 Transit-Oriented Development），指围绕城市公共交通节点组织社区，并以适宜的步行距离为尺度来控制社区的规模[1]。近年来，借由城市设计对交通资源进行整合和利用愈发受到重视。

[案例] 金丝雀码头城市设计重点梳理了地铁和轻轨站点城市要素，将其作为核心，与其他要素进行整合（图 7-21）。轻轨位于基地中央的 Cabot 广场，借由站点为中心，解决城市汽车交通和轻轨的换乘；地铁站点位于基地东南侧的 Jubilee 广场，以其为中心，解决地铁、汽车交通的换乘。两个交通站点间通过地下步行商业街和地面步行交通相联系，形成立体组织的四个城市基面，由下至上分别为地铁站台层，用来承接和输送大量来自地铁的人流；地铁站厅层，借助地下商业组织商业活动网络；地面层，为主要的公共活动基面，包括二层平台下的商业设施；地面二层，将城市公共空间与轻轨站厅公共区域结合起来。在福斯特事务所最新设计的金丝雀码头另一个站点中，仍然采用了立体整合模式，地下层由下至上分别为地铁站台层、站厅层、两层地下商业层，地上第一层为商业、第二层为办公，最上层为室内植物园（图 7-22）。

（2）站场利用

由于铁轨上方空权属于铁道部门，因此对铁轨上方空间的利用不多。但是，纽约哈德逊城市广场项目在编组站上方架设了一块当属现代工程奇迹的巨大的平台，许多摩登大楼耸立其上，包括纽约最高的户外观景台，美国精品品牌蔻驰、法国欧莱雅、德国软件公司 SAP 等集团总部，以及高端住宅公寓、五星级酒店、室内购物商场、公园、学校、文艺中心、空中步道等功能性配套建设。建成之后，这块占地 10.5ha 的用地将成为纽约市的新地标（图 7-23）。

7.4.3　整合或复原生态资源

生态城市的建设使得生态资源受到越来越多的重视，而高密度开发又为保有生态用地造成了限制，立体、复合的城市设计整合可能使两者都发挥最大的效益。而城市的快速扩张可能使得一些生态资源被铲除，有条件的情况下将它们复原，改善环境，也可加强历史印记。

（1）整合利用

绿线、蓝线、红线等控制线限定了"蓝绿"资源和可开发土地，当面对高密度城市发展需要，传统的规划控制方法可以适当突破，通过立体化的城市设计在同一街坊或地块中将绿化、建筑、交通设施等加以整合，可以兼顾生态资源的挖掘、修复以及开发建设的需求，获得高效、紧凑、有品质的建成环境。

[案例]上海静安寺广场原为有成行参天悬铃古木的静安公园，紧邻有1700年历史的静安寺，地铁2号线和6号线由东西和南北从中心穿过。城市设计以生态、高效、立体组织导向，综合考虑城市公共空间、城市绿地和房地产开发诸方面的需求，将静安公园改为开放型的城市绿地，堆土成丘，一直延伸到新开发的商场的屋顶上，形成地形起伏的绿地。并在南京路一侧设置下沉广场（图7-24），联结地铁入口、绿化下的商场，并提供观演场地。通过城市设计，既解决了交通转换，也提供了商业服务，并为城市中心保留了一块自然生态绿地。

图7-24　静安寺广场实景

（2）复原利用

历史河道是城市生态格局、历史特性的重要组成，但有些却在填河筑路的过程中被掩埋，城市也因此失却了原有的水系特点。恢复河道、重现生态格局是国外一些滨河城市关注的议题。

[案例1]韩国首尔恢复清溪川是《汉城展望2006》[2]的首选项目（图7-25）。1950年代，随着快速城市发展，这条河上覆道路改为暗渠，水质恶劣。1970年代，清溪川上又架起了高架。2003年7月起，清溪川修复工程开始了，拆除高架，重新挖掘河道，并从各地征集或兴建了多座特色桥梁（图7-26），其中广通桥是复原的，旧桥墩混合到复原桥梁中。上述措施提升了历史文化氛围，也恢复了地区的经济活力和良好环境。

更新前

更新后

图7-25　首尔清溪川改造前后对比

[案例2]杭州塘栖是一个典型的水乡古镇，两岸檐廊联通，廊桥跨河，行人风雨无阻走至各处，但是随着城市的开发，许多古河道被填造路，环境破坏。在城市设计中，恢复了市河等重要河道，重新架构起廊桥串联两岸檐廊的步行系统（图7-27）。

7.4.4　挖掘和利用文化资源

在城市设计中，对有形的文化传承，如建筑物、雕塑、山海地形等常常较为重视，把它们组织到整个空间中去，而无形的文化传承相对来讲较难被利用，或者缺少结合的手段，它们更要被挖潜，并用合理的方式进行呈现。

图7-26　首尔清溪川的发展

（1）融合有形文化

有形文化实际存在，人们可以通过亲身接触感知到它们的文化价值。例如，巴黎左岸有许多艺术家曾经光顾的咖啡店、餐厅。历经上百年，这里有沙特和西蒙波娃酝酿存在主义，有达·芬奇品味蒙娜丽莎的微笑，

图7-27　杭州塘栖廊桥串联两岸檐廊的步行系统

图 7-28 巴黎左岸的咖啡店和餐厅

图 7-29 威尼斯里阿尔托桥外观及街景

图 7-30 布尔泰尼桥外观及街景

图 7-31 桥梁与居住：阿姆斯特丹的可居住桥梁

有雪莱在诗歌中畅想爱情；有伏尔泰列出法国王室不合理的理由。它们已经超越了建筑本身，进化为形而上的文化意识，成为附属于咖啡馆和餐厅等实际建筑空间的有形文化。现在，许多文艺青年都会到这里瞻仰偶像，或许能坐一下沙特、雪莱等人当年坐过的椅子（图 7-28）。

（2）彰显无形文化

无形文化有些是口传，有些只存在于记载中，很难被感知，如何彰显是要解决的问题。在大姚重点地段城市设计中，前期访谈了解到当地著名的"梅葛"被列入中国第二批国家级非物质文化遗产目录。"梅葛"一词是彝语的音译，本是一种曲调的名称，史诗用梅葛调演唱，因以得名。现在，梅葛是彝族民间歌舞和民间口头文学的总称，被视为彝家的"根谱"、彝族的"百科全书"、长篇叙事史诗。城市设计希望把这种无形的文化资源反映到方案中去，结合当地传统院落形制，将梅葛与传统舞蹈结合起来，为游客提供"听葛载舞"的空间。

7.4.5 多样资源的整合利用

当多种资源汇聚于一个场地，既有冲突和矛盾，也有互利和互助，城市设计的整合作用可以促使各种资源均发挥更大的效益。其中可能有一种资源是造成矛盾的焦点，这是需要整合的关键。例如，铁路虽然是交通资源，但是易于将城市分隔，将其他资源融洽的关系割裂，如果利用铁路与其他城市资源的整合，缝合铁轨两侧的区域，可以提升城市的活力。

（1）节点空间整合

桥梁作为水上空间节点，曾经是水体、交通、文化、历史等各种资源整合的载体，在中世纪的欧洲被称为"栖居式桥梁"，现在还有大量留存。由于古代水运的重要性，河流及两岸往往是城市活动的中心，桥梁也成为集市、商贸中心。威尼斯的里阿尔托桥（Rialto Bridge）从外侧来看是一座典型的桥梁，但内部却是一条商业街，布满了金店，人们过河的路程也是一段商业购物的历程。由于它位于威尼斯大运河的转弯处，具有欣赏运河和整个水城的最佳视点，因此设计者安东尼奥·达朋特（Antonio da Ponte）有意在两侧近水处布置了阶梯式的人行道连接跨河两岸，使其更好地成为都市风景中重要的观赏点（图 7-29）。由罗伯特·亚当（Robert Adam）设计的布尔泰尼桥（Pulteney Bridge）也是对节点空间的整合，考虑到它与市镇最主要的商业街大布尔泰尼街相衔接，桥的内侧布置了两排共计 11 家店铺，还有两家顶层店铺设在街道的两侧。从桥的一端走过去，是连续和谐的商业店面，使人在不经意间已跨越了河流（图 7-30）。而到了现代，又发展出了结合居住行为（图 7-31）或是休闲

图 7-33 东京惠比寿广场空间结构

图 7-32 桥梁与休闲：天津慈海桥

娱乐行为（图 7-32）的桥梁。

（2）片状区域整合

东京惠比寿广场在一个场地内将历史、文化和交通等资源组合成整体，基地位于有 100 多年历史的札幌啤酒厂旧址，总占地面积 8.2ha，由两部分组成，被一条 15m 宽的机动车道路隔开。北块围绕广场布置，包括商业、艺术展览馆、电影院、啤酒厂博物馆、办公楼和啤酒厂本部等；南块安排了一幢宾馆和两幢住宅。通过下沉广场使南北两片区从地下被整合成一体。核心下沉广场被玻璃拱顶覆盖，提高了全天候各种活动的机会，入口处保留了啤酒厂的历史建筑成为广场上的标志，强化了环境特色和场所识别性。为了获得良好的可达性，专门设置了一条地下自动步道与地铁站连接。该项目建成后三天内就吸引了 40 万顾客到访（图 7-33）。

（3）立体空间整合

现代城市向高密度、集约化城市发展，土地稀缺，资源的三维立体整合，有助于缓解问题。

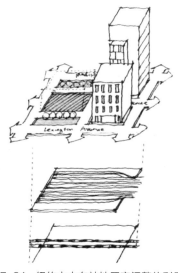

图 7-34 纽约中央车站地区空间整体利用示意图

[案例] 纽约中央车站地区更新（Grand Central Terminal Area）是将各种资源在竖向空间立体配置的典范。它横跨十余个街区，涉及到了 67 条轨道（上层 41 条，下层 26 条），通过城市设计把轨道与其他要素平衡共处于场地内（图 7-34、图 7-35）。中央车站每日通勤人次达到 12.5 万人，超过70 万人进出，十分繁忙。早在 1899 年这个地区就已经进行改造，但拥挤和安全并未得到缓解，列车的烟尘对于人口稠密的城市中心来说仍是巨大的污染源。20 世纪初，项目的首席工程师威廉·威尔格斯（William Wilgus）将铁路轨道下沉至地下，为建筑的开发提供足够的空间。铁路轨道的下挖

图 7-35 纽约中央车站地区更新前后

深度达到了 90 英尺（约 27.43m），分两层站台，上层长途快车，下层城郊列车。项目采用钢框架结构将地面抬起，铁路轨道的上部根据框架结构的划分，建设高密度街区以及车站。轨道上方的街区被称为城市终点，包括办公、公寓、酒店等功能，由于政策的支持，开发容积率高达 10～21[3]。人们在地面无法感知到下部的铁路轨道区域空间。

7.5 创造吸引人的地方

城市的本质特征是人的集聚。因此，从人的角度出发，依据人的行为，创造吸引人的节点空间和特色区域，有助于提升社会活力，并最终达到提升城市活力的目标。

7.5.1 独有元素

图 7-36 伦敦金丝雀码头广场上的钟表矩阵

有些场所具有非常特别的资源，它们仅在这个场所能看到，而在其他场所不能看到或很少看到，因此属于该场所独有的资源。当人们经过这个场所，容易被这种独有的资源吸引，往往会留下深深的印象。伦敦金丝雀码头（Canary Wharf）的广场上排列着钟表矩阵（图 7-36），这可能源自其和本初子午线近邻的原因。可是，它也起到了另外的作用，当周围高层办公楼的雇员从钟表中穿越，仿如收到了催促它们上班的讯号，便会加快步伐。钟表矩阵这一独有的元素也给游客留下了抹不去的记忆。

7.5.2 独特环境

图 7-37 纽约佩雷公园

绝大多数场所并不具有独有的资源，只具备与其他场所相似的资源，但也可以通过普通资源创造的独有的环境来吸引人。纽约佩雷公园（Paley Park）位于一条不起眼的街道上，占地仅 1/9 英亩（约 450m²），但是每当人们途经此地，总会有惊鸿一瞥的体验。佩雷公园吸引人的主要原因就是它的瀑布。瀑布在其他场所也能看到，但这个公园以瀑布墙为背景，营造了相对"静谧"的氛围（图 7-37）。其实，瀑布墙的流水声带来的音量高达 75 分贝，甚至高于近旁车水马龙的街道声音，但正是这哗哗的瀑布声掩盖了街道噪音，在嘈杂的闹市区带给人心灵上的"宁静"。

7.5.3 元素的特殊组合方式

图 7-38 加拿大 BCE 大楼中庭

两个或多个普通资源的新颖组合方式也可能给人留下深刻印象。包括历史资源与生态资源、交通资源与历史资源、现代资源与传统资源的结合等。加拿大 BCE 大楼有一个特别的中庭（图 7-38），由著名建筑师圣地亚哥·卡拉特拉瓦（Santiago Calatrava）设计，整个中庭由玻璃和钢组成，高 24m，宽 14m，长 110m。它的特别之处在于将 12 座历史建筑嵌入这一巨型结构，通过新构筑与老建筑的对比，现代资源与传统资源的交织来显现新旧结合的完美。

7.5.4　特色活力区

"特色活力区"（Distinctive Active Zone）注重在较大尺度的城市区域内发现那些具有独特空间环境资源和发展潜力的地段，以城市设计为主要手段来构筑激发城市活力的关键切入点，并通过一个或者诸个特色活力区的激发，带动更大范围的城市发展。"特色活力区"是城市中的活力单元，也是城市形态结构的有机组成部分，它需具备几个特点：要素紧凑而集聚、慢行可达且友好、公共空间为骨架，环境良好有特色。要素紧凑集聚为功能空间交混创造了可能，为区域内活动多样性提供支持；慢行可达可以实现区域内外的有序流动，方便有效地引入人流，这是集聚人的基础，也是区域活力的动力源；慢行友好是指区域内以慢行，特别是步行为主要联系方式，并形成慢行网络，有助于提升城市活力；公共空间是整合城市要素、组织区域功能、承载慢行系统、提供活动空间的积极媒介，是城市活力发生的载体；特色环境是提高区域竞争力的重要条件，也是提高城市文化活力的有效手段。

[案例] 纽约曼哈顿巴特利公园城（Battery Park City）和周边区域有良好的慢行衔接，也有顺畅舒适的慢行环境。一方面，纽约市为曼哈顿规划了专门针对滨水区的慢行系统——"绿道"（Greenway），一条全长 51km 的滨水自行车及步行道路，它穿越了巴特利，确保了平行水体方向慢行活动的连续性（图 7-39）；又通过多条东西向步行连廊和南北向公共通廊，将内城的主要广场、绿地、重要历史景点等和临滨水一侧的南街港（South Street Seaport）、炮台公园（Battery Park）等公共空间连接起来，使得从内城的重要节点都可便捷地到达水滨，滨水区人流也可到达内城节点，保障了垂直水体方向慢行活动的连续性[4]（图 7-40）。另一方面，公园城内的机动车道路主要分布在临水第一层街区之外，向临水一侧延伸多条垂直于水岸的尽端路，在保证良好机动交通可达性的前提下，减少了机动交通对滨水慢行活动的影响；尽端路通过公共开放空间自然过渡到滨水区，如自由街经由泵房公园（Pumphouse Park），奥尔巴尼街通过奥尔巴尼广场（Albany Plaza），雷克多街穿过雷克多公园（Rector Park）到达水滨，使得机动车和慢行的转换更加自然顺畅（图 7-41）。公园城内，各种要素包括建筑、广场、堤岸、绿化、道路等通过多种方式

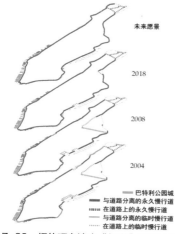

图 7-39　纽约环岛滨水"绿道"建设计划

图 7-40　纽约连接内城和滨水的公共空间轴线

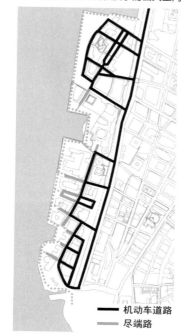

图 7-41　纽约巴特利公园城道路组织

组织在一起，创造了宜人而各异的空间，从早至晚都吸引着大量人群驻足于此。

注释

[1] 1993 年，彼得·卡尔索尔普在其所著的《下一代美国大都市地区：生态、社区和美国之梦》（The American Metropolis–Ecology，Community，and the American Dream）一书中提出了以 TOD 替代郊区蔓延的发展模式，并为基于 TOD 策略的各种城市土地利用制订了一套详尽而具体的准则。

[2]《汉城展望 2006（市政四年计划）》由汉城市政府于 2002 年 7 月颁布。

[3] 数据来源：Grand Central Subdistrict[R]. Department of City Planning New York City，1991。

[4] 参见 New York City planning Commission. Principles for the Rebuilding of Lower Manhattan [R]，2002。

思考题

1. 城市特色与城市活力有怎样的关系？
2. 什么样的城市特色有助于激发城市活力？

延伸阅读书单

1. 卢济威，王一. 特色活力区建设——城市更新的一个重要策略 [J]. 城市规划学刊，2016（11）：101-108.
2. [美]杰夫·斯佩克. 适宜步行的城市—营造充满活力的市中心拯救美国 [M]. 欧阳南江，陈明辉，范源萌 译. 北京：中国建筑工业出版社，2016.
3. 董贺轩. 城市立体化设计：基于多层次城市基面的空间结构 [M]. 南京：东南大学出版社，2011.
4. 蒋涤非. 城市形态活力论 [M]. 南京：东南大学出版社，2007.
5. 沈磊，孙洪刚. 效率与活力：现代城市街道结构 [M]. 北京：中国建筑工业出版社，2007.
6. [法]莫里斯·哈布瓦赫. 论集体记忆 [M]. 毕然，郭金华 译. 上海：上海人民出版社，2002.

参考文献

1. 王淼. 盲目性加深中国城市特色危机 [N]. 中国改革报，2007.8.10.
2. 卢济威，王一. 特色活力区建设——城市更新的一个重要策略 [J]. 城市规划学刊，2016（11）：101-108.
3. [法]莫里斯·哈布瓦赫. 论集体记忆 [M]. 毕然，郭金华 译. 上海：上海人民出版社，2002.
4. 蒋涤非. 城市形态活力论 [M]. 南京：东南大学出版社，2007.
5. [美]韦恩·奥图，多恩·洛根. 美国都市建筑——城市设计的触媒 [M]. 王劭方

译. 台北：创新出版社，1994.

6. 潘维怡. 从割裂城市到创造沟通——以城市设计角度浅析铁路站房更新模式演化 [J]. 华中建筑：2010（4）：89-92.

7. 陶立璠，樱井龙彦. 非物质文化遗产学论集 [M]. 北京：学苑出版社，2006.

8. 王世仁. 古都"复兴"离不开古迹重建 [N]. 北京晚报，2018.1.16.

9. 卢济威，顾如珍，孙光临，张斌. 城市中心的生态、高效、立体公共空间——上海静安寺广场 [J]. 时代建筑，2000（3）：58-61.

10. 杨春侠. 桥梁与建筑的结合——"栖居式桥梁"的历史发展和特征研究 [J]. 重庆交通大学学报（自然科学版），2008（12）：1037-1041.

11. 殷悦. 城市中心区铁路轨道区域空间整体利用的模式研究 [D]. 同济大学硕士学位论文，2017.

12. 王一，卢济威. 城市更新与特色活力区建构——以上海北外滩地区城市设计研究为例 [J]. 新建筑，2016（1）：37-41.

08 过程和成果

8.1　特征和过程

8.1.1　城市设计特征：间接/动态/综合

城市设计不同于产品型的终极设计，即并非通过设计活动本身直接产生作用效果，而是通过媒介语言传递给下一步的设计活动产生作用的。比如，总体层面的城市设计构想要通过局部地区的城市设计和详细规划延续下去，局部地区的城市设计构思则是通过后续的建筑设计、景观设计、市政工程设计等来体现的。因此，城市设计的实践特征具有**作用的间接性**（图 8-1），也就是一种"对设计的设计"。而贯穿这个城市设计实践过程的"设计导则"和特定的"公共政策"乃至"实施策略"就是媒介，言简意赅、形象易懂的形式让决策者、市民和开发商以及设计师们能充分理解设计意图和决策参与。

城市设计是一个长期的连续的实践过程，一方面依靠设计导出的指导纲要等指导实践；另一方面，受到来自公共投资和私人投资两方面的作用，与单一而明确的投资主体项目相比，许多潜在的未知的市场因素和行政因素会持续地左右设计走向，这种实践过程的不确定性需要城市设计具有某种灵活性和原则性结合的核心结构。乔纳森·巴奈特（J. Barnett）称之为："日常的决策过程，才是城市设计真正的媒介"[1]，充分反映出长期大量的**动态持续**工作所起的巨大作用。

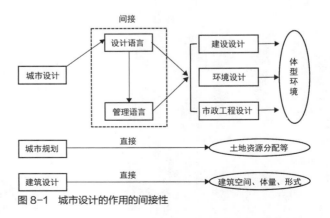

图 8-1　城市设计的作用的间接性

图 8-2 上海浦东陆家嘴中心区城市设计方案演变

同时，城市设计活动在对城市形态环境的综合设计并形成政策、规则等管理语言去影响实施的作用过程中，往往受到权力、市场、社会、技术等多种因素的影响，在实质上涉及多元利益方，只有综合协调各利益群体的关系，才能有效地实现城市设计的美好愿望，这种互动关系使城市设计需要具备综合性的实践特点，即在一般情况下，城市设计往往成为一种折中的讲求**综合效益**的实践活动，而较少是单纯专业技术和形态领域的产物。图 8-2、图 8-3 展示了上海浦东陆家嘴金融贸易中心区的城市设计方案和实施的演变过程。

可见，城市设计是在城市发展中控制和指导形态环境而不致偏离特定目标的过程，具有**间接作用、动态连续和综合效益**三个实践特点，在设计中需要考虑：

- 建议的业态有弹性变化可能和灵活的适应性；
- 综合考虑涉及方的利益和损害，而不是设计师的主观意愿；
- 设计要明确可变的部分和不可变的部分，特别是留给未来城市发展的弹性；
- 把公共空间和实体形态设想转译成导则，并通过后续工程设计丰富城市的多样性。

8.1.2 城市设计过程

城市设计过程可以分为（1）项目开始、（2）理解环境、（3）设计编制和（4）推进实施四个阶段，每个阶段中设计团队的工作可分化与外部（业主等）共同完成、团队内部完成、工作成果。（见表 8-1 三项分栏）。同时城市设计工作与城市规划和项目设计的界面常常是交错的，有互相叠合部分（见图 8-4）。

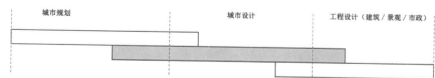

图 8-4 城市设计与城市规划和工程设计的关系

图 8-3 上海浦东陆家嘴中心区城市形态演变过程

表 8-1　城市设计过程

阶段		成果
1．项目开始		**成果**
• 确定项目范围 • 理解核心客户的目标 • 编制项目建议书 • 制定策略纲要	• 组织一个多专业的团队 • 明确项目职权方位、责任和权限 • 确定整体目标、工作范畴和要交付的成果 • 明确预算和资金来源 • 准备社区参与工作	• 项目概要 • 项目工作计划 • 初步设计理念
业主审查和签署同意		
2．理解环境		**成果**
• 核对现有的数据和信息 • 进行基地分析和环境评估 　－ 基地资源评估 　－ 特色评估 　－ 环境和景观评估 　－ 交通分析 　－ 市场供给分析 　－ 工程可行性评估 • 会见相关利益者，征询市民意见和建议 • 听取政府公共服务部门的意见和建议 • 筛选提取信息	• 准备 SWOT 分析（资源 / 问题 / 机会 / 威胁） • 进行"情境规划"或举办设计研讨工作营 • 设定设计原则和目标 • 商定总体"愿景"（Vision）和初步概念	• 项目分析和定位报告 • 设计原则、目标 • 愿景和初步概念
业主审查和签署同意		
3．设计编制		**成果**
• 确认评估标准 • 确认基本情况 • 确定首选方案 • 向业主和利益方陈诉设计原理和取向	• 将提出的城市形态、功能、交通和发展时序提炼形成纲领 • 提出业态规划和城市设计愿景 • 制定三维的城市设计方案，提出体系和节点设计 • 进行环境、社区、交通和财务等方面的影响评估 • 准备城市设计导则 • 项目审查	• 城市设计草案 • 城市设计正式方案 • 初步的实施纲要 • 影响评估
业主审查和签署同意		
4．推进实施		**成果**
• 确定实施优先次序（短期 / 中期 / 长期） • 确认行动计划和程序 • 正式批复城市设计 / 实施纲要 • 推动 / 宣传方案 • 保持社区和利益人的跟进参与 • 激发媒体的兴趣	• 推进方案完善和细化 • 编制城市设计实施导则（指导纲要） • 编制特别的公共政策 • 推进总城市设计师制度，将设计审核机制正式化 • 依据设计目标和实施导则，监督项目逐步实施 • 商讨局部调整的程序	• 分期实施计划 • 设计导则 • 实施策略 • 公共政策（如有需要）

8.2 类型和特点

8.2.1 总体城市设计和局部城市设计

城市设计工作分为总体和局部两个尺度层次（图8-5），由于这两个阶段中设计对象、内容和深度以及实施的方式等方面均有所不同，因而其成果表达亦有所差别。

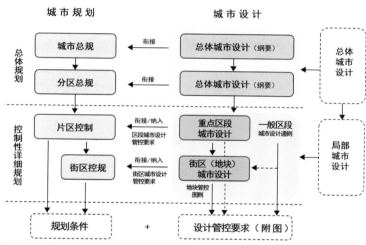

图8-5 我国的城市规划体系与城市设计的关系

总体城市设计主要研究的是以城市的发展意象、整体格局为主的宏观问题，研究的深度是以各城市系统如山水格局、蓝绿开放空间、城市景观等的框架性和原则性内容为主，并且要伴随总体规划通过指导下一步片区详细规划和局部城市设计而完成的，因而，总体城市设计往往是以文字描述为主，图示为辅助的表达方式，这种成果是概念性、原则性和框架性的，不涉及具体形态。总体城市设计的成果一般与总体规划一样，在获批准后即具有法定时效性，也可以转化为不同体系的地方政策、法规等形式而具有独立的法律作用。

在局部城市设计中，虽然包含重要区段和街区（地块）两个层面的研究工作，但这一阶段的城市设计主要研究景观与环境，开放空间与实体建筑（群）的形态，寻求城市开发与保护的方法，建立合理、健康的运动体系和活动场所等内容，它所涉及的不仅仅是小范围的体系框架，更多的是对整体形态环境乃至具体的场所营造进行指导和控制。局部城市设计的实施则要通过大量的具体建设活动的指导而实现，因而其成果不仅是具体而现实的，同时也要应对城市发展变化而有所调整适应。基于这种要求，局部城市设计往往是以图纸和文字描述并重，既有整体性的、相对抽象的控制框架和结构，也涉及特定的具体形式和要求。局部城市设计可以

图 8-6　日本东京二子玉川　　　图 8-7　英国伦敦金丝雀码头区

通过地方立法确认其作为法定文件的方式获得法律效力，但它的真正施行要通过指导和约束各类具体建设活动来实现，因此，需要依据局部城市设计编制**指导纲要、设计政策、特别规定以及地块更新或开发要求。**

8.2.2　城市设计类型及其特点

城市设计在实践中主要体现为开发新建型、保护更新型和居住社区型三类（见 1.3），主要承担六大领域的研究和设计工作，包括：

（1）新城开发

对新建片区进行统一设计，通过公共空间和公共设施的组织，使片区获得与环境匹配的整体形象以及开发预期的市场价值。

[**案例 1**]日本东京二子玉川地区把轨道车站作为引导开发的关键要素，通过与车站联通的二层系统，串联了商业、办公和住宅街坊，形成了紧凑而高效的新城效应（图 8-6）。

[**案例 2**]英国伦敦的金丝雀码头区，从衰败的造船、仓储区，通过城市设计的立体空间塑造，将内外交通、高强度开发与公共空间及滨水生活综合起来，塑造了伦敦"水上华尔街"的整体形象，实现了高价值的投资回报（图 8-7）。

我国在近 50 年建设的上海陆家嘴地区、广州珠江新城、天津滨海新区、杭州钱江新城等都属于这一类项目（图 8-8 ~ 图 8-10）。

（2）旧城更新

旧城中的某些区域由于功能衰败、环境品质低下等原因，逐渐不适应城市发展需求了，需要通过植入新功能、提升环境等来获得地区的振兴。这类城市设计项目一方面要通过详细评估来挖掘旧城中的文化、历史要素等的既有价值，另一方面，也要从当下的城市诉求出发，通过引入新建筑、新功能等，使新旧元素成为一个整体而获得价值提升。

[**案例**]挪威奥斯陆的港口，作为城市边缘区的物流仓储码头功能区，随着城市扩展成为市中心区域，通过城市设计将破败的建筑和场地梳

图 8-8　广州珠江新城

图 8-9　天津滨海新区

图 8-10　杭州钱江新城

图 8-11　挪威奥斯陆的港口

图 8-12　广州恩宁路永庆坊

图 8-13　佛山岭南天地

图 8-14　成都"太古里"地区

后，保留了大量的仓库并改造成酒吧、博物馆、文化中心等功能，同时，植入绿色住宅、酒店等建筑并与老建筑围合出多个带有历史记忆的广场、河道、视觉通廊等场所，成为奥斯陆最有吸引力的旅游休闲时尚社交中心地（图 8-11）。

近 20 年来，我国在旧城更新中涌现了多个成功案例，如广州的恩宁路永庆坊、佛山的"岭南天地"、成都的"太古里"地区、上海的"外滩源"地区等（图 8-12～图 8-15）。

（3）城市综合体

综合开发是高效利用土地的常用方法，HOPSCA（酒店、办公、公园、商业、会展、公寓）常被认为是建筑综合体的六类主要功能；而城市综合体更强调城市要素的植入，以及对整个片区的城市价值。因此，城市综合体基于交通、生态、公共空间等内容，成为重点地区的主要城市设计领域。

[**案例 1**] 日本福冈的运河城（图 8-16）将地铁车站、运河等城市要素纳入该项目，形成了围绕"新运河"的功能集聚，包括百货、酒店、办公、零售、牙医诊所等，并塑造了吸引市民驻足的三大节点场所，融入了城市习俗、历史文化等内容。

[**案例 2**] 日本大阪的难波商业广场（图 8-17）则是避开了铁路线和城市高架道路带来的双重弊端，通过引入串联高铁车站和商业区的城市二层步行系统，主体串接了停车库、餐饮、零售、酒店、大学、住宅等多功能，形成了链接在城市步行网而不受外界干扰的"峡谷般的"商业街特别体验。

（4）大型居住社区

大型居住社区一直是城市设计的主要领域，主要关注建筑、街坊、街道和公共空间的整体营造，也关注作为使用者的市民人群的多样活动和需求。在这个领域，国内多年的实践积累了许多成功案例。

[**案例 1**] 上海松江的"泰晤士"小镇和安亭新镇，都是通过整体地关注公共空间和街坊的组合关系，营造了小城镇般的社区环境中步移景异的多样性视觉体验和活动场所，改变了以往由住宅单体组合形成的单调景观和忽略公共空间为核心组织形态的设计观念（图 8-18、图 8-19）。

图 8-15　上海"外滩源"地区

图 8-16　日本福冈运河城

图 8-17　日本大阪难波商业广场

图 8-18   上海泰晤士小镇

图 8-19   上海安亭新镇

图 8-20   伦敦巴比肯中心社区

图 8-21   上海外滩地区

图 8-22   巴塞罗那内港地区

图 8-23   中国天津五大道地区

图 8-24   北京"北京坊"街区

[案例2] 伦敦市中心的巴比肯中心社区，利用大尺度高层住宅的围合，限定了安静内向的邻里空间，并通过二层步行平台的建设，解决了机动交通与步行生活的交织矛盾，链接了艺术中心、教堂、女校等公共设施，成为闹中取静的伦敦最贵住宅区之一。然而，城市学者也对其超大街坊和内向道路所带来的渗透性差、与伦敦老城肌理所形成的反差等问题提出批评（图 8-20）。

（5）特殊价值地区

特殊价值地区是指拥有特别的自然、历史、文化等资源的局部城市片区（如车站地区、老城中心、特殊地形地貌地区等），往往需要进行城市设计研究，通过对常规的土地利用、交通组织以及人员密度和土地可开发强度等做出特别增减调整，来充分保护、挖掘和发挥该类资源的价值。

[案例] 上海外滩地区，中山东一路作为交通干道，阻隔了黄浦江滨水区的可达性，通过城市设计，将原有的 11 车道地面道路分解成过境的地下 6 车道（隧道）和到发的地面 4 车道及 2 个停车带，大大弱化了交通对行人阻隔作用；同时，借此拓宽了滨江步行区的面积，串联了外滩源、黄浦公园、陈毅广场、水文台等场所，提升了黄浦江滨水区的游憩价值和外滩历史建筑群的文化展示价值（图 8-21）。

国内外著名的案例还有西班牙巴塞罗那的内港地区、中国西安的钟鼓楼广场地区、天津的五大道地区、北京的北京坊街区等（图 8-22 ~ 图 8-24）。

（6）基础设施城市项目

近年来随着城市发展，基础设施的更新、改造、再利用也成为常态，所谓城市基础设施，不仅包括地面和地下道路、高架轨道和道路、地下铁路和地铁、车站、码头等交通基础设施，也包括水厂电厂、污水处理厂等市政基础设施。基础设施城市项目（Infrastructure-urbanism）正不断纳入城市设计领域形成新的实践焦点。

[案例] 纽约的高线公园的 1-2 期更新，利用了废弃的高架专线铁路，通过与周边的新老建筑结合，成为了纽约的时尚步行游憩区，在 3 期（哈

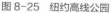
图 8-25　纽约高线公园

图 8-26　英国伦敦利物浦街车站地区

图 8-27　重庆沙坪坝车站地区

图 8-28　上海北外滩地区

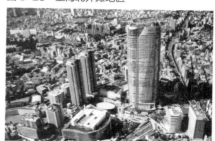
图 8-29　日本东京六本木山地区

图 8-30　西安钟鼓楼广场

图 8-31　中国上海文化广场地区（方案）

德逊铁路编组站）更新中，则是在保留现有火车编组站功能和维持运行基础上，上盖开发成为第二个"华尔街"金融中心（图 8-25）。

类似的案例还有美国波士顿大开挖计划、英国伦敦利物浦街车站地区、法国巴黎左岸计划等，我国近 30 年也开展了相关实践，例如，重庆沙坪坝车站街区、上海徐汇滨江地区等（图 8-26～图 8-28）。

从全球近 30 年的实践来看，城市设计需要面对政府以及包括开发商等在内的多个实施主体，由于不同的发展目标和建设周期，城市设计也呈现了完全不同的工作成果和实践特点，尤其是对后续建设工程项目显现了从"结构性把握"到"深度控制"的差别。为了更全面地反映城市设计实践的多样性特征，将其划分为**"四种不同的实施类型"**[2]：

①整体型城市设计（Total Urban Design）

整体型是指城市设计小组完全控制设计范围内的建筑、市政、景观等环境形态元素，完成从区域整体形态的结构关系到单体项目的方案评估和实施指导的全部过程。这种控制通常能非常好地进行多要素的整合设计，不同专业间的协调有序，执行力强，但城市设计的工作范围往往受限于开发周期和设计协同能力。整体性城市设计的成果往往需要直接指导后续工程的跟进设计，而不再依靠设计导则等的传递，因而该类城市设计更像一个扩大的多专业深度协作的综合性工程项目，其差别在于协调多业主或利益人是全过程中的重点之一（案例：日本六本目山地区 / 西安钟鼓楼广场 / 上海文化广场）（图 8-29～图 8-31）。

[案例] 日本六本目山地区，历经十五年，以森株式会社为主的民间资本整合了 500 多位土地拥有者的私有地，进行整体城市设计，在 11.5 公顷的总用地上分四个街区共建设了 75.91 万 m² 的建筑，包括近 38 万平方米的森大厦、近 15 万 m² 的住宅、凯悦酒店、朝日电视台等以及毛利庭院和寺庙。项目的毛容积率约 6.6，通过各层面交融的立体化设计，组织机动交通和停车，塑造了多层步行动线、活动广场和多基面的生态绿化，从而充分开发了地下地上空间，结合了工作、居住、购物、学习，打造了一个 24 小时全天候的都市场所，并获得有效投资回报。项目中的多

图 8-32　德国柏林波茨坦广场

图 8-33　深圳福田区 22/23-1 街坊

图 8-34　巴黎塞纳河滨水改造

图 8-35　法国南特中心区

图 8-36　杭州湖滨地区改造

位交通工程师、建筑师、景观师团队在城市策划的定位目标下，在高效率的沟通协调中完成了对建筑、市政、景观等要素的无缝衔接，创造了一个丰富多样的城市环境，成为整体型城市设计的典范（图 8-29）。

②**组合型城市设计（All-of-a-piece Urban Design）**

组合型意味着不同的城市要素通过特别的组合从而形成有特色的都市建成环境，每个要素在其中都是一个构件，整体框架和整体利益是每个要素实施中首要考虑的。通常，由城市设计小组提出设计目标、概念、形态框架并完成相应的指导纲要（设计导则）和公共政策来控制设计范围内的建筑、市政、景观等环境形态元素，这种城市设计通常针对多个街坊（地块）或多个形态元素的组合开发过程，并通过整合形态环境中的不同要素达到活力和特色的目标（案例：柏林波茨坦广场/深圳福田区 22/23-1 街坊）（图 8-32～图 8-33）。

[**案例**]德国柏林波茨坦广场地区是历史上柏林的文化和生活中心，在东西柏林统一后，依据"批判性地重建"的城市设计原则，历经传统形式与发展需求之间的争辩，最终由皮亚诺 Piano 负责总体城市设计工作，在充分尊重老柏林的肌理和街坊尺度（50m×50m×28m）基础上，形成短而窄的街道和密路网，明确了街坊-建筑和城市的通达关系。三大片区——奔驰区块、索尼区块和 A+T 区块，分别由皮亚诺、赫尔穆特·扬和戈拉西三位建筑师主持，按照规定的城市设计导则由多名建筑师参与完成。该项目充分展示了城市设计范围被分解成多个街坊组合的形态要素，通过导则经由不同建筑师去完成，该项目也表明，不同文化背景下的建筑师，对城市设计原则和导则的理解会有差别，皮亚诺全过程的参与，使得奔驰区块获得最佳的意图贯彻；而赫尔穆特·扬通过对场地分析决定将城市公共空间的重点由外部街道转至内部广场，所塑造活力场所也获得了好评；这个案例也证明了优秀的城市设计在实现的过程中，需要留给建筑师发挥再创造的余地，否则，只会带来过于死板的结果（图 8-32）。

③**渐进型城市设计（Piece-by-piece Urban Design）**

渐进型是指城市设计区域由不同要素在较长阶段内逐渐形成的，对时间（实施周期）的考虑需要落实在分期建设以及某些弹性和适应性原则。一般情况下，由城市设计小组提出设计目标、概念和框架并形成规划单元、设计导则和相关的激励和惩罚政策来控制设计范围内的建筑、市政、景观等环境形态元素，这种城市设计通常针对旧区更新中多个街坊、地块等形态元素的长期而不确定的组合开发过程，因此其中的业态引入和开发强度需要进行弹性的控制而非不可变的，并且需要研究在不同时期中的潜在问题和影响（案例：巴黎塞纳河滨水区改造/纽约剧院区改造/法国南特中心区改造/杭州湖滨地区改造）（图 8-34～图 8-36）。

图 8-37　法国巴黎林荫步道 ESPLANADE PLANTEE

[案例] 法国南特中心区：在保留和修缮大量 14～16 世纪历史建筑的基础上，通过城市设计的渐进式实施工作——老建筑导入新业态、改造步行街系统、植入文化、办公和酒店项目以及将原有河道改建成有轨电车主导的林荫大道等一系列措施，将老城中心在二战后的破旧衰败逐步有序地复兴，成为今天南特城市富有特色和活力的核心步行区（图 8-35）。

④植入型城市设计（Plug-in Urban Design）

植入型城市设计，是在原来的城市环境中加入新的元素从而影响周边并产生正向"涟漪效应"或"针灸效应"，这种植入元素可以是某类新业态，也可以是新的建筑或公共空间，甚至是一个新的城市体系。通常，通过植入（新的或改造利用原有的）建筑、市政设施、景观场所等来引导和激发周边街区开发或保护，通过对"插件"的重点设计和制定周边街区的设计导则和公共政策来实施。这种城市设计通常研究某个具有重要影响力的城市项目（如交通站点或动线、景观空间或商业步行街以及特别的"旗舰型"项目等）及其带动周边多个街坊或地块的综合开发过程，形成城市中以"点或线"来催化、带动"面"的发展过程（案例：巴黎 ESPLANADE PLANTEE/LES HALL 商业中心/加拿大蒙特利尔地下步行系统/纽约高线公园）（图 8-37～图 8-39）。

[案例] 法国巴黎林荫步道项目 ESPLANADE PLANTEE：通过将长约 3 公里的三个各自独立的要素——高架轨道、货运列车编组站和城市低谷中废弃的铁路线——联系起来，形成一条项链般的林荫步道，串接巴士底广场（Plaza Bastille）、查尔斯贝格广场（Square Charles Peguy）等多个片区，灵活地利用标高，或地上或低谷，与城市喧闹的车道系统错开，激发沿线社区步行并带来的、活力（图 8-38）。

图 8-38　法国巴黎林荫步道 ESPLANADE PLANTEE

8.3　总体城市设计的工作

8.3.1　工作重点和路径

总体城市设计就是把整个城市或城市的分区作为研究对象，研究城市形态与结构，建立自然和人文环境的景观体系，构造城市公共活动的

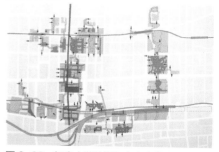

图 8-39　加拿大蒙特利尔市中心的步行系统

图 8-40　郑州市总体城市设计

空间系统，组织及考虑城市总体轮廓和其他构成系统的设计框架，从而把握城市的整体格局，提炼城市意象与特色。总体城市设计要针对各分区或区段的特点，确定城市特色分区和城市重点地区，为局部城市设计的研究奠定空间定位和定性的基础。总体城市设计注重各构成系统之间的协调和联系，注重系统所发挥的社会、经济、环境的综合效益，对局部设计具有指导意义。

总体城市设计的工作路径通常是在广泛的城市调研的基础上，提炼存在问题和发展诉求，并通过大量的沟通交流，形成城市发展的目标和愿景，以此制定针对性的发展策略以及详细的总体城市设计方案（包括城市空间格局、子项体系和确定特别区域以及实施组织计划和手段）。总体城市设计可以是作为城市总体规划组成部分中的专题子项内容，也可以是作为独立的专题研究，作为城市总体规划的参考或深化。无论是何种方式，总体城市设计都宜与城市总体规划保持协调一致，尤其是当其确定为具有法律效力的城市发展依据时。

表 8-2 列举了美国旧金山、波士顿、英国环境部、我国广州市和郑州市在（要求）编制总体城市设计中的主要工作内容，其中，图 8-40 展现了郑州市总体城市设计中确定的城市发展框架。

表 8-2　总体城市设计的内容列举

项目	美国旧金山城市设计	英国环境部编制的城市设计纲要	广州市总体城市设计	郑州市总体城市设计	美国波士顿城市设计发展计划
内容	1. 城市格局 － 地形 － 街道与道路 － 建筑及组群 2. 城市保护 － 自然区 － 历史建筑 － 街道建筑 3. 新建筑开发 － 视觉和谐 － 高度与体量 － 超大基地 4. 邻里环境 － 卫生与安全 － 邻里气氛 － 游憩的机会 － 视感悦目	1. 城市格局 － 中心区与居住区 － 特别地区和核心区 2. 城市设计政策 － 公共空间特色 － 运动系统 － 地形、边界、通道、边缘、节点、视景 － 安全和保障 － 多样化 － 通达性 － 吸引人的功能 3. 建筑设计政策 － 基本问题与目标 － 设计基本原理 － 材质、细部的质量 － 功能效率和持续性 4. 文脉与地方特色 5. 环境敏感区域的开发 6. 设计表述 7. 公共艺术 8. 城市设计计划	1. 城市愿景 2. 城市总体形态 3. 城市三维形态专项设计 4. 城市特色风貌专项设计 5. 城市公共空间专项设计 6. 城市历史文化专项设计 7. 城市综合活力专项设计 8. 管控传导 9. 行动方案	1. 总体空间结构 2. 都市空间骨架 － 公共中心体系 － 骨架轴线体系 － 空间标志体系 3. 生态绿地骨架 － 水绿廊道体系 － 道路景观体系 － 绿地游憩体系 4. 文化空间骨架 － 文化承载体系 － 文化风貌体系 － 文化活动体系	1. 整体格局 － 路网形式 － 内城与外城 － 意象 2. 中心地区的格局 － 商业／交通／邻里 － 特别区域 － 中心的形式 3. 组织与肌理 － 扩展／紧缩 － 空间肌理 － 居住形式 － 系统与自助 4. 运动系统 － 交通／步行 － 旅游 5. 开放空间 － 开放空间的分布 － 开放空间的级别 6. 时间上的计划 － 发展速度 － 开发与更新的策略
成果	研究报告、执行政策	公共政策	研究报告、设计图纸	研究报告、设计图纸	

8.3.2 调研和基础资料

总体城市设计的编制，应当对城市的社会经济、自然环境、城市建设、土地利用、文化遗产等历史与现状情况进行深入调查研究，通过现场踏勘、实地摄（录）影、文献研究、图纸分析、典型抽样、问卷调查等重要手段，使调研的基础资料尽可能客观、准确、实用、精炼（图8-41、图8-42）。

总体城市设计的现状调查基础资料由图纸和文字两部分综合组成，需要充分挖掘和利用大数据进行横向比较和纵向剖析，以获得更为精准客观的城市全貌资料。基础资料的内容主要包括城市自然历史背景资料、城市形态和空间结构、城市景观、城市公共活动与重要区域、城市运动体系以及相关资料等六个部分。

（1）城市自然、历史、文化方面的基础资料

- 城市气象、水文等地理环境资料
- 城市地形、地貌、山体、水体及滨水岸线等自然资料
- 自然植被、有代表性植物和适宜树种、花卉等栽植
- 城市声、光、大气环境质量和环境保护
- 城市历史发展沿革
- 重要历史事件和历史遗址
- 历史文化背景、传统民俗、民情

（2）城市研究与空间结构

- 城市形态格局及其历史沿革和变迁
- 城市结构网络、发展轴线及重要节点
- 城市公共开放及功能布局体系
- 城市标志物、建筑高度分区和城市天际轮廓线
- 地下空间结构
- 传统空间类型与结构
- 市民对城市形态与空间结构的感知、印象和认同

（3）城市景观

- 城市空间景象、景观带、景区、视廊和视域
- 城市有特色的道路、桥梁及相关市政设施
- 城市有特色的自然环境区域（如滨水区等）、城市街区、街道和建筑物（群）
- 城市有特色的地方建筑风格、地方色彩
- 城市历史文化遗产及保护
- 市民对城市景观的评价

（4）城市公共活动与重要区域

- 市民活动的类型、分布与城市功能布局的关系

图8-41 广州总体城市设计城市形态变迁

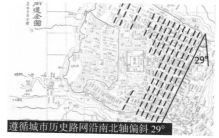

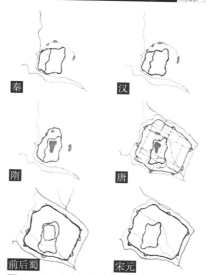

图8-42 成都水系城市边界及路网演变

- 街道、广场、街区等活动区域的空间类型、分布与城市空间结构
- 重要公共活动区域与城市运动体系
- 市民对城市公共活动区域的感知、印象和认同
- 市民对特定区域（滨水区、步行商业区等）的感受和评价

（5）城市运动体系
- 城市综合交通骨架（包括地铁、轻轨等立体交通方式）
- 城市步行系统分布区域
- 城市旅游观光体系
- 市民对城市公共交通、步行系统的认可和评价
- 旅游者对城市公共交通、步行系统的认可和评价

（6）其他相关资料
- 近期测绘的城市地形图
- 城市的航空和遥感照片
- 城市人口现状及规划资料
- 城市土地利用现状及规划资料
- 城市社会、经济发展现状及发展目标
- 规划范围内其他相关规划资料和规划成果
- 城市相邻地区的有关资料

8.3.3　分析与构思

　　总体城市设计的分析与构思，其主要目的是通过对现状调研基础资料的分析整理和研究评价，透析构成城市形态环境及其特定的组成要素和内容，确定各要素和相关系统存在的问题和发展潜力，提出与之对应的保护、发展和创造的对策，在此基础上，综合形成城市设计"概念性"的整体构思。在总体城市设计的分析构思阶段，成果大体由分析图、概念设计图和研究报告三部分组成，包括存在问题和发展潜力、设计理念和原则、设计对策等，具体分为：

　　（1）城市自然、人文环境与发展对策

　　总体城市设计应与城市总体规划协调一致，在充分了解自然地理环境和历史文化等人文环境的特点，切合城市的社会、经济发展战略，制定对应的城市设计发展对策，其中，尤其要注重将城市发展与周围环境的关系，城市人工环境的开发与自然人文环境保护的关系，通过保护、发展和创造不同区域的环境特质，为人、自然、社会的协调关系确定总体的发展原则和对策。

　　（2）城市的形态与空间结构

　　基于城市形态格局的发展沿革和空间结构的现状分析，研究并建立

城市的总体格局、空间结构、主要发展区域（轴线）和重要节点，同时，依附于这一发展构架，组织城市公共开放空间系统，建立城市建筑高度分区，城市地标和城市轮廓线等竖向设计，并由此确定城市发展的基本概念和初步意象（图8-43）。

（3）城市景观

依据城市自然、人文环境特征和城市发展格局，研究城市主要景点、景观带、景区的布局及相应的视廊、视域等空间视觉分析；建立城市公园、小型绿地、自然环境区域（如滨水区、峡谷区等）、人文环境区域（如传统保护建筑、历史事件遗址等）；发展和创造有地方景观特色的街区、街道、广场和建筑物（构筑物）；挖掘和提炼有特色和景观意义的城市传统空间、地方建筑风格、地方色彩等，建立城市历史文化遗产中的传统建筑等的保护和更新对策。

（4）城市公共开放空间

根据城市功能布局，研究城市公共活动的人群及活动特征、类型及其在城市中的分布；依托于城市空间结构的街道、广场、街区等公共活动区域的空间类型和分布；同时，组织立体交通和步行系统向活动区域的渗透，建立重要城市公共活动空间与运动体系的良好联系。

（5）城市运动系统

依据城市总体规划，研究包括城市地铁、轻轨、高架、立交和地面交通组成的立体交通体系，配合城市公共活动区域布局设置城市步行系统区域的分布及换乘体系，同时，在旅游城市可以结合城市景观的布局，建立运用多种交通手段的城市旅游观光体系。

（6）城市特色分区和重点地区

结合不同地区在功能配置和环境上的特点，建立特色分区和重点地区，为深入进行局部城市设计，确定了定位和定性的研究基础。

8.3.4　成果内容

总体城市设计的成果（包括基于总体规划和分区规划阶段）一般宜包括城市设计纲要、设计图纸、附件三个部分。

城市设计纲要是以条文、表格和必要的图示等形式，表达城市设计的目标、原理、原则和意图和体现设计意图的指引体系和实施措施；设计图纸是以图纸形式表达分析的内容和设计的结果；附件包括《城市设计研究报告》和《基础资料汇编》，其中研究报告主要以现状分析的问题和潜力、需求和目标、基本原理和原则、设计对策等内容（图8-43～图8-45是郑州和广州总体城市设计部分图纸）。

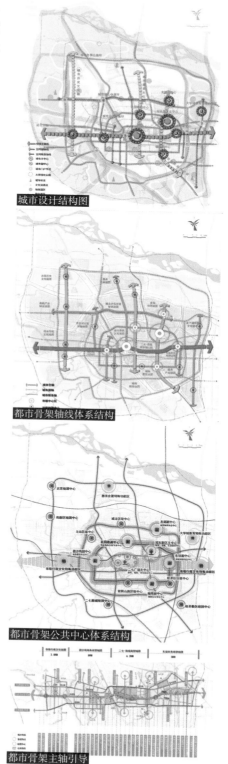

城市设计结构图

都市骨架轴线体系结构

都市骨架公共中心体系结构

都市骨架主轴引导

图8-43　郑州总体城市设计

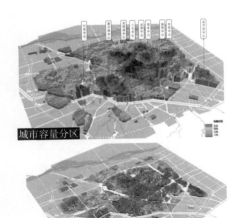

城市容量分区

土地开发强度

空间高度控制模型

图8-44　郑州总体城市设计：土地利用

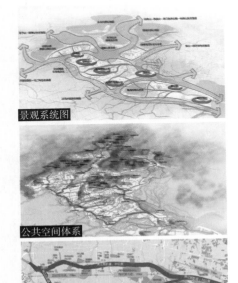

景观系统图

公共空间体系

交通系统

图8-45　广州总体城市设计：运动和景观体系

（1）城市设计纲要

①总则

阐明总体城市设计的编制依据、适用范围、设计目标、设计原则、设计期限、解释权属部门等内容。

②城市形态和空间体系

明确总体城市形态和空间的保护、发展原则；确定城市重要发展区域（轴线）和重要节点的位置、内容及控制原则；确定城市建筑高度分区和城市轮廓线。

③城市景观

确定城市景观系统的总体结构和布局的原则，分析城市自然景观的布局、位置、面积和性质特点，规定城市公园、城市绿地、景点（区）等的分布、性质、内容及保护、利用、开发的原则；确定城市景观视廊、视域等视线组织分析及其控制原则，确定城市重要景观地区（如滨水区等）的设计原则及控制指引。

④城市开放空间和公共活动

明确城市重要开放空间的分布、规模、性质；规定城市重要开放空间与城市交通、步行体系的联系要求。

⑤城市运动系统

与总体规划共同确定城市主要交通骨架；明确城市步行系统的结构与分布原则和控制指引，明确城市旅游观光体系的结构及其与城市交通的结合要求和发展指引。

⑥城市特色分区和重要地区（段）

确定城市特色分区的划分原则；明确各分区的环境特征、文化内涵、人文特色以及对建设活动的控制和指导原则；确定城市重要地段的位置及划分原则，确定城市重要地段的性质、控制指引原则和管理细则；规定城市旧城区、传统街区等的范围以及保护和更新的原则（图8-46是美国旧金山总体城市设计对城市格局和保护地段进行的评估）。

⑦实施措施

提出城市设计实施的组织保障措施；拟定城市设计实施的管理政策和执行工具；确定公众社会参与（如公共开展、宣传等）和反馈，以完善城市设计的渠道和方式。

（2）设计图纸

其内容表达以下几个方面：

①城市形态与格局分析

表达城市形态的历史变迁过程和发展趋势，城市格局的传统形式和发展趋势。

②城市空间结构分析

包括城市空间结构的网络，主要发展区域（轴线）和重要节点、边缘等要素的位置和相互关系，建立城市方向指认体系。

③城市空间形态

城市设计区域的建筑高度分布（区），城市空间高度控制点及控制线，天际轮廓线，城市地标建筑物（构筑物）的位置及其空间关系。

④城市景观结构分析

包括确定城市主要景观、景观带、景区等的结构和分布，建立视觉走廊，对景点、视域等的视线组织和控制。

⑤城市景观系统

确定城市中主要的自然景观、重点景点（区）、景观带、特殊景观区域（如滨水区），明确其特色要素和保护、发展、创新的控制指导。

⑥城市公共开放空间系统

包括确定城市（级）重要公共活动空间的结构、布局、位置、规模、性质及环境特点，建立城市公共开放空间的结构性控制引导。

⑦城市运动系统分析

确定城市主要交通体系的分布，建立城市步行区域的结构和分布，建立城市的旅游观光系统。

⑧城市特色分区和重点区域

明确独立的城市特色分区和对城市有重大意义的重点地区（段），规定其位置、面积、特色要求和发展控制原则在各条件的情况下结合图表提出控制指引细则。

图 8-47 是总体城市设计纲要的主要内容框架。

图例内容
1. 城市格局中最为重要的街道
2. 能延伸公共旷地效果的街道
3. 有重要景观可供导向的街道
4. 有重要建筑景观的街道
5. 邻里景色秀丽的汽车道路线

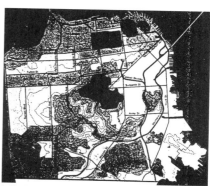

图例内容
1. 杰出和无与伦比的地段构图（深色）
2. 总体尚令人满意的地段构图（灰色）
3. 形形色色或平平庸庸的地段构图（浅色）

图 8-46　旧金山总体城市设计
（上）城市格局 . 街道（下）城市保护 . 地段

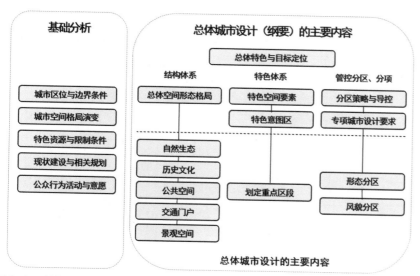

图 8-47　总体城市设计（纲要）的工作内容

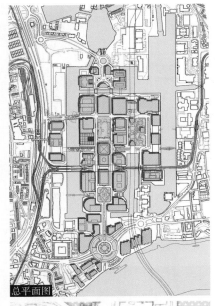

总平面图

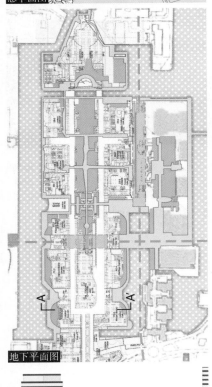

地下平面图

剖面 A-A

图 8-49　英国伦敦金丝雀码头区城市设计

8.4　局部城市设计的工作

8.4.1　工作重点

　　局部城市设计是把城市的局部区域和地段（如中心区、商业区、特色地区、商业街、步行街、地铁车站地区等）作为研究内容，它是在城市规划和总体城市设计的指导下，建立地区的城市意象和设计结构，综合研究公共开放空间和建筑形态、景观和自然人文环境、史迹保护、微观交通与市民步行、活动场所、环境艺术和设施等方面，并对局部地区环境的结构和形态界定编制指导和控制要求体系。局部城市设计既要在总体城市设计和总规指导下，创造在地的城市形态和空间秩序；也要特别挖掘地区的资源和特征，以提升市民体验感受和发挥市场活力为引导，创造不同城市构成要素在三维空间中的整合关系，形成地区特色和活力（图 8-48、图 8-49是伦敦 Dockland 码头区城市设计的内容和建设前后的比较）。

　　局部城市设计一般是对应于详细规划的尺度和阶段，虽然与总体城市规划一样，它是建立在城市规划的基础上，但局部城市设计中更注重对形态环境的指导和控制作用，更注重成果在实践过程中的意义。局部

建设前

建成后

图 8-48　英国伦敦金丝雀码头区建设前后

城市设计可以分为街区和地块两个层面。一般地，它作为详细规划的专题子项内容进行，但在城市重要地区，局部城市设计可以是在详细规划的指导下，以独立的专门研究形式作为直接的法定管理工具替代现行的详细规划指导城市建设活动。表8-3列举了多个局部城市设计工作内容及成果形式，图8-50为纽约贝特里公园（Battery Park City）地区城市设计部分成果。

表8-3　局部城市设计内容列举

项目	上海静安寺地区城市设计	上海创智天地城市设计	法国巴黎雷阿勒地区城市设计	深圳22/23-1街坊城市设计	美国芝加哥滨河地区城市设计
内容	1. 用地功能整合 2. 道路交通系统 3. 地下空间系统 4. 开放空间 5. 步行系统 6. 城市形态 7. 整体建筑形式 8. 街廓设计 9. 历史保护	1. 规划背景 2. 规划范围、目标和构思 3. 土地使用 4. 绿化开敞空间 5. 道路交通规划 6. 街坊尺度与建筑类型 7. 建筑高度、形态与风貌保护 8. 市政公用设施 9. 开发规模及地块控制 10. 规划实施	1. 项目特定的城市要素构成 2. 参考案例 3. 本地区的问题和挑战 4. 地区的发展演变历史 5. 城市结构和中心街区 6. 周边重要项目 7. 人车运动 8. 公共空间 9. 垂直联系 10. 公园改建 11. 核心项目	1. 总体规划（城市设计）的原则 2. 规划的组成部分 3. 设计指南的目的 4. 开发项目的管理 5. 土地使用规划 6. 地面层的规划目标和设计标准 7. 街道和开放空间的设计指南 8. 街道设计 9. 建筑设计要求 10. 确立街墙立面线的目标及标准 11. 塔楼设计目标及标准 12. 建筑材料 13. 建筑外部照明 14. 保护环境的设计 15. 分期建设的策略 16. 后续阶段的工作	1. 土地使用 2. 交通与停车 3. 街道景观 4. 开放空间 5. 特别地区的开发建议 6. 交通保护 7. 区划 8. 设计指导纲要
成果	设计文本和设计图纸	图则、图纸和文字说明	设计文本和设计图纸	设计文本和设计图纸	设计说明、图纸

8.4.2　调研和基础资料

局部城市设计的编制，应对城市的社会经济、自然环境、城市建设、土地使用、文化遗产等历史与现状情况进行深入调查研究，通过现场踏勘，实地摄（录）影、文献研究、图纸分析、典型抽样、问卷调查、大数据分析等重要手段，获得辅助设计决策的基础信息。根据城市设计区域的类型和特点，局部城市设计的现状基础资料调查应突出重点，有所侧重和取舍。一般地，基本内容可包括土地使用、道路交通、景观与环境及相关资料部分，并以现状图和现状说明方式表达（图8-51展示杭州湾

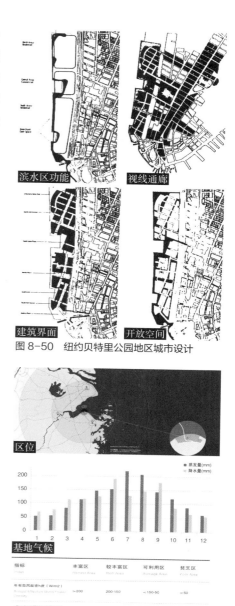

滨水区功能　　　视线通廊

建筑界面　　　开放空间

图8-50　纽约贝特里公园地区城市设计

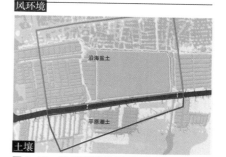

区位

基地气候

风环境

土壤

图8-51　杭州湾新城城市设计调研资料

鸟瞰图

总平面图

保留东华里、功能混合、新建筑风格与历史
建筑形成对比

保留历史街区的小巷、拱廊和开放空间作为
新开发的样板

过渡区的新建建筑风格与历史城市环境形成对比

城市"山谷"的形成：旧区作为中央"山谷"
过渡区的高层建筑作为"山丘"

图 8-52　佛山岭南天地愿景及策略

新城城市设计的部分调研成果）。

（1）土地使用
- 设计区域及邻近区域的土地使用现状和功能分布（分区）
- 城市规划对设计区域土地使用的要求和安排
- 委托方对设计区域土地使用的要求

（2）道路交通
- 设计区域现状道路网络、交通组织
- 设计区域现状公交线路、站点和公共停车场
- 设计区域现状道路、交叉口、步行道、公共交通密集区域（地铁、公交、换乘枢纽、大型车站等）
- 设计区域主要交通需求分析，交通流及其饱和度分析以及居民出行调查
- 有特色的道路、步行街及道路设施
- 市民对道路交通的感受、评价和建议

（3）景观与环境
- 总体城市设计对研究区域景观环境的要求与分析
- 研究区域的主要水文、地形、地貌、山体等自然环境资料
- 传统民俗风情、社区习俗等历史文化资料
- 现状景观体系与分布
- 现状城市公园、公共绿地、广场等景观区域、景观带和景点
- 视廊、视点、视域等视线组织与控制
- 地方建筑风格、空间形式与活动、地方色彩等以及历史文化遗产和保护
- 有景观特色的街区、街道、建筑物和构筑物
- 市民活动类型、场所、路径、强度
- 市民对现状景观环境的感受、评价与建议

（4）形态结构
- 总体城市设计对设计区域形态结构的要求和分析
- 本地区城市的格局演变、重要历史事件和场所变迁
- 现状结构网络、发展区域（轴线）与重要节点
- 现状建筑高度分布、城市轮廓线、总体形象和地方标志物
- 现状建筑形态、体量、风格、色彩等特点及主要建筑群组合方式和类型
- 现状主要城市空间形态：界面、围合等特点及其空间形象和感受
- 现状主要城市公共空间的分布、公共活动的内容与相邻建筑功能关系
- 现状特色区域和重要地段
- 市民对现状城市形态结构的认知、评价与建议

（5）相关资料
- 近期绘制的城市设计区域地形图

- 区域的人口现状及城市规划资料
- 区域经济发展现状
- 区域内其他相关城市规划和总体城市设计资料
- 区域内相邻地区的有关资料

8.4.3 目标-愿景-策略-概念

局部城市设计的分析与构思阶段，是通过研究现状基础资料以及与当地民众和企业、开发机构等利益方及地方政府充分沟通交流，梳理存在问题和发展需求，确定切合本地的"发展愿景"，并在综合分析地方城市形态及组成要素的特点基础上形成相应的设计策略，从而提出"概念设计"（见图 8-52 佛山岭南天地的设计愿景和策略）。"概念设计"不仅是指一个初步的城市设计阶段，也是综合现有信息提出以形态结构为主的设计构思和创意，综合性地解决环境问题，塑造环境特色的重要过程，因而提出概念设计，并通过全面、客观的评价、修正和完善，对城市设计的"实施设计"的编制完成乃至城市设计的实施操作起着关键的作用。

局部城市设计的分析与构思，应针对设计区域的不同类型和特点，确定相应的设计目标、设计原则和设计重点，提炼和挖掘城市局部地区的环境特色。同时，局部城市设计与总体设计有所不同，它的成果要具备指导、控制城市建设活动，因此，从分析与构思阶段就应考虑设计成果的可操作性，对设计的指引体系应尽可能量化或用图表和图示表达，力求通俗易懂便于沟通（图 8-53 展示杭州湾新城城市设计中建构城市结构的空间策略）。

局部城市设计的分析与构思，可从以下几个方面入手：

（1）确定设计目标、设计原则和设计重点

依据现状分析和总体城市设计、城市规划对设计区域的要求和分析，对存在问题和地区特色、发展潜力和发展目标进行综合判断，订立研究区域的城市设计的目标、设计原则及设计重点。

（2）城市设计的形态结构

包括设计区域的功能分区及土地使用修正，主要轴线和重要节点；建立设计区域建筑高度分布、城市轮廓线、城市标志、高度控制点；分划区域内重要地块（街区）等。

（3）城市景观

包括自然景观、人文景观地区的分布与保护原则的确定；研究城市公园、公共绿地、广场等城市景观要素的布局；建立视廊、视点、视域等视线组织分布；确定城市道路、街道等结构性城市景观的设计意象。

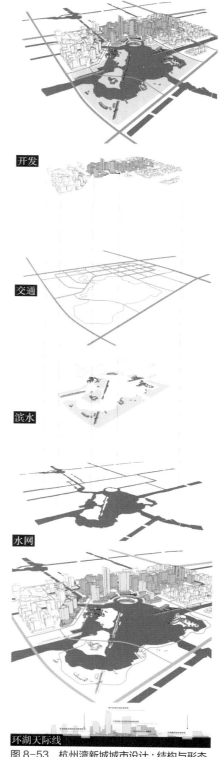

开发

交通

滨水

水网

环湖天际线

图 8-53　杭州湾新城城市设计：结构与形态

图 8-54 杭州湾新城城市设计：总平面

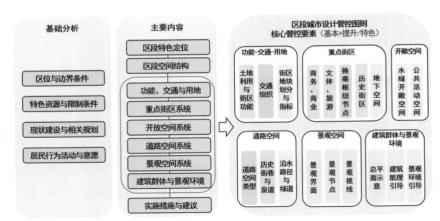

图 8-55 局部城市设计（纲要）的工作内容

（4）建筑形态

从设计区域整体入手，制定建筑体量、沿街退后、高度、界面、色彩等建筑形态的控制和指导原则和要求。

（5）公共开放空间及活动

确定城市公共开放空间（如广场、公园等）的位置、面积、性质、归属，活动的内容和设施安排；研究城市公共开放空间与公共交通、步行区域的联系。

（6）运动体系

研究区域内道路交通组织及重要道路和街道的断面，确定停场、公交站点等的分布；组织步行系统，研究主要步行街的形式、断面以及与公共交通的联系。

（7）环境艺术

研究公共艺术品位置、性质等；确定街道家具的内容、设置原则和形式指导；规定户外广告物、招牌等的基本要求及夜景照明的设计原则。

（8）重要节点（包括街区和地块）

建立重要地块和街区的设计意象及其关于形态结构、景观、建筑形态、公共开放空间、交通与步行及环境艺术等方面的设计原则。

上述八个方面的内容是局部城市设计中，针对街区层面的范围和尺度，进行设计分析和构思的主要方面，而对于以城市重要地块为研究对象的局部城市设计，其分析和构思则以上述第八项内容为主（图 8-55）。

8.4.4 局部城市设计的成果编制

局部城市设计的成果应是在对概念设计的全面客观评价的基础上进行修正和完善，并经确认后进行编制的，主要包括城市设计导则、设计图纸、研究报告及附件等。

一般情况下，局部城市设计应与城市详细规划同期完成，并与详细规划协同一致互有侧重。基于局部城市设计对建设活动的指导控制作用，局部城市设计的成果宜通俗易懂、言简意赅，具有良好的沟通交流性。

城市设计导则是以条文、图表和必要的图示等形式表达城市设计的目标、设计原理和原则、设计意图以及体现设计意图的指引体系和实施措施；设计图纸是以图纸形式表达分析的内容和设计的结果。设计图纸和城市设计导则分列通过图纸和文字具体规定设计内容的定量、定性、定位乃至定形的要求。研究报告则主要通过现状分析、对问题和潜力、需求和目标、设计原理和原则、设计对策和导则的内容进行表达。附件主要包括基础资料的调查分析及其他内容。城市设计导则、设计图纸和研究报告主要针对以下九个方面的内容（图8-53～图8-58）：

（1）城市形态结构

明确城市设计研究区域发展意象和形态结构；规定功能分区和特色要求；确定主要轴线和重要节点；确定道路网络和空间布局，确定城市轮廓线，建筑高度、视廊和地标等。

（2）城市景观

依据景观结构的组织和分析，划定自然景观地区，提出保护和更新的指引；明确城市公园、公共绿地、广场等景观要素的设计引导，明确城市主要道路、街道等结构性景观的道路断面、植物配置、边界等景观要求；对视廊、视域等视线组织要素涉及区域加以明确控制；对重要景观地区提出设计要求和对策。

（3）建筑形态

确定研究区域的建筑高度分布及重要控制依据和指引内容，对研究区域的建筑体量、沿街后退、高度、界面、色彩、材质、风格等提出要求；确定重点建筑（群）和地标建筑的位置及设计要求。

（4）公共开放空间

确定城市公共开放空间（如广场、街道等）的位置、面积、性质、权属、空间活动内容及设施安排，与道路交通和步行体系的联系。

（5）市民公共活动

确定旅游、观赏、休憩、文体活动、节庆观礼等活动的场所、分布领域及路线组织。

（6）道路交通

确定道路交通组织、公交站点及停车场的设置、规模和要求；确定主要道路（含街道）的宽度、断面和界面及其性质、特色。

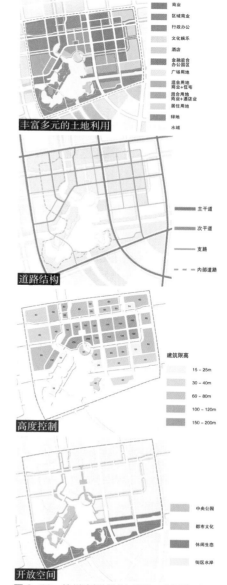

图 8-56 杭州湾新城城市设计：主要体系

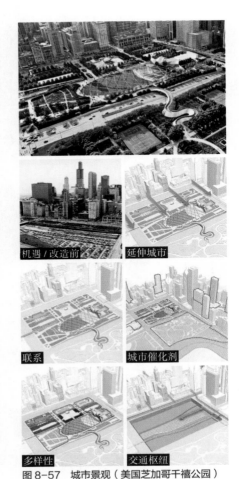

机遇/改造前　　延伸城市

联系　　城市催化剂

多样性　　交通枢纽

图 8-57　城市景观（美国芝加哥千禧公园）

图 8-58　杭州湾新城城市设计：重要节点

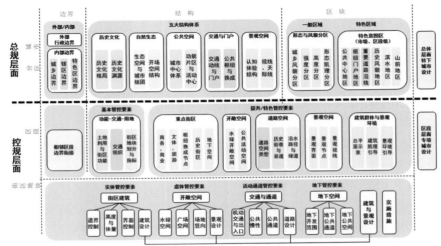

图 8-59　总体城市设计和局部城市设计编制内容的相互关系

（7）步行系统

确定步行系统的组织、设计要求及其与市民活动的联系；确定步行街（含地上、地下）、广场的宽度、界面等及其性质和特色；确定步行区域的环境设计要求。

（8）环境艺术

确定设计区域的室外公共艺术品和环境小品的位置、设置原则、设计要求；街道俱和户外广告、招牌标识等的设置原则、控制要求；确定夜景照明的总体设想和设置要求。

（9）重要节点（包括街区和地块）

确定重要节点的位置、类型、设计构想和设计要求；确定重要节点相邻区（地块）的控制要求；提出主要节点的意向设计。

图 8-59 和表 8-4 呈现了总体城市设计和局部城市设计编制工作中的相互关系以及编制内容上的比较。

表 8-4　总体城市设计和局部城市设计编制内容比较

总体城市设计	局部城市设计
• **城市形态与空间结构** 　– 城市总体形态与空间结构及保护、发展原则 　– 主要发展区域和重要节点的位置、内容和控制原则 　– 确定高度分区 / 城市轮廓线 / 方向指认 / 地标	• **城市形态结构** 　– 发展意向和形态结构 　– 功能分区和特定要求 　– 主要轴线和重要节点 　– 轮廓线、建筑高度、地标、重要地块 　– 道路网络和空间布局 　– 地下空间形态
• **城市景观** 　– 景观系统的总体结构和布局的原则 　– 分析自然景观的布局、位置、面积、特点 　– 确定城市公园、城市绿地、景点（区）等分布 　– 确定城市景观、视廊、视域等视线组织 　– 确定城市重要景观地区的设计原则和控制	• **城市景观** 　– 景观区域的分布和保护，更新的原则确定 　– 城市公园、绿地、广场等城市景观要素的布局 　– 对视廊、视域等视线组织分析涉及区域提出要求 　– 对城市景观重要地区的提出设计要求和设计概念 　– 明确城市主要道路、街道等结构性景观的道路断面、植物配置、边界要求 　　及设计原则
• **城市开放空间和公共活动** 　– 明确城市重要开放空间的结构分布及公共活动中的 　　内容、原则、规模、性质 　– 分析城市开放的空间与交通、步行、体系的联系	• **公共开放空间** 　– 确定公共开放空间（含地上、地下）的位置、面积、性质、权属 　– 确定公共开放空间的活动及设施，与交通体系和步行体系的联系 　– 提出对公共开放空间及周围建筑的设计要求和控制原则 • **市民活动** 　– 确定市民活动的区域，类型、强度 　– 确定市民活动区域的路线组织与公共交通的联系 • **建筑形态** 　– 确定高度分布、高度控制依据和控制要求 　– 建筑体量、沿街后退、高度、界面、色彩、材质、风格等 　– 重要建筑群和地标等位置、设计要求和原则。
• **城市运动系统** 　– 与总体规划共同确定城市交通骨架 　– 明确城市步行系统的结构、分布原则和控制要求 　– 旅游观光体系的结构及其与城市交通的结合	• **道路交通** 　– 确定道路交通组织、公交站点及停车场的位置、规模 　– 主要道路（街区）的宽度、断面、界面及其性质和特点 • **步行** 　– 步行系统的组织、设计要求和市民活力 　– 步行街、广场的宽度、面积，界面等 　– 步行区域的环境设计要求 • **环境艺术** 　– 公共艺术品和室外环境小品的设置位置、原则、设计要求 　– 街道家具和户外广告招牌的设置原则、设计要求 　– 夜景照明的总体设想和设计要求
• **城市特色分区 / 重要地段** 　– 确定城市特色分区的划分原则 　– 各特色分区的环境特征、文化内涵等对建设活动的 　　控制原则 　– 确定重要地段的位置及划分原则 　– 规定旧城区、传统街区等的保护、更新的原则	• **重点节点（地块和街道）** 　– 确定重要节点的位置、类型、设计概念及设计的要求等 8 个方面 　– 确定重要节点相邻地块的设计要求 　– 重要节点的概念（意向）设计
	• **土地使用修正**
• **实施措施**	• **实施措施** 　– 编制指导纲要、设计图则 　– 编制设计政策 　– 编制设计条件与参数 　– 制定实施工具

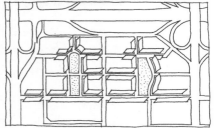

图 8-60　深圳福田 22/23-1 街坊城市设计中的界面要求

图 8-61　深圳福田 22/23-1 街坊建成效果

8.5　城市设计成果的传递和实施

8.5.1　传递和实施的路径

在城市营造过程中，需要经历策划 – 规划 – 城市设计 – 项目设计 – 实施这样一个过程，可以看到，城市设计的成果并非直接作用于最终环境的成型，而是要通过管控具体工程设计（建筑、景观、市政等）来实现整体环境目标。因而，就需要一个将城市设计成果转译成管理语言来激发"好"的设计并控制"差"的设计，这个过程就是一个传导和实施路径。

对总体城市设计而言，能够通过成果伴随总体城市规划将"城市格局、地区特质"等内容传递给后续的分区控制性详细规划以及各个特别地区的局部城市设计中，就是一条清晰的传导路径，也需要保留因为局部城市设计的深入研究而对总体城市设计有调整的反馈和修正管道。

而大量的局部城市设计，不仅需要将"厚厚"的成果编制成"简洁、明确、易懂、可控"的**设计导则和开发规则**（图 8-60），让城市决策者和管理者理解并贯彻其意图，让市民、投资人等非专业的利益相关人能理解城市未来的发展蓝图；也需要将这种设计导则转化为"土地招拍挂出让"的**地块开发条件**和道路、河道、建筑、公共空间、公共设施等非开发要素从设计到建造过程中严格遵守的**体系性或节点性的"公共准则"**（图 8-61、图 8-62），这就需要法定化的权威保证作为前提；当然，为激励更好的"整合、共享、可持续"等目标引导下的多样化更新或开发活动，还需要制定一些**公共政策**（图 8-63 ～ 图 8-68），比如鼓励开发商开放地

图 8-62　法国巴黎 Bercy 公园街区城市设计中的建筑体量要求和建成效果

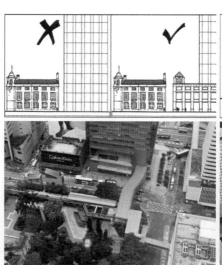

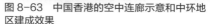

图 8-63　中国香港的空中连廊示意和中环地区建成效果

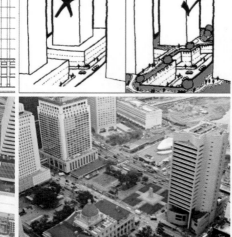

图 8-64　中国香港的新旧建筑关系示意和建成效果

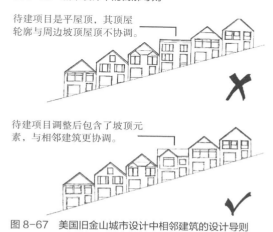

图 8-65　城市设计中的街廓导则

待建项目是平屋顶，其顶屋
轮廓与周边坡顶屋顶不协调。

待建项目调整后包含了坡顶元
素，与相邻建筑更协调。

图 8-67　美国旧金山城市设计中相邻建筑的设计导则

图 8-66　欧洲城市的街廓导则实施案例

图 8-68　美国旧金山的相邻建筑导则实施效果

块内的空间成为为城市公众服务的准公共空间等。这样才能形成完善的
从设计成果到实施过程管控的传导和实施路径。

8.5.2　设计成果的形式和效力

　　如果说城市设计的方案设计是在协调了政府（城市治理者）、公众
（代表民主利益）、专业人士（中立的专业建议者）以及利害关系人（包
括设计范围内的直接利益人如项目内利益关系人和项目周围的利益关系人、
潜在或参与的项目投资人、潜在或已有的项目使用人）的多种诉求，并综
合不同城市要素所呈现的未来发展愿景。那么，面向实施的工作在设计
成果上则集中在将这种愿景传递在下一步的项目组织过程，这种传递的
成果形式是兼有文字和图纸，并始终以传递愿景的效力为组织原则的。

（1）文字成果

①设计政策（Design Policy）

　　设计政策是对城市建设发展的过程中进行保护、更新和开发管理的
战略性框架，包括城市发展大纲，各类设计的政策，保护、更新和开发

总平面

模型

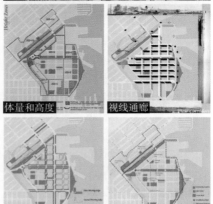

体量和高度　　视线通廊

建筑界面　　开放空间

图 8-69　美国旧金山 MISSION BAY 城市设计

中的奖励政策和有关法规、条例等，是成文的地方或地区性法律成果。设计政策为了加强可读性，也会增加必要的图示和解释。

[**案例**] 英国环境部（DOE）制订的总体城市设计政策包括城市结构政策、局部城市设计指导政策、建筑设计政策、文脉与地方特色政策、环境敏感地区开发政策、公共艺术政策等六部分内容。

②设计导则（Design Guideline）

设计导则是对城市设计意图及表达城市设计意图的城市形态环境组成要素和体系的具体构想之描述，是为城市设计的实施而建立的一种技术性控制框架和模式。

设计导则是依据城市设计分析和比较的结果，在全面评价和确认后产生的，因此，也可以认为城市设计导则是将城市设计的构想和意图用文字条款的方式抽象化，并作为后续规划和设计工作的指导依据。

设计导则一般分为规定性（Mandatory，亦称刚性）和说明性（Explanatory，亦为弹性）两类。规定性的设计导则，明确规定了环境要素和体系的基本特征和要求以及后续设计应体现的模式和依据。规定性设计导则一经认定，具有不可更改的性质，因而容易掌握和评价；说明性导则则是通过对环境要素和特征的描述，解释和说明对设计的要求，并对可能采用的模式提出建议，但并不构成严格的限制和约束，相反，这类导则更鼓励后续设计进一步的创造，以更好的模式取而代之。

③设计计划

项目计划是一套城市设计执行程序，包括设计编制、建设步骤、管理过程与技术、针对建设项目的具体执行策略、资金的投入与产出分析和对实施过程关键问题的说明等。

（2）图纸成果

图纸成果是对涉及形态环境的文字表达内容的补充和深化，特别是针对定位、定量、定形的内容，包括三度尺寸、体量大小、界面高度、空间控制范围等的内容，图纸成果包括为加强文字表述上的可读性和理解性所增加的图示、意向设计和透视图（图 8-69 呈现了旧金山 MISSION BAY 总体城市设计的控制框架）。

为了保证城市设计成果容易被社会各阶层理解、认可，要充分利用多种表达与交流的媒介比如**可视化设计**，提高成果的可读性和说服力。同时，城市设计的成果制定和修正，必须通过客观、全面的评审和论证，充分说明设计成果及其依据的关联性，并以严谨、规范的法规文件形式予以确定，这样，才能维护城市设计成果的权威性，既保持设计成果的持续执行，又能提高实施管理中的理解和工作效率。表 8-5 为深圳福田中心区 22/23-1 街坊局部城市设计导则的文字内容，图 8-70 为导则中的部分图示内容。

表 8-5　深圳 CBD22/23-1 街坊城市设计指引实施内容

指引分类	定性指引	定量指引	指引目标 / 管理要求
开发管理	- 街坊形成田字格网的街道 - 创建两个社区公园 - 娱乐街连接两个社区花园 - 鼓励综合功能开发,配套商场、文化设施 - 大多数车位设在地下车库 - 车库出入口设在辅街	- 细分 13 个地块,每块面积 3000~8000m²/块 - 12 栋高层建筑布置在公园周围,另一栋为标志性建筑 - 85% 以上的临街建筑设置商店,娱乐街两侧连续的骑楼,宽度 3~5m,高度 <14m - 辅街地面可设少量停位,但面积不超过地块面积 25%,并不得影响景观 - 车辆入口离两街相交的十字路口距离 >25m,宽度 <8m	- 使各地块的交通条件均等 - 使各地块的景观条件类同,为办公人员提供室外休息场所 - 白天允许少量车行,夜间仅向行人开放,禁止车行 - 增加社区活力 - 福华一路和公园周围街道设为主街,其他支路为辐街
开放空间	- 必须沿街建连续的街墙立面 - 街墙立面的底层建筑高 14~17m - 主街的底层布置商场和建筑门厅 - 沿主街布置连续的骑楼与人行道连通 - 提倡步行交通活动 - 骑楼的墙上安装特制灯 - 一般街道种单排树,福华一路种双排树 - 人行道上的花坛种植当地植物	- 街墙立面高 40~45m,应跨及所在街面 90% 长度 - 街墙的底层外墙的实墙面 ≥ 40%,商店外墙的玻璃面应有 60% - 主街面的 85% 设商店,商店进深 ≥ 10m,高度 6~17m,商店入口间距 <10m - 规定骑楼宽度 3m,高度 6m - 街道两边设置人行道,宽度 >6.5m,但福华一路等主要街道的人行道宽度 >9m - 灯的高度结合建筑的立柱确定,灯的间距和数量根据骑楼的开间和行人需要的照度 - 树的间距统一按 7.5m,位置和间距应与路灯、建筑入口和车道相对应 - 花坛宽 ≥ 2.5m,长 5m,尺寸根据行人横道、建筑入口和车道的位置进行调整	- 形成 CBD 办公区的街道特征,统一街面要素 - 商店的门面和橱窗应包含在骑楼的设计范围内 - 拱廊式人行骑楼符合南方气候特征,提供遮阳避雨空间 - 营造步行社区 - 所有骑楼的灯具统一风格和造型
建筑设计	- 高层塔楼必须错开布置,高低建筑错落 - 建筑正门或大厅设在主街的临街面 - 高层建筑的楼层应控制建筑后退部位和突出部位 - 塔楼体积变化应按规定的标准控制 - 塔楼顶部收缩,断面嵌在下面楼层的断面内 - 规定使用浅色墙面 - 玻璃应采用淡绿色 - 建筑外部照明提倡多种形式	- 入口宽度 5~10m(或建筑面长度的 15%),高度 6m,不得超过二层的高度 - 后退或突出部位的总宽度 < 街道立面宽的 40%,后退距离 <3m,突出不超过立面线 1.5m - 街墙立面顶部后退 1.5~3m,建筑总高 80% 的顶部后退 1.5~3m - 整个顶部外壳应后退 1.5~3m,屋顶上的竖立物高度 < 建筑高度的 20% - 玻璃占外墙面的比例:骑楼 60%,街墙 <40%,塔楼 40%~50%,顶部可适量使用玻璃 - 街墙区的照明应设在人行道,建筑的中央部位可设聚光灯,顶部应采用柔和灯光	- 景观资源共享 - 雨篷、遮阳、标志或其他突出物都应符合类似标准 - 统一建筑立面风格 - 屋面材料应与建筑其他部位相同,屋面的机械设备应有遮挡 - 石料、水泥材料应采用淡色,不许建造深颜色的建筑外墙 - 可局部反光,不允许使用高度反光的玻璃 - 营造 CBD 不夜城的灯光夜景

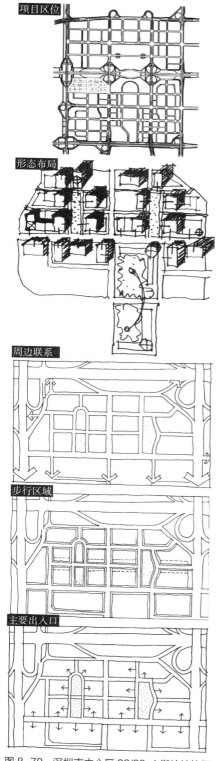

项目区位

形态布局

周边联系

步行区域

主要出入口

图 8-70　深圳市中心区 22/23-1 街坊地块概念方案及设计导则

城市设计工作以总体和局部两个阶段为主，虽然都注重城市设计运作中的过程性、综合性、参与性的特点和要求等，但由于这两个阶段中城市设计研究层级、内容和深度以及实施的方式等方面均有所不同，因而其成果表达亦有所差别。

在总体城市设计中，城市设计主要研究的是以城市的发展意象、整体格局为主的宏观问题，研究的深度是以各系统的框架性和原则性内容为主，并且它的实施是通过控制下一步的详细规划和重点片区、廊道等的局部城市设计而完成的。

因而，总体城市设计往往是以文字描述为主，图示为辅助的方式表达的，这种成果是概念性的、原则性的和框架性的，不涉及具体形态。总体城市设计的成果一般与总体规划一样，在获批准后即具有法定性，也可以转化为不同体系的地方政策、法规等形式而具有独立的法律作用。

而在局部城市设计中，虽然包含街区和街坊两个不同层面的研究工作。但这一阶段的城市设计主要研究景观与环境，开放空间与实体建筑（群）的形态，寻求城市开发与保护的方法，建立合理、健康的运动体系和活动场所等内容，因而它所涉及的不仅仅是小范围的体系框架，更多的是对设计的结构和形态进行指导和控制（图 8-71）。局部城市设计的实施则要通过大量的具体建设活动的控制而实现，也就是对后续的建筑设计、市政工程设计、环境艺术和景观设计的控制来进行的，因此，就局部城市设计的实践特点而言，它的成果不仅是具体而现实的，同时也要对应于城市发展的变化可能，具有弹性和适应性。基于这种要求，局部城市设计往往是以图纸和文字描述并重为主，既有整体性的、相对抽象的控制框架和结构，也涉及特定的具体形式和要求。局部城市设计虽然可以通过地方立法确认其作为法定文件的方式获得法律效力，但它的真正施行都要通过针对各类具体建设活动的指导和约束而进行，因此，在实践中依据局部城市设计编制各类地方设计政策、规定和地块要求更为重要。

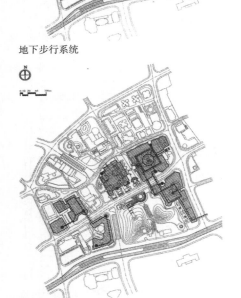

地下步行系统

二层步行系统

图 8-71　上海静安寺地区城市设计：立体步行系统

延安西路　社会公共地下车库　社会公共自行车库　下沉广场　南京西路　静安寺地下博物馆　静安寺地下服务后车库　愚园路　北京西路　总剖面

注释

[1] 引自 [美]Jonathan Barnett. 都市设计概论 [M]. 谢庆达，庄建德 译. 台北：创兴出版社，1981.

[2] 引自 Jon Lang. Urban Design：A Typology of Procedures and Products[M]. Architectural Press，UK，2005.

思考题

1. 城市设计的实践有哪些特征？四种类型的城市设计实践工作各自有哪些特点？

2. 城市设计主要关注哪些领域的研究和设计工作？尝试用不同的案例来理解这些工作的重点。

3. 总体城市设计的系统有哪些内容？用一个案例来解读总体城市设计是如何工作的？

4. 局部城市设计的整体形态是如何产生的？尝试用导则的方式来说明城市设计中的某个构想。

延伸阅读推荐

1. 李明. 深圳市中心区 22、23-1 街坊城市设计及建筑设计 [M]. 中国建筑工业出版社，2002.

2. [加] 约翰. 彭特. 美国城市设计指南：西海岸五城市的设计政策与指南 [M]. 庞玥 译. 北京：中国建筑工业出版社，2005.

3. [美]E. D 培根. 城市设计 [M]. 黄富厢等 译. 中国建筑工业出版社，1989.

4. [美] 哈米德. 胥瓦尼. 都市设计程序 [M]. 谢庆达 译. 台北：创兴出版社，1990.

参考文献

1. [美]Jonathan Barnett. 都市设计概论 [M]. 谢庆达. 庄建德 译. 台北：创兴出版社，1981.

2. [美] 哈米德. 胥瓦尼. 都市设计程序 [M]. 谢庆达 译. 台北：创兴出版社，1990.

3. 刘晓星. 陆家嘴中心区城市空间形态演进研究：1985—2010——基于空间政治经济学视角 [D]. 同济大学博士论文，2013.

4. 李明. 深圳市中心区 22、23-1 街坊城市设计及建筑设计 [M]. 北京：中国建筑工业出版社，2002.

5. [加] 约翰. 彭特. 美国城市设计指南：西海岸五城市的设计政策与指南 [M]. 庞玥 译. 北京：中国建筑工业出版社，2005.

6. 香港特别行政区政府规划署. 香港规划标准与准则 [S]. 2015.

7. E. D 培根. 黄富厢等 译 城市设计 [M]. 北京：中国建筑工业出版社，1989.

8. 卢济威. 城市设计机制与创作实践 [M]. 上海：同济大学出版社，2005.

9. 王建国. 城市设计 (第 3 版)[M]. 南京：东南大学出版社，2011.

10. 庄宇. 城市设计的运作 [M]. 上海：同济大学出版社，2004.

11. 王建国 杨俊宴. 平原型城市总体城市设计的理论方法研究探索——郑州案例. [J] 城市规划. 2017（5）.

12. 美国城市设计协会. 城市设计技术与方法 [M]. 杨俊宴 译. 武汉：华中科技大学出版社，2016.

13. 澳大利亚 Images 出版集团有限公司. Johnson Fain Partners selected and current works. Ⅲ : The master architect series[M]. 北京：中国建筑工业出版社，2001.

14. Jon Lang. Urban Design：A Typology of Procedures and Products[M]. Architectural Press, UK, 2005.

15. Florence Bougnoux, Jean-marc Fritz, David Mangin. Parentheses. Les alles：Villes interieures[M]. Paris. France, 2000.

16. Paris projet No. 27-28/30-31[J]. Paris. France, 1987/1993.

17. 东南大学建筑学院. 郑州总体城市设计，2018.

18. 东南大学建筑学院. 广州总体城市设计，2018.

19. 美国 SOM 设计公司. 英国伦敦金丝雀码头区城市设计，2016.

20. 美国 AECOM 设计公司. 杭州湾新城城市设计，2018.

21. 同济大学建筑与城市规划学院. 上海文化广场地区，2015.

22. 美国 SOM 设计公司. 佛山岭南天地城市设计 [G]，2017.

23. 同济大学建筑与城市规划学院. 上海静安寺地区城市设计 [G]，2012.

24. 东南大学建筑学院 济南市规划设计研究院. 济南市城市设计技术标准及管理机制系统研究 [S]，2018.

25. 美国旧金山城市设计导则：https：//sfplanning.org/resource/urban-design-guidelines.

26. 法国 AREP 设计公司，成都皇冠湖城市设计 [G]，2019.

27. 美国 SOM 设计公司，美国芝加哥千禧公园城市设计 [G]，2005.

28. 周卫华. 重建柏林——联邦政府区和波茨坦广场 [J]. 世界建筑，1999(10).

29. 陈一新. 探究深圳 CBD 办公街坊城市设计首次实施的关键点 [J]. 城市发展研究，2010，17（12）：84-89.

30. 王世福. 面向实施的城市设计 [M]，北京：中国建筑工业出版社，2005.

31. 金广君. 城市设计：如何在中国落地？ [J]，城市规划 2018（3）.

09 实施的组织

图 9-1　西南某县城中心区城市设计方案

9.1　实施可行性

9.1.1　观念和习惯

在城市发展历程中，新思维、新理念不断地冲击着地方和时代的习惯性方法和具体做法，既有顺应发展需求、切合本地条件且适度超前而获得成效之举，也有未顾及地方习惯或过度超前或考虑欠周而在实施中搁置不前的实例。城市设计的实施也是如此，由于涉及面广，需要特别顾及本地区的风俗观念和市场习惯做法，做好合理的理念推广和引导。

[案例1] 在西南经济欠发达地区，城市设计中为保持原有坡地地形和历史意向（城墙和城门），通过建立适应当地较大地形高差变化的多基面步行系统，在保持原有小尺度街道中满足车行通畅需求的同时，安排了部分步行活动至便捷舒适的二层步行街，由此带动了相关地块中商业和住宅开发，也通过立体化处理缓解了公园用地与停车需求和建设成本之间的矛盾。但由于该城市设计的理念超越了当地基于土地切分的开发习惯和城市建设的管理组织能力，未能获得实施，使该城市失去了整合交通、公园、土地开发和老城历史意向的机会（图 9-1）。

[案例2] 在江浙地区某发达城市，城市设计在编制过程中力推"小街坊窄密路网配合公共交通的建设"，形成宜步行的街区环境，虽然切合当下大部分市民的观念，但受阻于代表房地产市场的当地开发商习惯思维——认为大街坊才能形成拥有内部花园的住区好环境并获得更好的销售市场，因此编制完善的设计导则在实施中被开发商主导的工程设计方案颠覆，使得城市整体环境所代表的公共价值败于开发市场主导的个体利益，造成城市持续发展的遗憾。

[案例3] 在浙江省杭州市的滨江区，城市设计打破了把防汛堤坝与内陆地通过交通干道隔离的传统规划习惯，将滨水区的市民休闲活动和绿化景观与堤坝紧密结合，并化解交通性道路为尺度宜人的生活性道路，成为周边市民可达宜游的活动场所。城市设计因此得到了政府、市民和地产开发商的广泛认可和支持，实施后也获得极高评价（图 9-2）。

9.1.2　社会公平

　　城市设计关系着千家万户的利益，利害关系错综复杂，在实施中特别需要评估其过程和结果的公平公正性，因此，虽然会遭遇繁复的事务性工作，但在过程中（尤其是城市更新地区），尽可能地倾听社会各方面的声音，可以有效地在最终实施中保持一种良好的平衡：即公共利益与市民及开发机构等各方的利益平衡，而保证在重要时间节点上履行公众参与是耗时但有益的方法。

　　[案例1]在江南地区某旅游城市，城市设计在滨湖地区设置了滨水公园与商业步行街的融合，力求城市滨水区的活力塑造。在实施过程中，城投集团引入了国外某高端汽车品牌专卖店及众多国际一线品牌店，虽在开业时形成轰动效应，但在日后多年的运行中，被指与当地市民和旅游者的消费能力及日常生活毫不相关，遭到公众的一致反对后被迫撤离，成为该地区城市设计实施中将公共区域变相划分为极少数人服务的案例，成为城市滨水区中缺失公共性的典型，而原本可以通过公众参与来避免这类获取短期经济利益的做法。

　　[案例2]在南方某发达城市的旧城更新中，城市设计在实施中充分尊重传统肌理，在历史保护建筑群中植入了小尺度新建筑，并在周边布局了高层住宅群，创造了古村与新楼"共构"的城市形态和空间使用的组织关系。但由于较高房价使得原本保留当地手工业态和传统店铺的设想未能充分实现，同时，新住宅建筑和商业业态引入了大量高收入中产阶层，街区被指陷入"士绅化"（Gentrification）状况。这个案例折射出城市更新过程中由于利益人的多样化而显现更为错综复杂的利害关系，广泛的公众参与或许可以更好地平衡开发获益与原住民之间的冲突，但亦会大大影响城市更新的规模和速度（图9-3）。

　　[案例3]深圳湖贝古村具有500年历史，完整地保持着"三纵八横"的村落空间格局和潮汕地区生活风俗，由东、西、南、北四坊组成，占地7.8ha。在多个重要设计机构和知名学者的推动下，改变了开发商以"移建、拆建、创建"等的保护方式，提出运用三维立体的城市设计方法，全方位发展高密度城市空间模式，创造性地改造与重建湖贝片区。最终的方案在综合平衡保护和开发的权益基础上，清除古村东边三分之一有价值的老建筑，确定12300m² 协调保护范围和10000m² 核心保护范围以及2300m² 的风貌重建区，湖贝旧村的节点空间将被重新梳理，"三纵八横"的街巷肌理将被保存，同时老村背山面水，实现中国传统村落风水布局，重塑"湖贝大围"村落建筑风貌。在经过改造后，湖贝旧村这一片区的空间将被"打开"，成为深圳的"城市客厅"。该地沿深南路200m将呈开放界面，使新落成的"罗湖民俗文化公园"具备城市级公园的开放性，成为

图9-2　杭州滨江区江滨地带城市设计实施后效果

图9-3　南方某老城地区旧城更新背景下的城市设计

图 9-4   深圳湖贝古村的现状与更新计划（现状、2016 稿、2019 稿）

图 9-5   美国波士顿市中心"大开挖"项目实施前后

新的深圳文化地标（图 9-4）。这个案例再次强调在城市更新中保持公平公正的活化过程需要研究保护再利用和开发之间的财务平衡，通过城市设计的讨论并形成公共政策是这种活化过程的重要实现路径。

9.1.3　经济可行

城市设计的实施往往需要付出巨大的建设费用，是由政府统一运作还是结合社会资本操作，实施后的收益是否可以平衡，能否实现"招商引资"的发展目标或是"改善民生"形成社会效益，其后的运营和维护费用是否能否实现自我平衡的活化而无需政府长期负担，这些都是城市设计从设计到实施中极为关键而现实的问题。城市设计师的工作中不应该也不能回避这些问题，好的城市设计方案及其实现往往是周全的，甚至是由于策划和定位乃至具体形态业态的安排，使得实施中的财务计划和市场接受度突出而获得可持续的效应。

[案例 1]美国波士顿市在 1982 年的城市设计中，计划将 50 年代末修建的一条 7.8 英里长贯穿城区的高架主干道拆除，在其正下方挖一条更宽敞和结实的隧道，而原来造成污染和噪声的高架道路区域将改造成公园绿地，成为周边市中心区的休憩场所。以此借此解决日益严重的交通拥挤与都市公共空间不足的问题。1987 年，"中央干线隧道工程（Central Artery/Tunnel Project）"获得了联邦政府的财政支持。按照规划，工程人员要用 10 年的时间，花费 26 亿美元，但由于财务计划的严重不确定性，2004 年底这个工程的 95% 完工，2007 年才全部竣工通车。根据调查，隧道建成后，穿越波士顿城的平均时间从 19.5 分钟缩短到 2.8 分钟。然而，该项目的建设最终用了 26 年时间，花了 150 亿美元，大大超出了原来的计划，使其被称为全美最贵的高速公路（图 9-5）。

[案例 2]杭州湖滨路地区是西湖旅游集聚地，也是城市最为繁荣的老城区。1994 年为缓解城市交通饱和与老城更新发展的矛盾，在城市设计中确定了在湖滨路和湖滨公园下利用盾构技术增加地下车道并保护大量的地上文物和名木古树的核心构想。在实施中，由于预算资金上的突

破和地质情况不够理想，改用在西湖内通过围堰明挖建设地下隧道来替代施工难度和造价较高的盾构技术，最终，2002 年底开工 2003 年 10 月竣工的隧道全长近 1300m，其中穿越西湖约 730m，通行高度压低至 3.2m，总投资约 2 亿多元的地下车道释放了湖滨路地面空间（车道从原来的 18m 缩减至 8m），成就了湖滨公园与商业街区的繁荣发展，实现了城市设计中的目标，该案例很好地展现了城市设计实施中如何把握财务可行与城市发展前瞻的平衡（图 9-6）。

9.1.4 技术可行

城市设计的实施，多数情况下是在原有城区的基础上进行再开发或更新，并且是综合了市政、建筑、景观等多类工程，因而，在工程技术上需要进行可行性研究，不致出现颠覆性的技术困难，甚至为了避让某些重要技术困难，城市设计也需要做出适当调整。

[案例 1] 福建漳州台商投资区在引入厦门地铁 R6 线延长段线路和车站后，结合中心区的建设，在轨道沿线建设紧凑的混合功能小街坊，不仅将地铁车站出入口与相邻高层建筑结合，也在盾构推进的轨道区间上方形成一体化建设的（中庭）商业空间，使得由于不同开发建设时期的地下空间利用和地上空间开发得到很好的整合，避免了由于建设不同步所导致的土地开发权益废弃和浪费。由此可见，地下地上一体化开发由于地下建设的先行及同步实施技术，才能保证后续地上开发的顺利实行（图 9-7）。

[案例 2] 上海外滩地区素有"万国建筑博览会"之称，中山东一路也是上海南北向的重要干道。2009 年，为了将外滩滨水地区塑造成为市民休闲场所，城市设计中提出将原本地面道路 11 车道中的 6 个快速过境车道移至隧道，地面留出 4 个车道和 2 条停车带为到达性公交和小车车道，从而获得更多的地面空间作为市民休闲的活动场所。这个设想在实施中克服了重重技术困难，既要保证千年一遇的黄浦江防汛墙功能，又要顾及多栋优

图 9-6 杭州湖滨路地区改造前后（上：2000 年 2 月，下：2018 年 7 月）

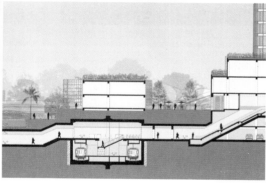

图 9-7 福建漳州台商投资区龟山车站地区城市设计实施方案

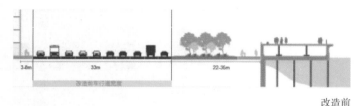
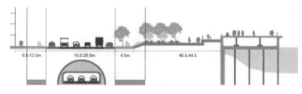

改造前   改造后

秀历史建筑不致受损产生裂痕，同时，常年累积的复杂地下管网与新建的地下隧道沉箱不可避免会"打架"，最终，下穿隧道和连接延安路高架的坡道形成立体的上下交错的布局，严密地保护地下管网和历史建筑基础，技术上的可行性使得城市设计的大构想在短短 2 年时间得以实现（图 9-8）。

9.1.5 组织机制

城市设计的实施，尤其需要在整体项目的组织上协调一致，将不同的开发或更新单元融合在一个大系统中。很多情况下，良好的组织机制，可以引导不同的实施主体形成利益共同体而保证实施目标，我国的很多重大项目往往有政府领导主持，解决了不同权力部门或行政单位由于利益不同而行动不一的问题，也有不少城市设计项目由于跨越多个行政管辖区域而事倍功半。

[**案例 1**] 日本六本木山六丁目地区的城市设计作为一体化实施的工程型项目，在 1983 年底获得东京都政府规划确定为"诱导再开发地区"，成为未来再开发都市地区，经过 6 年的产权人（单位）的恳谈交流，在 1990 年底成立"六本木六丁目地区再开发准备组"，又通过 8 年时间的努力来推进相关权力者的意见统一，在 1998 年底终于获得设计方案的通过并推进了一年后的土地所有权变更计划。从 2000 年 4 月开工建设了森大厦、东京凯悦酒店、六本木住宅、榉树坡综合体等不同类型和权属项目并整合在一个完整计划中，3 年后将近 76 万平方米的这一新地标地区，历时 17 年、耗资近 170 亿港元，正式投入运营，充分展现了以森大厦株式会社为组织主体，联合朝日电视台等 500 位土地所有者共同进行再开发在组织机制上的成功（图 9-9）。

[**案例 2**] 上海徐家汇地区是城市副中心，也是上海西南片区重要交通道路和三个地铁线汇集区域，车行步行矛盾极为突出，2010 年起，徐汇区政府和市规划局协同指导地上步行系统的建设，2015 年确定二层联廊城市设计方案，虽然遭遇老城区地下管线和地铁区域复杂情况以及牵涉多幢特定产权单位建筑而历经修订，但良好的组织机制保证了多方沟通交流的顺畅和问题解决，例如原来的西亚宾馆经过改造，为二层步行系统提供了通道空间和支持停留的餐饮功能，类似的项目通过产权空间的置换、租用等市场化手段，使技术难度极高的美好设想一步步落实（图 9-10）。

图 9-8 上海外滩地区改造前后（上：2000 年 5 月，下：2021 年 2 月）

图9-9 日本六本木山六丁目地区实施过程

9.2 实施体系

城市设计的实施制度是保障原有的设计构想能有效落实在项目的各个环节，其中包括管控主体、管控内容和管控制度三个方面。

9.2.1 管控主体（谁来管）

城市设计的实施管控既是政府勾画发展前景，保障城市环境形成的控制过程，也是通过吸收和引导多种渠道社会投资的城市建设活动，实现城市设计意图的协调过程，同时，也要满足以市民为主体的城市使用者的要求，切实反映公众的生活意愿和环境要求，因此，城市设计涉及利益团体（权利人）、市民等多方面的利益关系，势必要求管理机构能充分协调和综合公共利益和个体利益，谋求共同利益的最佳结合。

城市设计管控有多种模式，在我国，建立以政府为主导，利益团体、非盈利组织、市民代表等多元主体参与的形式比较常见。无论哪种模式，在城市设计实施过程中"综合运用国家机制与政府组织、市场机制与盈利组织、社会机制与公众组织这三套利于城市健康发展的社会工具"。

当前，不少城市如深圳、上海等都在原有的规划局体系中相继成立了"城市设计处""城市更新处"等专门机构来专项处理城市设计管控问题，在深圳、广州、成都、郑州等地还在多个城市重点地区聘用"总城市设计师"，形成总城市设计师牵头与规划局共同成为管控主体，这在我国规划管理体系中是个重大突破，很好地提升了城市设计师的地位及其与多个利益主体协商的作用。

在法国巴黎、波尔多等城市的多个保护和更新地区推行"国家建筑师"制度（类似总城市设计师），则在管控主体的责权利上更为明确，富有经验的国家建筑师通过与区内各利益方的充分沟通交流，可以决定具体项目的设计取向，从而全面推行在管辖区域对建设和保护的管控，当

图9-10 上海徐家汇地区二层联廊城市设计

然，若干年的辖区成效是其胜任与否的重要评估内容。美国纽约、费城等地施行的"总城市设计师"制度与此类似，但工作范畴包含更多的新开发和再开发项目。

在不少社区型城市设计项目中，由社区选出的市民代表全程参与实施过程，适时举行各种多方听证会，并聘用第三方专业机构来判断具体项目的取舍，提交规划管理当局来做最终裁断。

可见，政府依然是城市设计管控体系中不可替代的组织者和决策者，利益团体、非盈利组织和公众团体的参与介入可以克服由政府包揽管理事务的传统弊端，通过建立市场机制下的**"利益共同体"**，发挥各方的积极性，提高管控决策中的效率、公平、透明。

（1）集权管理组织模式

这一模式是由政府或其指派机构全面负责城市设计的立项、设计、实施等一系列过程中的管理组织事务，对城市设计区域具有唯一控制和监督的权力，此种模式下，对城市建设中的建筑、市政、交通、景观等多项管理内容具有高度集权化特点，使其在综合、协调、控制多项开发建设活动中具有较高的效率和行政权威。集权管理模式下，城市设计组织机构与各种建设开发团体之间的关系如下（图 9-11）。

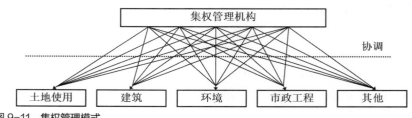

图 9-11　集权管理模式

美国的许多城市如旧金山、亚特兰大、华盛顿特区、达拉斯等对城市设计运作都采用集权管理，在几十年的城市开发建设中，已取得了较好的效果。我国的一些重要城市及其开发区域，如深圳福田中心区、上海浦东陆家嘴金融贸易区等，也采用政府或政府派出的机构集中统一管理城市建设及其中的城市设计事务。集权管理方式，其重要特点是通过政府的全权管理，有力地保证了城市设计和规划在城市建设过程中的重要地位，强化了对设计目标的管理和实施开发过程的控制，但这种方式应对城市建设开发市场的变化不够敏捷迅速，在实践上宜强化与市场要求的结合。

在集权管理模式中，有时也会产生针对特定项目或计划，设置独立政府部门或专门机构的形式来加强城市设计的运作管理，这种类型可以称之为专案管理。在国外，这种机构一般以政府分设的委员会的形式存在，专职管理特定的城市设计事务；在国内，则是由政府设立专门的"指挥部""开发办公室"等机构来完成这一专项职能。如上海南京路外滩改造工程办公室等都是这类专职机构。

[**案例**] 西安钟鼓楼广场城市设计的运作管理是政府集权管理组织模式的重要实例（图9-12）。西安钟鼓楼广场位于西安古城中心，东起钟楼盘街，西至鼓楼盘街，占地面积约2.18ha，经过对这一地区历史背景、区位环境以及在今后市中心地区现代化功能作用的分析，西安市政府认为这样一项涉及古迹维护、公共广场和商业设施、市中心交通改善并结合人防工程的复杂课题应由规划部门与设计部门紧密协作，通过城市设计来完成。1994年，西安市城市规划设计院和西北建筑设计院通力合作，拟定了城市设计方案；1995年，西北建筑设计院主持下，协同总参工程兵第四设计院共同完成这一工程的实施设计并于当年11月破土动工，1997年底竣工并投入使用，这一城市设计项目在整体布局和形态处理上都获得了一致的赞誉，其中的运作管理则是该项目获得成功的至关保证。早于1994年，就由市政府直接组建了钟鼓楼广场建设指挥部，由主管领导为主，市建委、市商委、人防办等职能部门的领导参加，形成了一个专案专权管理机构，统辖由这一特定项目涉及的征地、动拆迁、建设、市政、绿化、资金筹措等方面的协调和运作。在历时4年多的城市设计运作期间，从可行性研究、确立项目、划定用地范围、征地工作和动拆迁、招商引资，与人防工程相结合等一系列工作中，这一机构充分发挥了统一管理、统一协调、统一实施的集权化作用，大大提高了项目运作的效率，尤其在后期，由于资金存在缺口，通过招商引资，吸收了金花企业集团参与广场项目的开发，在协调人防工程与地下商业设施、协调公共发展项目与私人开发收益等方面的矛盾，广场建设指挥部都起到了不可估量的调合作用，使项目得以通过合理方式顺利地实施，为西安人民增添了一处优美、雅致的城市环境，也充分显示了集权管理组织模式在城市设计运作中的巨大成效。

（2）分权管理组织模式

分权管理组织模式是指城市设计实施过程中的建筑、景观、市政、交通等多方面内容的管理权和责任由不同的政府分支机构分别承担，如由规划局、交通局、园林局分别研究相关的城市设计课题，分权管理是较为常见的组织模式。由于城市建设管理的错综复杂，涉及方面多而分散，在土地、规划、建筑、景观、市政、交通等各个管理机构中都会或多或少地存在与城市设计相关的工作，因而，在缺乏统一的管理机构或专案机构来集中处理城市设计相关问题时，只能由各个分权机构分别处理其责权范围内的城市设计课题。由于这种分权管理方式下，虽然各个部门所进行的城市设计专项研究（如景观绿化、步行和车行交通等）较为深入，但由于与其他部门不易取得持续沟通，城市设计目标和实施手

图9-12　西安钟鼓楼广场城市设计和实施情况

段往往不尽相同甚至相互冲突，从而使城市设计对城市建设的全局综合性把握的特点难以得到充分发挥。因此，分权管理组织模式往往需要由上一层次的政府权力机构加以统合，协调各分权机构的目标，才能保证城市设计的整体性构想的实施。分权模式下，分项管理机构对于实施某些专项系统的城市设计（如步行系统）较为有利。美国的巴尔的摩市（Baltimo）的政府机构中，在计划部、住宅和社区开发部、交通部和市长办公室中都配置城市设计专业人员，保证各个部门都设有设计评定和咨询委员，由于在各个部门较重视城市设计的作用，因而对这一地区的城市建设发挥了积极作用。

（3）第三方组织模式

与上述政府作为城市设计实施的管理主体不同，第三部门组织模式是强调城市设计操作过程中，通过第三方的介入乃至主导，平衡政府和利益团体间的各自意图，调合市场需求和发展计划、个体利益与公共利益之间的矛盾，使组织及其管理活动过程成为城市开发建设中公平、公正的媒介体。国外的部分城市和项目中，尤其是社区发展项目，已有由第三部门组织城市设计运作过程的例子。

【案例1】"美国巴尔的摩市的查尔斯中心及内港开发管理部就是这样的组织，由市中心的企业家、设计咨询机构和市民共同组成，管理这一特定区域的开发建设，维护城市的活力和特色，在这个组织的努力下，仅用17年就实现了市中心区的改造计划（图9-14）。"

【案例2】"高线公园（High Line Park）"是一个位于纽约曼哈顿中城西侧的线型空中花园（图9-15）。原来是1930年修建的一条连接肉类加工区和三十四街的哈德逊港口的铁路货运专用线，后于1980年功成身退，一度面临拆迁危险。1999年，当地两位居民旅游作家约书亚·大卫（Joshua David）和手表商人罗伯特·哈蒙德（Robert Hammond）倡导下，成立了一个以社区为基础的第三方非盈利性组织——高线之友（Friends of The High Line）。"高线之友"倡导高线进行保存并再利用，作为公共开放空间为纽约市民服务，通过邀请评估专家对公园周边的土地建筑等进

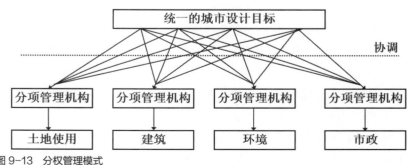

图9-13 分权管理模式

行估算，发现公共空间所创造的税收收入将大于建造所需的成本，公园建成后周边的地价能提升 13%-16% 的经济效益，由此成功说服了当时的纽约市市政府和市议会。该第三方机构不仅在初期的时候负责统筹高架公园的规划设计，协助纽约市政府和市民们最终确定了设计单位和方案，并筹集了 5000 万美元的私人资金作为未来建设资金投资（一期）。在此过程中，始终把公众的利益当作一个重要考量，也兼顾各个阶层的公共利益得到均衡，如此确保了民众对于高线公园的支持。高线公园建成后，高线之友就接过了高线公园的管理重担，并成立了高线艺术委员会（High Line Art Commission），定期的在高线公园内组织各种不同类型的公众艺术活动，通过为纽约市的公共艺术家们提供支持和场地，将大量的公共艺术引入高线公园。高线艺术委员会将具体的活动时间和活动类型都公布在高线公园的官方网站上，以满足不同兴趣爱好的民众。今天，在第三方机构的推动下，这条曾经废弃的高架铁路，建成了独具特色的空中花园走廊，有力刺激了私人投资，使这里成为纽约市增长最快、最有活力的社区，为纽约赢得了巨大的社会经济效益，成为国际设计和旧物重建的典范。

多数第三部门团体都参与城市设计的设计工作，并介入到实施和运维管理中，他们往往借助于半官方或非盈利组织的角色，使设计目标在贴近实际情况下完成得更好。第三部门组织模式虽然在目前只是城市设计运作组织中很小一部分，但由于其特定的身份，具有面向市场发展的高度灵活性和良好服务，易获得开发投资方的信任。由于第三方机构脱离政府，但又获得政府的支持，在实际操作中取代政府管理大量繁琐的工作，获得较高的工作效率；另一方面，与开发机构、政府乃至社区居民容易进行沟通，在协调各方矛盾和维护公共利益上成效显著。

图 9-14　美国巴尔的摩市的查尔斯中心及内港城市设计和实施

当然，第三方毕竟不同于政府机构，在大型城市设计规划的实施组织中，作为管理主体，仍然受到很大的局限。美国著名城市设计学家哈米德·胥瓦尼称"第三方是待开发的人力资源和财务资源，对于提升必要的城市设计和社区开发等方面，是取代政府机构的一种可行办法"。

（4）公私联合组织模式

公私联合组织模式是指由政府、开发商等共同组成城市设计管理机构，通过长期的合作，确定和实施共同发展目标的组织模式。公私联合组织模式力图在组织机制中把公共利益、开发中的共同利益与个体利益结合起来，充分发挥城市设计的综合协调能力，公私联合的多元化管理主体，使城市设计的目标制定和决策过程更具公平性、主动性和高效率，成为整体计划与个体开发密切结合的积极型城市设计过程。公私联合组织，可以是由政府与联合开发的多家开发团体，也可以是个别开发的开发团体与管理机构以及咨询设计机构等共同组成。由于公私联合组织模

图 9-15　纽约曼哈顿"高线公园"城市设计

图9-16 日本大阪商业城"开发协议"制度下的高强度整体开发

（上：1969年制定的大阪商业城计划

下：修订后的大阪商业城规划和实施效果）

式顺应了投资渠道多元化的城市建设发展状况，也有利于政府更好地控制和引导城市发展过程，因而在不少国家的城市设计运作和实际开发建设中已逐步得到应用和重视。

[案例] 日本大阪商业城（Osaka Business Park，简称OBP）地区即是基于公私联合管理组织模式的典型案例（图9-16）。OBP地区位于大阪市东西轴线上，在"大阪21世纪计划"的构想中，OBP地区拟定为大阪城市副中心部分。这一地区的开发管理（包括城市设计和规划管理）的组织由多家开发团体与政府管理部门共同组成，即"大阪商业城开发协议会"。开发协议会成员从1970年由获得地区开发权的4家（包括住友生命保险株式会社等）发展到1991年的12家，经过20多年的共同努力，全面实施了经过多次修改、调整的城市设计目标和构想，既保证了区内土地开发、市政、交通、景观等多项工程的综合化设计和实施，也通过城市设计的系统化设计，将公共设施与私人开发设施紧密结合，使地区的开发强度远远超过常规的4.0容积率指标，获到可观的开发效益，与此同时，在潜心而有效的城市设计指引下，采用"超级街区"模式，并对其中的广场、步行区、绿化、人行天桥、广告物等作了详尽的设计，使这一地区在较高的开发强度和开发容量下，也获得了优美、丰富、亲切的空间环境和公共设施，形成了昼夜人口规模15万，就业人口4.5万的新城市核心，成为日本20世纪八九十年代大规模开发的成功范例。

9.2.2 管控内容（管什么）

（1）管控区域范围和管控力

城市设计实施管控通常需要明确的界定，在总体城市设计中需要划定三个层次的区域：①城市核心区域（通常是最有特色和活力区域）；②城市重要价值区域（具有特殊资源和潜力的区域）；③城市一般区域。前两者需要规定进行局部城市设计工作来完善或替代控制性详细规划来实施管控，而后者可以通过控制性详细规划和城市设计通则（比如上海城市街道设计导则等）来管控。在第一类城市核心区域，可以根据各个地方的实际情况明确"弱"管控模式或"极强"管控模式，即：对于特别关键的地标型重点街坊开发可以通过"弱"管控，邀请具备突出城市设计素养的建筑师在理解城市格局基础上开展"城市+建筑"的整体设计来充分展现地区魅力，当然，也可通过精细的城市设计来实施"极强的管控"；在重要价值地区同样也需要编制详尽研究所形成的街区型城市设计通过"强"管控来实施区域的整体性构想。因而，整个城市管控区可以呈现出"极强—强—弱"和"弱—强—弱"两种不同的分片不同强度的管控模式。无论是哪种模式，城市设计的编制和管控都应突出不同要素（建筑、道路、

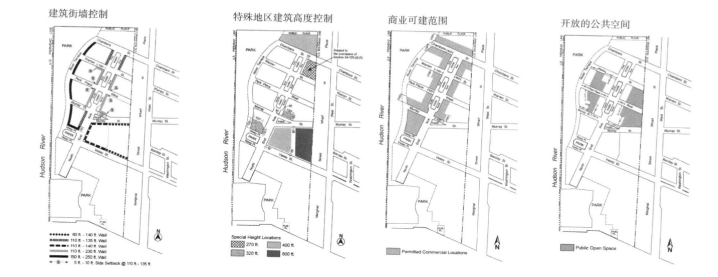

景观等）组合的整体观和三维立体的空间组织思维，来激发地方的环境特色和活力。

（2）管控内容

实施层面的管控聚焦在局部城市设计，虽然每个片区会依据自身特点管控内容有所不同，一般情况下会集中在以下几个方面：

①目标定位

根据上位规划的要求、拟建项目的功能和业态需求以及周边交通、景观要素等现状条件，提出城市设计的目标定位。

②街区建筑

• 退界控制。对建筑退让用地边界、重要开敞空间、交通与市政设施提出控制要求，划定建筑控制线；研究特殊用地的整合开发模式，对相邻地块的跨地块开发范围提出要求。

• 高度与体量控制。研究建筑群体的空间组合关系，划定建筑控制线内的高层塔楼控制区、特殊高度控制区，对建筑的高度（限高、限低、区间）、体量、方位、密度等指标提出要求；涉及住宅、医院、学校等项目应进行日照分析，并满足相关规定；对地标建筑的位置提出要求。

• 界面控制。划定街墙控制线，对建筑沿重要道路或开敞空间的界面的秩序性（对位率）、连续性（贴线率）和通透性（开敞度）提出要求；对重要沿街界面的低层建筑公共性（商业界面占比）和形式（如敞廊、退台等）提出要求（图9-17）。

• 建筑设计引导。对重要的公共空间布局或特殊功能布局进行引导；依据重点区段类型，对其建筑风格、色彩、材质等提出引导要求，对第五立面或屋顶形式等提出设计要求。

图9-17　纽约炮台公园（Battery park）地区城市设计管理内容和实施效果

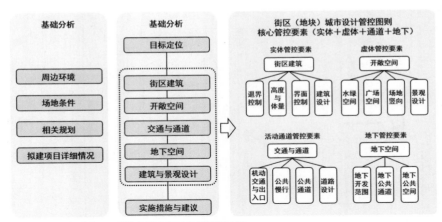

图 9-18 局部（街区／地块）城市设计实施管控内容

③开敞空间

• 公共活动空间。对街区中的集中绿地、广场空间的位置和规模

• 提出控制引导要求；对重要公共活动节点的功能布局、空间形态、流线组织、场所特征等提出引导要求。

• 场地竖向引导。对场地的竖向设计进行整体统筹，明确重要开敞空间与建设用地竖向衔接关系。

• 景观设计引导。对重要开敞空间的绿化种植方式、古树名木或特色植被的保护措施提出要求；对重要公共活动场地的地面铺装、无障碍设施、景观小品和构筑物配置提出要求。

④交通与通道

• 机动交通与出入口。依据地块机动车出入口设置的难易程度，选择采用"允许"或"禁止"的开口范围进行表达；对位置特殊或功能复杂的地块，合理组织各类机动车流线和停车设施，区分出入口类型。

• 公共慢行引导。对不同层的公共慢行系统进行表达，重点关注与绿地、广场、滨水区和公交设施的连接，以及城市干道的跨越方式。

• 公共连接通道控制。确定地块间的空中可连通范围，对空中连廊的位置、数量、宽度、标高、下部净空以及建筑预留接口等提出要求；确定穿越街区的地面公共通道的位置和数量，重点对其最小净宽、接口范围等提出控制要求。

• 道路设计引导。对重要道路的中分带和侧分带设置，交叉口的转弯半径和渠化设计等提出引导要求；对重要路段的道路设施、行道树种植、地面铺装等提出引导要求。

⑤地下空间

• 地下开发范围。对地下空间开发的位置、范围，地下建筑退让用地边界提出控制要求；研究高强度开发地段的地下空间整合开发模式，对不同地下开发单元之间的连接方式、可连通范围、标高衔接等提出要求。

· 地下公共通道。对地下公共连接通道的位置、数量、净宽、标高以及地下建筑预留接口等提出要求；对地下空间的主要出入口、垂直交通设施、下沉广场的位置和数量提出要求。

· 地下空间利用。研究地下空间的利用方式，对主要地下公共空间与停车空间的分布提出要求。

⑥实施措施与建议

对实施步骤、实施方案、公共政策等提出建议。

9.2.3 管控制度（如何管）

城市设计的设计成果（包括设计导则、指导纲要、相关政策等）要在城市建设过程中予以实施，必须建立有效的实施制度。城市设计是通过对后续具体工程项目进行了设计控制来取得实效，因而，对城市设计地区的建设工程项目施行城市设计的"设计审核"制度，是保证城市设计对建设开发活动（包括建筑、景观、市政等）进行控制的首要实施工具。

[**案例1**] 日本横滨市的城市设计制度

1971年横滨市设置了日本官方体制下的第一个"城市设计小组"，1982年改称为"城市设计室"（Urban Design Office），并纳为城市规划指导部下属的一个正式科室单位，主要职责有①负责城市设计的规划；②负责城市设计的调整；③制订城市设计的准则；④从城市设计的视点推行公共设施的设计；⑤组织、执行与城市设计有关的调整、研究及宣传。其中第四项和第五项是直接关于城市设计实施工作，由于在日本城市设计始终没有获得法律地位，即在"城市总体规划—地区规划制度—建设许可制度"体系中没有城市设计的法定地位，同时，日本土地私有化制度使城市设计很难广泛开展，致使横滨城市设计审核制度只能从两个方面展开，其一是在公共设施及公共项目的规划和建造许可中纳入城市设计的审核条件；其二是利用民间组织如街区委员会等执行街道、绿地、广场等的设计审议和实施策略。有鉴于此，横滨市专门制定了"市区环境设计制度"，作为一项旨在达到城市设计要求的建筑许可制度，其目的是引导建造物的建设要照顾到周围环境，使地区建设更富有魅力，为形成良好环境，全面考虑布局、外观、色调等，对在建筑区内确保了步行空间和绿地的建筑物，可依据《建筑标准法》增加容积率，也可根据《城市规划法》放宽对其高度的限制。图9-19表示日本都市计划建筑法系暨管制制度的框图。

[**案例2**] 美国旧金山城市设计制度

旧金山是美国拥有独特城市格局和建筑风格并且有历史保护价值的城市之一。从1971年编制的"城市设计总体规划"到1983年以城市设计

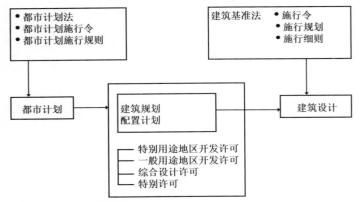

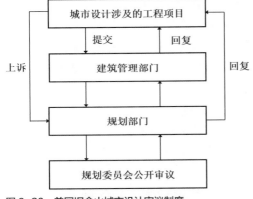

图 9-19 日本都市计划建筑法系暨管制制度 　　　　　　　　图 9-20 美国旧金山城市设计审议制度

整体控制观念所编制的"城市中心区规划",都反映了市政当局对城市设计在历史保护与城市开发进程中的作用之重视。城市设计在旧金山受到市民普遍的关注,城市设计的实施过程(包括审核)因而也相当重视公众的参与性,全市的"城市设计总体规划"为指导纲要,在各特定地区及邻里单元都制定详细的城市设计准则。

在旧金山,城市设计审议制度已日趋完善,虽然,城市设计是建立在区划的法律基础上的,但城市规划委员会作为法定城市设计审核机构,具有很大的城市设计审议裁决权,当然审议过程亦非常尊重政府部门的城市设计人员之建议(图 9-20)。城市设计涉及的具体工程项目议案的受理与执行由旧金山建筑管理部门承担,设计议案一般由建筑管理部门转交城市规划部门,并提呈城市规划委员会组织专家公开审议,如获审议通过,再转交建筑管理部门核发建设许可证。被否决的项目可通过上诉渠道办理复审。

[案例 3] 美国波士顿城市设计制度

旧金山的城市设计是在城市保护的基础上进行,而波士顿市政当局更多的是针对城市开发与再开发的问题。波士顿再开发委员会(Boston Redevelopment Authority,简称 BRA)是审议城市设计工作的法定机构,它对辖区内的城市设计审议程序是较为典型的。

图 9-21 为波士顿再开发委员会的都市设计审议制度中的审查程序。值得注意的是,有别于美国其余大城市,它要求开发案在完成详细施工图和施工说明书,并经都市设计审议委员同意后,方可由建筑管理部门核发建设许可,并且,这一审议制度具有以下几个特点。

①城市设计审议官员都具有极强的城市设计观,对管辖地区的城市发展前景有明确的预期要求,因而会对设计审议有极强的影响。BRA 辖区内所有开发项目均须经过城市设计审议方可获得开发许可,邻近地区具有弹性开发个案,亦要经 BRA 的审议。

②"城市设计审议不设专门条文法规加以遵循,也没有预设的设计准

则。每个开发案都由开发商、建筑师和城市设计官员共同针对基地之实际情况拟定设计准则，即个案化管理方法"，使开发商和建筑师对参与城市设计更有主动性和积极性。

③已开发之成功个案的设计准则常被作为参考使用，即所谓的"案例援引"（Case by Case）的支持。

［案例 4］英国的城市设计制度

在传统的英国城乡规划体系中没有"城市设计"的法定用语，但在1947 年城乡计划法中所制定的开发计划许可制度，具有审查城市发展的作用。直到 20 世纪 70 年代，查尔斯王子发表了关于城市设计质量的宣言，城市设计的概念和制度才逐步得到显现和完善。在埃塞克斯（Essex）等城市，环境部还专门制定了城市设计的专项设计政策，作为实施城市设计制度的核心依据。

由于英国大部分城市主要面临着保护传统街区和特色的问题，因此，英国的城市设计审核一般是采用个案的审议方式，其内容包括：①关于建筑形态设计基准的形态、规模、体量、特征、高度、材质、细部；②有关建筑物与周边环境协调关系，如屋檐线、沿街立面、历史文脉、街道格局、历史的平面布置格局（类型）、城市景观、历史的开发过程及统一感、连续性和格调等；③关于平面布局形态的常规审查如日照、采光、通风等。英国是个中央集权国家，大多数重要城市及地区的城市设计审议都要报规划、开发和环境部批准（Department of Planning. Development and Environment）。常规的开发设计案可由地方当局组成的委员会审议裁决。

［案例 5］我国深圳的城市设计制度

我国深圳市是第一个明确地把城市设计纳入地方法律文件的城市，并对城市设计的编制、审批制度做出了规定，在《深圳市城市规划条例》中，确定了城市设计分为整体和局部两个层次和阶段，对城市设计的范围区域做出了规定（图 9-22），对单独编制的城市重点地段城市设计，由城市规划主管部门审查，并报市规划委员会审批。城市设计获批准后，要对涉及的工程建设具有约束和指导作用，即工程建设案须经市规划主管部门及其派出机构（区规划部门）审核符合城市设计要求，方可获建设用地许可证和批准书。同时，深圳市城市规划管理局率先设立城市设计处，成为管理全市有关城市设计事务和审议制度的法定机构。深圳市在不断完善城市设计制度的基础上，已经完成了多项重大城市设计项目。1996 年完成福田中心区城市设计案，1997 年完成福田中心区轴线公共空间设计，1998 年由 SOM 事务所完成 22，23-1 街坊城市设计，1998 年中心区城市设计结合地下空间规划完成。多项重大城市设计案的完成使深圳城市设计活动和制度得到推广和认可，而面对城市设计后续实施，深圳市仍有不少针对开发个案的城市设计审查工作有待深化。

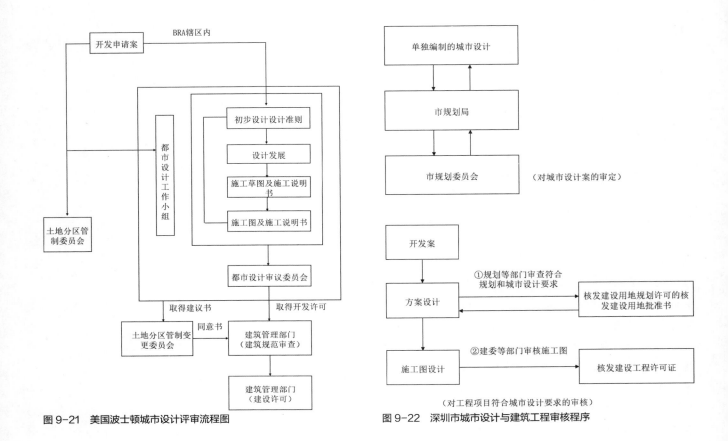

图 9-21　美国波士顿城市设计评审流程图　　　　　　　图 9-22　深圳市城市设计与建筑工程审核程序

综观国内外的城市设计制度，包括审查机构的设置和审核程序的确定，都反映了其针对不同城市特点，不同发展目的的基本特征。虽然在城市设计审核内容上有所侧重不同，但大致可以将城市设计审核分为两类，一类是以条件审核为主，附加准则为辅，即满足预设之条件，即可通过。另一类是没有预设之评审条件，主要针对个案的实际情况来审查，即个案审查（如本书 9.1.1 章节提及的"弱管控"）。两者各有特点，前一类城市设计的条件来之于以往城市开发之经验和推断，有一定经验约束和主观性，但往往容易控制城市发展过程（尤其是大规模、多项目的城市）。后者主要针对特定情况，可以激发设计师、开发商的参与，但难于应付城市大规模发展的局面和大量集中的个案处理。

基于上述分析，我国许多城市在住建部的指导下，针对当地实际发展情况，制订相应的城市设计制度，将条件审查和个案审查方式的优点结合起来。

9.3 实现途径

城市设计的核心是将多个要素综合起来考虑创造美好的形态环境，在很多美丽的小城镇，虽然当地没有城市设计的管控工作，但建筑师和建造者们都遵循着传统形式下的"公共约定"——其中隐含着建筑体量、尺度、材料、色彩乃至灰空间等的建造规则，这些规则深刻影响着后来的建筑，聚沙成塔般地创造了诸如中国大理、乌镇、瑞士伯尔尼、比利时布鲁日等充满魅力的老街小镇（图9-23）；而在宏大的历史进程中，作为全球大都市的纽约曼哈顿，却是在1916年区划法中著名的"蛋糕式形态"开发规则下，历经不断修订完善，并产生了众多基于规划又超越规划的优秀建筑，集合形成了丰富多彩天际线下的世界金融中心。由此可见，城市形态的形成并非只有一条通途，**"形态演绎规则"**和**"规则诱发形态"**无疑早已成为城市设计在实现理想目标下的两种重要途径。

9.3.1 途径1：规则控制

城市设计是通过一系列导则、纲要、公共政策来实现对后续的各类工程予以实施的。其中，"规则控制"是传统的重要途径，就是把城市在日常使用中积累的多方面经验，包括如何发挥好的效应，避免不良的影响等，化解成城市开发和更新中遵循的"规则"，来影响和指导好的城市形态生成，这种规则主要有三部分构成：

（1）本区域地块遵循的共同性原则，如：为保证道路通畅性地块的车辆出入口要避开主干道；为建立"宜步行区域"，要求街道设置较小的转弯半径，以区别于主次干道上的车行优先的原则（图9-24）；为保证相邻建筑和场地的日照通风等要求地块上建筑物在不同高度做出相应退让等；

（2）本区域地块遵循的系统性要求（仅涉及部分地块和街坊），如：区内重要街道的确定以及街道两侧的连续街墙界面要求，区域内地下/地上步行体系的确定和相应要求等（图9-25）；

（3）为指导城市建设而形成的各类专项类"设计导则"，如上海制定的城市街道设计导则等；

大部分"规则"是着眼于城市的公共利益而建立的，如微气候维护、公共卫生和健康、传统视觉形式和内容及历史记忆延续、日常生活和公共空间等，而这些规则影响下形成了一些特定的形态处理方法，如为保证街道不致太过压抑设置了"天空曝光面"规则所形成的纽约曼哈顿的"蛋糕式退界形态"等（图9-26）；也有一部分"规则"是针对城市特别需求和地方特点而设定的"范式"，如芝加哥卢普（LOOP）地区为应对本地气候（风城）和步行舒适而设置的非地面层步行系统"规则"（注意；

图9-23 伯尔尼、布鲁日、苏州、大理的特色街道和两侧建筑

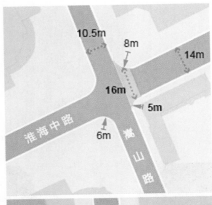

图 9-24　上海市街道设计导则中的转弯半径建议

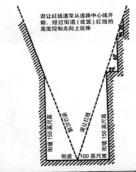

图 9-26　美国纽约 1916 年为保证天空曝光面设定的区划法和由此形成的退台式高层建筑形态

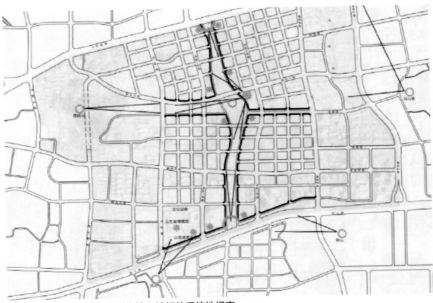

图 9-25　某城市设计中对街墙和地标的系统性规定

不是形态设计导则）（图 9-27）。

　　"规则控制"作为城市设计的重要途径，其出发点并非直接从形态出发，而是主要基于公共利益和公共价值等核心，并通过将涉及的具体要素关系（如街头公园与周边建筑的关系）转化为可控的"形态共性规则"，因此，规则的价值在于确定了清晰的管控目标，既可以通过正面或负面清单对涉及项目进行一定的正向引导和不良结果的规避，也容许规则条件下的多种形态可能，具有灵活性和普适性。然而，也应该看到，虽然近期的规则开始出现正向引导，但传统的"规则控制"重点大多采用底线控制方法来规避负面结果，并不能保证最佳或比较理想结果，同时，由于"规则"的普适性特点，容易产生各地借鉴传袭，缺乏特定地域、特定街区的针对性，对于创造地方特色有一定欠缺；并且，规则控制中的范式大多来源于过往的经验，需要利用大数据等不断去伪存真、推陈出新，才会与时代和社会发展的城市需求同步。

9.3.2　途径2：形态干预

　　在近期的城市设计实施中，"形态干预"从"规则控制"的补充者角色逐渐成为指导建设实施的主角，重要原因在于其更为明确地应对本地的问题，有利于对症下药式的解决问题和达到目标，并且通过具体可理解的"形象"让决策者、开发者、市民等来关注、理解和决策，有利于城市设计的有效性实施。

形态干预通常是将多重要素的关系处理结果（形态设计语言）转化成具体的体系导则和包括公共空间在内的地块导则，和规则控制的通用性和负面规避特点相比，"形态干预"主要是经过因时因地的研究和设计，来针对性、正面地引导"好的形态关系"，它主要有三个层面的内容：

（1）设计区域内的地块要求：通过局部城市设计的整体形态关系考虑所形成的对每个地块的形态引导导则。包括，高层多层建筑的位置、建筑的身份和形式感、相邻公共空间的建筑界面要求、建筑与其他要素的联通道等要求，如地铁车站、历史建筑、河流等的形态关系等等。例如，深圳福田中心区 22/23-1 街坊的地块导则、巴黎贝尔西公园（Parc Bercy）地区城市设计导则（图 9-28）。

（2）设计区域内的系统要求：将城市设计中的整体形态关系转化成系统性的形态导则。比如英国伦敦金丝雀码头地区为保证地面机动交通顺畅而设置的二层平台系统是经过仔细形态研究后形成的整体场地组织要求（图 9-29）；又如，纽约曼哈顿市区 51-57 街区域内，通过研究后建议的准公共空间体系导则等（图 9-30）。

（3）城市层面的形态导则：为塑造和维持本地特色而制定的整体形态政策，如香港港岛地区为保持良好的高层建筑与太平山体轮廓的关系所确定的建筑高度政策——除了个别地标建筑（如香港国际金融中心）需要通过特别审核准许建筑高度突破天平山轮廓，通常情况下要求在山脊线下保留 20% 的空间不受建筑物遮挡，也就是说建筑高度不得超过太平山山形高度的 80%（图 9-31）；又如旧金山市中心制定了关于建筑体量的城市设计控制准则，明确规定了全城建筑高度的分布（图 9-32），以保持本地特有的地形风貌。

虽然针对设计区域所形成的"形态引导"相较基于经验所形成的"规则控制"，更为贴合本地的需求，也更容易形成地方的特色，但由于是短期内完成，会带有"精英决策""未能顾及更多利益者""不能适应城市远

图 9-27　美国芝加哥 LOOP 地区在楼宇步行联通"规则"下形成的步行体系

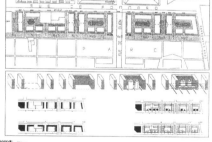

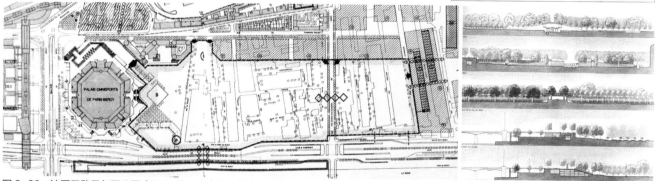

图 9-28　法国巴黎贝尔西公园（Parc Bercy）地区城市设计中建筑形态（中）、道路两侧公园的步行联系（下左）和场地竖向标高（下右）等形态干预内容以及实施效果（上），道路分开的两部分要求增加联系和场地标高的导则

图 9-29 英国伦敦金丝雀码头地区城市设计中对多个层面交通系统的组织

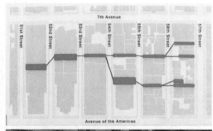

图 9-30 纽约曼哈顿市区 51-57 街的准公共空间体系（上）和其中 52 街城市通廊（下）

期发展变化"等标签和短板，需要在制订中加以重视和完善。

规则控制和形态引导作为城市设计实施的两种典型途径，大多数情况下，是兼收并蓄地综合运用；而两类途径的合理分配比例，则在很大程度上是对设计区域的管理效力的一种测试。"规则控制"往往只需要进行"对与错、达标或不达标"的简单判断，管理的人员成本和时间成本可控，而"形态引导"是基于不同要素的关系把握而对形态进行的优选性判断，需要具备较强的城市环境整体观，也带有一定的判断主观性，需要更为优秀的专业管理人才，并且还需要通过提前介入项目方案和全过程的"协商式管理"来获得较理想的结果，因而在管理人才和时间成本上有更高的要求。"形态引导"的实施途径，通常在特别重要的地区（段）的城市设计实施中运用。例如。柏林的波茨坦广场地区（Potzdan Plaza）、伦敦的利物浦街车站地区（Liverpool Street Station）、巴黎的德方斯地区（La Defence）、纽约的哈德逊编组站（Hudson Yard）地区等。

为提高城市设计实施管理的"实效"和"时效"，两种途径的实现方式都要突出"简单、明确、易懂、可控"的基本原则。

思考题

1. 城市设计的实施组织中要考虑哪些因素？举一个你了解的案例来说明。

2. 城市设计实施中的管控主体有哪些情况？

3. 城市设计实施中的管控内容有哪些？需要根据不同的区域有不同的管控强度吗？

4. 谈谈你对"规则控制"和"形态干预"两种实施途径的认识？分别有哪些利弊呢？

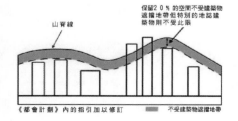

图 9-31 中国香港对港岛建筑高度的规定和实景

图 9-32　旧金山市中心建筑体量控制准则

延伸阅读推荐

1. [美] Daniel G．Parolek 等．城市形态设计准则：规划师、城市设计师、市政专家和开发指南．王晓川等 译．香港：香港理工大学出版社，2013．

2. [英] 拉斐尔．奎斯塔，克里斯蒂娜．萨里斯，保拉．西格诺莱塔．城市设计方法与技术．杨至德译．北京：中国建筑工业出版社，2006．

参考文献

1. [澳] 乔恩．兰．城市设计 [M]．黄兰宁 译．沈阳：辽宁科学技术出版社，2008．

2. 王建国 主编．城市设计 [M]．北京：中国建筑工业出版社，2009．

3. [美] 安德烈斯．杜安尼等．精明增长：美国新城市主义城市设计导则 [M]．王宏杰等 译．北京：中国建筑工业出版社，2019．

4. [美] City Planning Commission. Department of City Planning, Zoning Resolution(Web Version)_The City of New York. Article VIII：Special Purpose District[EB], 2006.

5. [美] E. D 培根等．城市设计 [M]．黄富厢，朱琪 编译．北京：中国建筑工业出版社，1989．

6. 庄宇．城市设计的运作 [M]．上海：同济大学出版社，2004．

7. 陈明竺．都市设计 [M]．台北：创兴出版社，1982．

8. Paris projet No．27–28[J]．Paris．France，1987．

9. 吴景炜，城市中心区空中步行系统规划设计评估研究及应用 [D]．同济大学博士论文，2019．

10. 上海市规划和国土资源管理局，上海市交通委员会．上海市街道设计导则 [M]．上海：同济大学出版社，2018．

11. 深圳市规划国土局．深圳市城市设计编制办法背景研究框架 [R]．1999．

12. 吕斌．国外城市设计制度与城市设计总体规划 [J]．国外城市规划，1998（4）．

10 城市设计的工具箱

10.1 公共政策工具箱
10.2 辅助决策工具箱

10.1　公共政策工具箱

10.1.1　工具箱的目标和原理

　　美国著名学者，宾夕法尼亚大学教授乔纳森．巴奈特教授在其著作《作为公共政策的城市设计》（图 10-1）中阐述了城市设计的实现是专业团队和公众团体、政府和开发商共同努力的结果，公共政策（Public Policy）在这个长期的决策和协调管理过程中起着关键的作用。

　　公共政策是公共权力机关经由政治过程所选择和制定的为解决公共问题、达成公共目标、以实现公共利益的方案，其表达形式包括法律法规、行政规定或命令、政府规划等。

　　公共政策作为对社会利益的权威性分配，集中反映了社会利益，从而决定了公共政策必须反映大多数人的利益才能使其具有合法性。因而，许多学者都将公共政策的目标导向定位于公共利益的实现，认为公共利益是公共政策的价值取向和逻辑起点，是公共政策的本质与归属、出发点和最终目的。"对于公共政策应该与公共利益还是私人利益保持一致这个问题，绝大多数人将选择公共利益。"[1]简言之，公共政策是政府对整个社会的价值作权威性的分配，"就是政府选择要做的或者不要做的事情。"

　　城市建设领域的公共政策，其目标在于鼓励社会资本（包括国有和民营资本）在开展城市开发或城市更新过程中主动介入公共利益和整体价值主导的城市环境。通常运用了经济学原理，通过对公共利益做出贡献的开发商（如保护老建筑和提供公共空间等），予以私人开发利益上的补偿或奖励，来调节城市设计追求的长效价值与短期利益之间、整体价值与局部利益之间的冲突，从而更加有效地实现城市设计意图。作为公共政策的城市设计工具，其内容应该做到透明、严谨、持续和远见，避免失去公平性和公信力，也要避免不良开发商的投机取巧。

　　对于编制和实施城市设计，特别需要了解、使用乃至开发新的工具箱，才能有效结合行政资源和市场机制，事半功倍地推动城市设计实践。

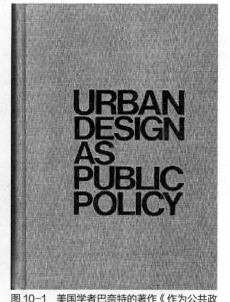

图 10-1　美国学者巴奈特的著作《作为公共政策的城市设计》

10.1.2　公共政策工具箱的内容和模式

公共政策工具箱的设置主要涉及多种与公共价值关联的城市要素，包括：历史和文化遗存、河流、林盘、山坡等自然地、公共艺术品、公共空间等以及车站区、滨水区、文化区等特别价值地区，通过运用法律管治、市场经济等手段来形成具体的政策工具，通常包括法定工具、协议工具和奖励工具三类模式。

（1）法定工具

通过立法确定对保护、利用和建设某类城市要素的强制性规定，如我国确定的"历史建筑保护条例""历史风貌区保护条例"等都属于此类。

[**案例**] 美国的公共艺术法案是基于加强城市公共空间区域的环境艺术而制订的规定，公共艺术法案的概念始于美国费城都市重建局（Philadelphia Redevelopment Authority）在1959年提出的"艺术经费法案"（Percent-for-Art Program），规定"任何公共工程编制预算时，必须提拨工程费的百分之一作为购置及陈设公共艺术品之用"。在以后的发展中，公共艺术的观念已不仅是在街道上摆设雕塑等艺术品而已，更在于透过视觉艺术作品、展览、节庆活动及文化设施的发展来提升都市的文化生活品质。其中，1985年加州重建局（California Redevelopment Authority）施行了作为全美最先进的地区公共艺术政策，针对市中心区所提出的"公共场所的艺术"方案中，"要求开发商必须提供至少百分之一的开发费，以资助购买和设置艺术、文化性的作品，这笔费用的百分之六十可直接用于基地上，其余百分之四十则放进文化信托基金（Downtown Cultural Trust Fund）用以支持整个市中心的公共艺术环境之建设"。该计划归市政府的文化和建设部门共同管理，并由市民组成基金会担任顾问工作，充分发挥利用私人开发案来提升城市艺术环境的作用，著名的洛杉矶当代艺术博物馆和芝加哥联邦大厦就是这一法案实践之结果（图10-2、图10-3）。在日本，类似的公共政策造就了东京六本木山街区的街道艺术家具（图10-4）。

（2）管理协议工具

开发协定通常作为审核开发活动是否符合城市规划的基本手段，这一种手段被用作城市设计实施的工具，往往针对在开发意愿较强，市场竞争激烈的城市地区中为达到较高的城市设计目的而制订，开发协定一般是以行政审议方式进行，在城市设计意图与现有的规划有较大修正时，政府管理机构可获得较大的灵活处理可能性。

值得注意的是，运用开发协定工具在实践中可以通过调整原有的城市规划设计要求，强化或弱化某些条件，协调城市规划设计要求与开发实施之间的矛盾和冲突，达到环境提升和开发收益的双重目的，设立"特定区"是开发协定工具的重要方式。

图10-2　美国洛杉矶当代艺术博物馆

图10-3　芝加哥卢钦斯基联邦大厦门前的巨型雕塑《火烈鸟》（Flamingo）

图10-4　日本六本木山街区利用公共艺术基金设立的街道艺术家具雕塑

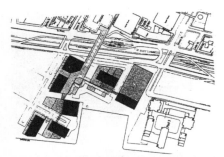

图10-5 美国纽约曼哈顿中城区巴特里公园地区早期的城市设计方案

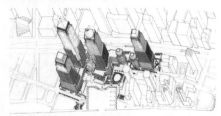

图10-6 美国纽约曼哈顿中城区巴特里公园地区实施的设计方案

图10-7 1969年的OBP规划方案

[**案例1**]在美国纽约曼哈顿中城区巴特里公园（Battery Park City）街区开发案中，由于原先制订的城市设计与市场需求相左，在实施中近乎不可能，都市开发公司（UDC）与政府规划管理部门，通过将这一地区设定为特定区，调整城市设计要求使其更为简化且目标更为突出，从而获得实施开发许可，虽然这一地区的成功主要得益于由一家公司全权负责整个街坊的开发，但特定区作为重要的诱导手段对获取开发许可亦功不可没（图10-5、图10-6）。

[**案例2**]日本大阪商业区（Osaka Business Park. OBP）。从1969年"OBP规划"提案（图10-7）由政府认可后，管理机构通过审议，吸纳了多个开发商成为开发协议的土地所有者，并共同组成"开发协议会"，形成"利益共同体"，使规划设计中的公共（及共同）利益为开发协议会及成员所认可，修订后形成1980年版的城市设计，将多个独立地块开发整合成地区综合开发案，获得了更高的容积率，在实施中使公共、私人方面的利益获得完善的结合（图10-8）。其中，对于开发许可的操作是建立在"地区开发总协定"和"地块开发建筑协定"及"综合设计制度"上，特别是"地区开发总协定"中，对用途、形态、高度、外表装饰、交通、绿地、公共部位等内容，通过全体开发协议会组成成员共同研究、确定，使之成为这一（特定）区域城市设计实施的共同遵循的原则和要求。

（3）奖励工具

奖励工具是公共政策工具箱中内容最多样、运用最广泛的类型，其核心是建立空间使用或土地利用的经济平台，协调和重新分配空间利益和空间权力，并通过不同的奖励技术来鼓励符合公共价值的开发和更新方式，其意义在于从城市开发和更新中分析如何运用市场化机制提升土地价值，平衡开发过程中公私利益矛盾，解决城市空间问题。对奖励工具的运用需要了解房地产的产权、使用权、开发权几个概念。

产权，通常是指对财产的所有权，在我国，房地产的产权是指作为不动产的房屋所有权以及相应比例的所占土地使用权，土地的所有权属于国家，个人、集体或单位获得的是土地的使用权。开发权则是指对于土地的开发权利。通过土地出让招投标，开发商中标获得若干年限的土地使用权和开发权，经过了房屋建设和销售，购买者（业主）获得了房屋的产权和相应份额的土地使用权。在部分国家如日本，土地的所有权属于私人，也有些国家如英国，兼有公地（国有土地）和私地（私人拥有的土地）制度。

空间权是在土地（所有或使用）权基础上发展而来，对空间所享有的所有权和使用权就是空间权。空间权指对土地地表之上下的一定范围内的空间享有的权力。空间权是独立的物权，包括空间所有权和空间使用权。在我国《物权法》第136条规定："建设用地使用权可以在土地的地表、地上或者地下分别设立。新设立的建设用地使用权，不得损害已设立的用地物权。"

发展权，也称"开发权"，是基于土地用途管制和土地立体化开发利用的需要而创设的，以土地的现状利用为基础，对未来可能发生的土地利用物质形态与价值形态变化的量的规定。空间发展权是从土地所有权中分离出来的一种权力，也就是赋予了所有权人将所拥有的土地变更现有用途而获利的权力。在美国、加拿大、日本等国家引入了"空间发展权"和"空间所有权"概念，从应用上来说，空间发展权制度是一项平衡市场开发与空间资源保护的弹性调控技术。主要通过容积率调控的手段，具体包括建筑面积（容积率）奖励、容积率转移（后发展为开发权转移 Transfer Development Right）及容积率存储（后发展为容积率银行 FAR Bank，TDR Bank）。

图 10-8　1980 年依城市设计建成的 OBP 特定地区

空间发展权及其演进的多项工具，有利于对历史建筑和风貌街区的保护，促进公共空间和公共设施的完善，也可以在调节社区成长时序、调配城市合理开发密度和强度以及保育自然生态环境中起到重要作用。以下介绍几个作为公共政策的主要奖励技术工具：

①开发权转移（Transfer of Development Right. TDR）工具

开发权转移技术是城市空间开发收益应基于平等公正的开发权益市场准则而制订的，即在以某一城市区位中，土地价值和市场需求相差不大，因此，空间开发收益在理论上是相同或相近的。如果，在原来可以获得空间开发收益的土地上，因其他因素而导致这部分收益的丧失，那么在理论上这部分收益是可以转移到相邻或有关联的开发活动中。上述因素主要包括：

• 为城市提供公共空间和公共设施，如广场、公园、和公交枢纽、公厕等；

• 为保存具有特殊价值的历史建筑或构筑物、历史遗存、特定价值的自然环境等。

开发权转移技术不仅可以使城市设计中所重视的具有特殊价值的建筑、景观、史迹、公共空间、自然地等得以在开发活动中完善保护和价值提升，也弥补了相应开发中受影响的收益部分，同时，这一技术使政府在处理"特殊基地"时可以借此放宽某些法规和政策之约束，作为交换获得所希望的发展。

政府利用"空间开发权转移"工具进行城市设计实施管理，不仅可引导和调控具有不同开发条件的土地开发活动，也对地块内的开发活动进行适当的引导。如土地开发商被要求配建较一般情况更多的公共设施，政府可以一定的开发权补偿之，而对被划为具有高度发展收益的开发用地，则要购买一定的空间开发权才可开发。

[案例] 美国洛杉矶图书馆广场（Library Sguare）的中央图书馆开发案是以发展权转移的形式通过公私合作建设的方式完成的。通过私人开发商（Maguire Thomas）合伙公司分担和参与图书馆的修护及恢复原图书馆并做部分增建工作，从而获得在周边开发活动中增加原图书馆基地可开发空间的发展权，这一方式不仅解决了因经费缺乏而迫切需要的公共设施之建设，也使城市土地获得一个适当的开发利用，完成了城市设计中的公益目标（图 10-9）。

空间开发权转移技术具有较公平的市场观念，有助于提高城市设计实效，稳定开发市场，集中开发公共空间、绿地和公共设施，保护古建筑、史迹等。虽然这一技术工具已被专业界所接受，但在政府管理和私人开发商中还尚未全面采用。值得重视的是，"空间开发权转移"技术并不是一个可以全面铺开、任意剪裁的普遍适用性规则。政府在实际操作中宜针对具体情况，划定适用范围和适用详细规则，使这一技术真正体现其保护城市特定价值和发展公共利益的初衷；另一方面，空间开发权转移前后的发展收益宜尽可能平衡，避免市场的不良反应（图 10-10）。

②楼板面积奖励（容积率奖励）

楼板面积奖励（或称容积率奖励），作为城市设计中对大量性单一地块和街区开发个案适用的诱导工具，在许多城市的实践中已经获得认可。这一工具是将开发商用于公共设施的建设投入与其开发收益的附加回报相结合，其实质是通过诱导开发商在开发活动中满足一定的城市设计公益要求和准则并在审查通过的前提下，获得按一定比例许可的楼板面积（或容积率）增加的奖励。

基于楼板面积奖励的诱导观念，可以衍生出多项具体的操作技术，其中广场奖励技术、分区奖励技术和特定区奖励技术等都是较为成功的例子。

图 10-9 美国洛杉矶图书馆广场（Library Sguare）

图 10-10 加拿大多伦多市中心为保护历史建筑将空间开发权（容积率）转移到新建项目中。

[案例 1] 公共空间奖励技术（Plaza Bonus）

1961 年美国纽约市在对区划条例（Zoning Code）的修改中，为鼓励开发商在私人开发用地内提供了骑楼、广场、街道和小型街头公园或口袋公园等准公共空间（POPS）而设置奖励政策，就可对该项目在建筑面积或容积率上给予一定的奖励（图 10-11）。这项制度主要是针对城市中心区高容度的恶劣环境而设立的，其目的在于鼓励开发商建造更多的适宜市民休憩和步行的公共空间，从而改善原有的拥挤压抑之环境。这项技术的制订以某种角度而言，开创了城市开发中使用诱导工具的先例。

这一奖励技术在多个城市得到应用，如我国上海 1995 年制订的《上海市城市规划管理技术规则》，对开发项目中设置了广场等公共空间可以获得相应的建筑面积奖励。

[案例 2] 重要历史建筑保护奖励技术

在日本东京，"日本设计"公司在为三井公司进行规划设计中，应对

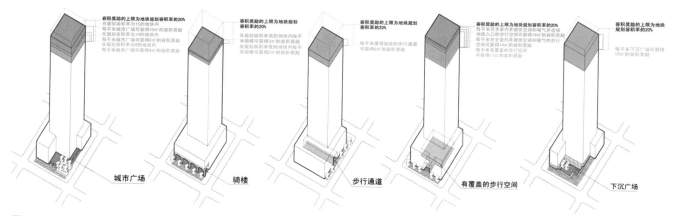

图 10-11 美国纽约市区划条例中的公共空间奖励技术

文化厅对"三井本馆"历史建筑的保护建议，提出并建立了"重要文化财（财富）特别街区制度"的奖励规则并由此获得被保护和使用的"重要文化财"建筑面积的最多 200% 的额外新建面积奖励，从而使得历史建筑保护与不动产开发获得利益双赢，这个创新制度受到政府高度认可并持续被运用在日本的城市更新实践中（图 10-12）。

面积奖励虽然对于诱导开发个案中保护历史建筑遗产、发展公共空间等方面具有积极作用，但面对逐利至上的开发集团，需要不断完善这一诱导规则，仍面临许多挑战。即使是纽约曼哈顿中心区，在 1961 年到 2000 年间，共有 503 处准公共空间获批建造在 320 栋建筑中[2]，其形式有广场、骑楼、小公园、中庭和地下通道或二层联廊等（图 10-13、图 10-14）。确有大量成功的准公共空间计划和案例，但其中也发现有 41% 的准公共空间，其品质已经处于边缘地带，约 50% 建筑中的准公共空间

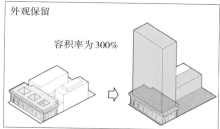

外观保留

容积率为300%

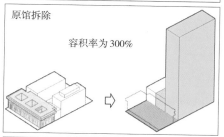

原馆拆除

容积率为300%

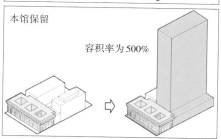

本馆保留

容积率为500%

图 10-13 曼哈顿准公共空间分布图

图 10-12 日本东京对重要保护文化建筑的面积奖励机制

城市广场 (1095 Sixth Avenue)

骑楼 (560 Lexington Avenue)

步行通道 (1285 Sixth Avenue)

有覆盖的步行空间 (550 Madison Avenue)

下沉广场 (1221 Sixth Avenue)

加宽人行道 (1285 Sixth Avenue)

图 10-14 曼哈顿准公共空间案例

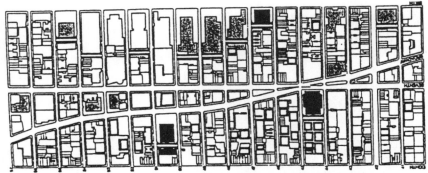

图 10-15 美国纽约剧院特别区特别政策激发新剧院的开发（黑色为老剧院灰色为新剧院）

显然达不到申请时的法定要求，导致完全私有化而失效。

③特定区（Special District）奖励技术

特定区是指那些具有特定的城市公共价值和环境特定的地区，如古城史迹区、滨水区等，因而，特定区的保护、开发和再开发往往附带较强的城市规划和城市设计要求，对特定区的奖励技术也带有明确的针对性。

[案例] 1931 年在美国南卡罗来纳州的查尔斯顿市（Charleston），为保护地方传统建筑特色和街道格局，将市中心 22 个街区设立为"有历史特色的旧城区"，成为"特定区"的先例。而纽约市百老汇地区所形成的剧院区，则是特定区最有影响的例子，1969 年，为了避免当时受曼哈顿办公建筑的开发热潮对这一自然形成并具有鲜明特色的剧院区造成威胁，政府当局提出在开发办公建筑的同时加建剧院可给予 20% 的附加容积率奖励，虽然这一奖励技术是非强制性的，但在市场机制与诱导政策的结合下，有五个新剧场相继实施，充分维护和发展了地区功能的特色，加强了百老汇剧院区的传统特色[3]（图 10-15）。

④容积率银行

容积率银行是针对空间权项目在应用中遇到的困难而产生的一种规划管理工具，即将容积率作为一种特殊的不动产，以"虚拟货币"的方式由政府或其他非盈利机构进行购买储存，再视开发需求进行分配或转让[4]。容积率银行的职能包括以下六个方面：建立估价标准，提供官方的空间权交易价格参考范围，为空间权市场的公平稳定提供保证；调节开发市场，促进供需平衡，调节市场时间差问题，促进容积率市场流通；以管理者的身份统筹开发市场，提高容积率交易项目效率；作为信息资源库，收集土地业主和开发商信息，发放交易凭证，提供一个可靠的交易平台；建立种子循环基金，通过该基金循环购买及售卖容积率，保护更多的自然历史及文化资源；作为宣传者，展开各类宣传教育活动，推广空间权项目。著名的容积率银行项目包括纽约 South Street Seaport 历史保护区，通过建立容积率银行保护了 Seaport's Schermerhorn Row 地标建筑等历史元素并促进了该区域商业区的发展；新泽西州松林保护计划（The New Jersey Pinelnads Preservation Act）则通过容积率银行在新泽西州东南部保护大约 110 万英亩（约为 44.5 万 ha）的松树橡树林资源，该保护区占全州土地面积的 22%[5]；西雅图通过容积率银行并建立种子循环基金推进了市中心低收入住宅保护项目的开展；容积率银行同时也购买了 Benaroya 音乐厅的空间权并转移给其他商业项目，促进了演艺类历史建筑的保护和更新（图 10-16）。

[案例] 西雅图市中心容积率银行项目

西雅图容积率银行的创立初衷是为了应对容积率转移（Transfer of Development Rights）和城市住房奖励计划（City's Housing Bonus Program）在实施中所遇到的困难，调控开发市场，促进供需平衡，以此推进城市中心区的低收入住宅的保护计划。在西雅图有大量的低收入住宅，但在市场经济的影响下，位于寸土寸金的城市中心地带的低收入住宅随时面临着被利润更高的商业项目所取代的风险。为了保护城市多样性和大众的利益，西雅图政府提出了容积率转移和城市住房奖励计划，即在西雅图的城市中心区，低收入住宅建筑的所有者可以将其地块未利用的容积率出售并转移给开发商，通过这样的方式，低收入住宅得到了资金进行保护修复，开发商获得了更多的容积率，提高了开发强度，获取更多商业利益，城市也得以持续更新发展。但该计划的实施要求有业主愿意出售的同时也恰好有合适的开发商愿意购买，这就导致了低收入住宅的保护项目进展缓慢。为了解决其中的时间差问题，1988 年西雅图的社区发展部门（Department of Community Development）建议成立容积率银行。容积率银行可以从住宅建筑中购买可转移的容积率，储存在银行中，待到合适时机再卖给对建设容量有更多需求的商业项目，希望通过这样的方式调节市场时间差，增加对低收入住宅的保护进度和数量。

政府最初耗资 120 万美金，建立了容积率银行。建立时的预期是在城市中心区长期保护 100 个单元的低收入住宅，并减少 250 个单元的开发压力。实际上，从 1985 到 1991，西雅图容积率银行花了 190 万美金从 7 个福利住房项目中购买了 359 个低收入住宅单元，并以 220 万美金卖给了开发商。1992 年，容积率银行用容积率交易的收入建立了低收入住宅发展基金，用于循环购买更多的低收入住宅单元，实现了自我可持续发展（图 10-17、图 10-18）。

基于对低收入住宅保护项目的成功经验，市政府在 1993 年授权容积率银行可以购买及租赁艺术表演剧院这类建筑的开发权，促进演艺类建筑保护项目（Major Performing Arts Facilities TDR Program）的发展。容积率银行购买了 Benaroya 音乐厅（Benaroya Symphony Hall）423000 平方英尺（约合 39000m²）的未利用容积率，截至 2001 年，已经卖出了 313000

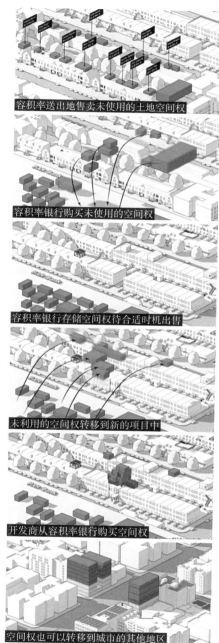

容积率送出地售卖未使用的土地空间权

容积率银行购买未使用的空间权

容积率银行存储空间权待合适时机出售

未利用的空间权转移到新的项目中

开发商从容积率银行购买空间权

空间权也可以转移到城市的其他地区

图 10-16　容积率银行原理示意

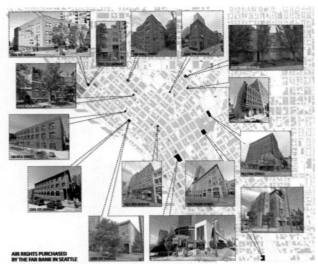

图 10-17 西雅图容积率银行购买空间权分布图

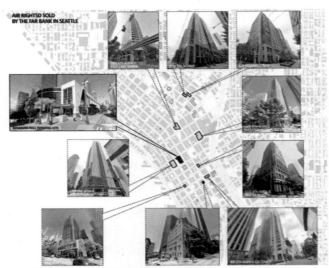

图 10-18 西雅图容积率出让空间权分布图

图 10-19 Benaroya 音乐厅容积率转移空间
关系示意

平方英尺（约合 290000m²）的容积率，所得的收益将用于下一轮容积率交易，以此推进该保护项目的发展（图 10-19）。

10.2 辅助决策工具箱

10.2.1 新时期城市设计的理性需求

近年来，城市设计实践与导控中逐步出现了以空间品质为导向、以三维化分析为视角、以精细化控制为方法的新特征。这一转变带来"速度优先"向"品质追求"转变的新形势，与西方城市设计的发展历程相吻合，是我国整体建成环境步入人性化、精细化发展阶段的必然需求。可以预见，随着新时期对于空间品质追求的深化，人们对于城市设计的关注会逐步从"形态导向"转变为"使用导向"，城市设计的实施与管控也会从"二维平面"向更精细化的"三维空间"转变，进而对于城市设计的辅助决策平台和工具提出更高的要求。

城市设计本质上是一种通过分析、组织和再塑造城市形态来创造美好城市空间场所与城市生活的设计努力。因此，城市设计在当下更不应该简单局限于形态设计和美学考量。优秀的城市设计不仅需在城市形态分析上有所突破，实现更深入、细致的空间形态特征分析，还需要在与空间形态相对应的经济社会影响，如行为、品质、活力等有更深入的把控。

但这两方面的需求在以往受制于数据和技术的限制，难以高效实现。在城市形态分析方面，以康泽恩学派（Conzen School）为代表的经典的城市形态分析方法及其在当代的进一步发展极大地助力于城市形态研究，并为相关的城市设计实践提供了一个形态学的分析视角，然而当前城市形态分析的缺点也随之逐步浮现。以定性判断和手工操作为基础的城市形态分析，一方面受制于分析者的主观判断而难以实现统一的分析标准；另一方面难以深入把握城市形态的细微特征及其演化。这一问题使得城市形态分析难以真正有效地助力于城市设计实践。而空间形态的经济社会影响，即行为、品质、活力等，并非是全新的议题。回溯到 1960 年代，简·雅各布斯、杨·盖尔、凯文·林奇等均在此方面基于主观感受和理论抽象开展过探讨。这些经典探讨依然有效，但单纯依赖这类定性认知难以推动城市设计在未来的精细化、人本化发展。21 世纪以来逐渐涌现的量化分析导向下的研究，例如基于主观空间感知的专家打分及问卷调查（Ewing and Clemente，2013），和基于客观视角的空间使用行为观测等（Gehl et al.，2006），则依然无法避免手工采集和小尺度分析所难以避免的代表性不足、受偶发因素干扰大等问题，在精细化的城市设计导控需求面前其信度和效度有待提高。

10.2.2　新城市科学背景下的城市设计

随着以计算机技术和多源城市数据为代表的新技术和新数据的迅猛发展，新城市科学（New Science of Cities），即依托深入量化分析与数据计算途径来研究城市的学科模式，在过去的拾余年中正在逐渐兴起。目前在全球范围内已涌现了多家以此为核心关注点的研究机构。1995 年伦敦大学学院的 Centre for Advanced Spatial Analyses 及 Space Syntax Lab 的同年成立，在相当程度上可视为这一量化视角下、建成环境导向的趋势发端。随后在 2004 年和 2010 年成立的麻省理工学院的 SENSEable City Lab、苏黎世高工的 Future Cities Lab 则进一步延续和拓展了这一趋势，通过多学科整合的定量化、科学化范式来开展更为深入的建成环境研究（图 10-20）。不同于之

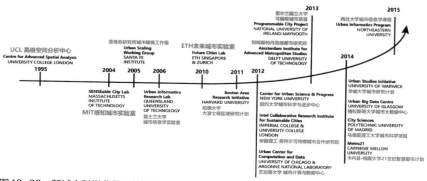

图 10-20　新城市科学背景下的城市研究机构涌现（基于 Townsend，2015 重绘和补充）

前 1960 年代的庞大而复杂的城市模型研究，当前的这一波新城市科学不仅具有远胜于当时的计算能力和海量数据，还更关注技术与数据支持下的人本感受。在多种新技术和新数据的支持下，城市设计在空间形态及其经济社会影响两个维度上的分析手段带来革新的可能（图 10–21）。

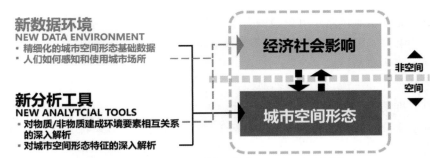

图 10-21　新技术和新数据所催生的城市设计新可能（Townsend，2015）

10.2.3　典型的新数据和新技术

随着信息与通讯技术的深入发展，多样的新城市数据绝不仅是为城市设计分析提供了一个新的数据源，而是在如何把握城市空间形态特征和基于空间特征的经济社会影响两个方向上都提供了精细化与海量化的发展可能（图 10–22）。一方面是以开源地图（Open Street Map，OSM）数据、兴趣点数据（Point Of Interest，POI）等海量数据为从城市、片区和街道等多尺度、定量化把握场所的各种物质空间环境特征提供了可能。另一方面则是以微博、大众点评等为代表的社交媒体数据与基于定位服务数据（Location Based Service，LBS）的百度热力图数据等为人本视角的展现海量行为活动及其感受提供了可能。这使得我们能够在建成环境的分析规模和分析精度上同步取得突破，从以往的小尺度的建成环境特征分析走向大尺度且兼具高精度的建成环境特征研究，之前受数据收集与分析能力所限难以进行的研究成为可能。

在新城市数据迅速涌现的同时，分析技术的进步也推动着定量方法被逐步引入传统基于手工分析和经验判断的城市形态分析领域。近年来涌现了一些对于单一城市形态要素进行量化分析的方法并已被运用于实践。其中，比较有代表性的分别是空间句法（Space Syntax）、空间矩阵（Spacematrix）这两种，分别能够对于街道网络、建筑类型与开发强度进行量化分析。空间句法是 1980 年代以来由英国学者希列尔（Hillier）及其同事们发展的一种空间网络分析方法，以定量指标来表述建筑和城市空间的网络特征以及其对应的社会经济影响（Hillier and Hanson，1984；Hillier，1996）（图 10–23）。其发展至今已形成一套完整的理论体系、成

以OSM为代表的开放数据（物质空间）

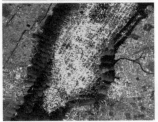

以兴趣点POI为代表的开放数据（功能构成）

基于GPS的行为追踪数据

基于社交媒体数据的行为与认知数据

基于百度热力图等LBS服务的行为数据

图 10-22　新技术和新数据所催生的城市设计新可能（Townsend，2015）

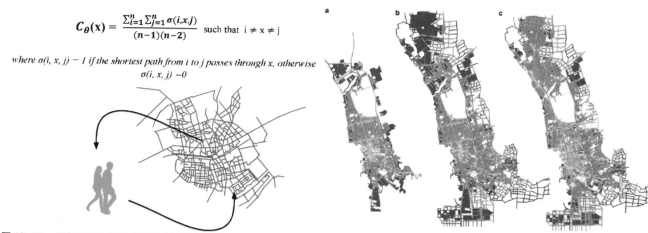

图 10-23 以定量指标来表述建筑和城市空间的网络特征以及其对应的社会经济影响

熟的方法论以及专门的空间分析软件技术（Al-Sayed et al.，2014）。这一方法可用定量指标来描述、分析建筑与城市尺度下的空间组构（Spatial Configuration）对人的影响，以及人在空间中的移动，进而运用于建筑形态、城市形态的研究。空间句法对于空间组构的量化分析启发了一大批设计师与建成环境研究者，使其认识到以往只能通过直觉感受的要素有望可以被量化判断。基于此，空间句法在建筑和城市设计领域的实践取得了广泛认同。其在伦敦特拉法尔加广场（Trafalgar Square）、迪拜马思达尔城（Masdar City）等各种尺度的项目中得到了运用；以段进等为代表的一批学者和设计师也将其广泛运用在各种国内实践中（段进和希列尔，2015）。

空间句法的发展及实践中遇到的问题也催生了空间网络设计分析（Spatial Design Network Analysis，sDNA）。sDNA 是由英国卡迪夫大学在2011 年开发的空间设计网络分析工具（Chiaradia, et al.，2014），在轨道交通、城市道路、步行网络等多种尺度的空间环境中均有所应用，可为土地价值、城市中心活力、社区凝聚力、事故和犯罪等研究提供分析模型。与传统的空间分析方法相比较，sDNA 的优势主要体现在以下两个方面：一方面，采用标准路径中心线方法建构网络，与目前能获取的大多数地图（如 OSM）兼容，亦呼应了新数据环境下与大数据结合应用的可能性；另一大创新则是提供了三维空间网络分析的新方法，论证了空间网络在 Z 轴方向高度变化的敏感性，提升了空间分析的可视化，有助于城市设计师更精确地解读建筑与城市空间（图 10-24）。

由城市形态学者贝格豪泽 – 庞特（Berghauser Pont）在 2010 年所提出的空间矩阵（Spacmatrix）方法为同时反映地块的建设强度和建筑形态特征提供了可能（Berghauser Pont，Haupt，2010）（图 10-25）。不同于传统

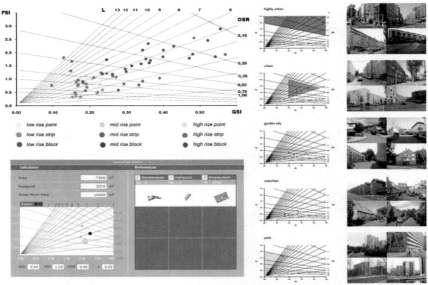

图10-24 Spacematrix 在建筑形态与开发强度分析中的应用示例（Berghauser Pont and Haupt, 2010）

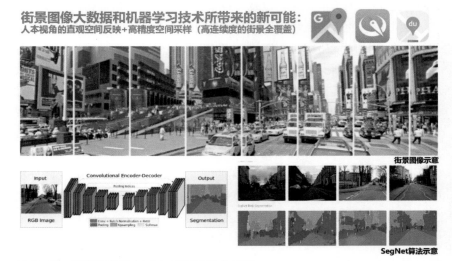

图10-25 街景图像数据（上）与机器学习技术（下）

城市形态学研究中依赖于研究者个人的定性判断，Spacematrix 基于容积率、建设强度和层高等数据来量化分析城市地块中的建筑空间形态特性。通过在阿姆斯特丹、巴塞罗那、柏林等典型欧洲城市的大量地块数据分析，Spacematrix 构建了一个详细而直观的建筑类型与开发强度分类库。通过输入地块上的建筑形态特征，此自动分析工具可以进行自动分析并划定类型。

在相对二维化、点状化的城市数据之外，三维化、人本尺度的新一波城市数据正在兴起。在街景图片的覆盖率、位置精度和分析方法日益进步的背景下，街景大数据作为贴近个人视角，展现精细化三维空间环境特征的新数据源，在建成环境的研究中逐步得到运用。诸如谷歌、百度、腾讯等街景地图可以给使用者带来 360 度全景式的街道空间实景信息，正在推动近年来人本视角的街道空间界面品质研究的发展，例如谷歌街景近年来已被用于街道空间安全感的感知评价（Naik et al.，2014）上。街景大数据在近年来的涌现主要是得益于计算机视觉领域机器学习技术的发展，深度卷积神经网络构架（Deep Convolutional Neural Network Architecture）为高效的图片信息识别提供了基础，可有效识别天空、人行道、车道、建筑、绿化等共计 12 种要素（Badrinarayanan et al.，2015）。基于这类机器学习构架，可以通过样本图片训练实现研究所需的多种要素的提取，有效区分街道空间界面中的玻璃、墙面、门洞等细节要素。基于深度学习的图像识别与街景大数据的结合，不仅能够为深入细致的街道空间界面宜步行性研究提供精细化的基础数据，而且能在保证精细化的同时提供大规模数据，解决了传统数据所面临的大规模则难精细化，局部的精细化数据又难以代表全局的情况。这一细致而全面的街道空间界面特征数据可以为城市设计分析提供广泛而精细化的支撑，实现大数据支撑下的精准设计分析。

图 10-26 是同济大学对上海外环线内基于街景大数据的图像识别深度学习后得到的城市扫描诊断结果——街道空间特征分析。图 10-27 为香港大学基于香港三维地形和街道网络完成的步行易达分析及步行人流潜力预测，图中色彩越暖，表明易达性高、人流潜力大。

由此可见，新数据和新技术可以实现对于城市空间形态特征和基于空间形态的经济社会影响这两个方面的同步深入解读与分析。在新数据和新技术的协助下，城市形态分析日渐与地理信息系统（GIS）技术整合，从手工分析和经验判断迈向定量化的快速分析。与此同时，新数据和新技

街道绿化率

天空可视率

建筑贴线率

道路机动化程度

城市步行空间

街道设施多样性

图 10-26　基于深度学习与街景数据的高精度街道空间特征分析

图 10-27　易行香港 -3D sDNA 模拟步行流量潜力

术也使得我们能够更准确、更大规模地把握人的行为活动特征，和基于空间形态的经济社会影响，进而更好地实现以人为中心的城市设计分析。不仅如此，定量化和高效化的特征，有望改变城市设计分析中长期面临的，大规模则难于精细化深入，精细化分析则不能大规模开展的问题，在展现宏观城市图景的同时不丢失人本尺度的细节，有望为城市设计分析方法与实践带来一系列推动。

10.2.4　城市设计目标下的典型性新工具

目前，以城市设计目标为导向的新分析工具大体上可分为三大类。一类是在精细化开放数据支撑下，运用三维空间分析技术对空间要素所开展的深入把控和互动分析；另一类则是基于可测度的物质空间形态要素对非空间的经济社会效应开展分析，实现"测度不可测"；还有一类结合街景数据等人本视角的数据源和机器学习等新算法，训练机器学习专家判断，进而推动城市设计在品质、活力等方面的营造。下文针对这三大方面分别选取典型性工具加以展示。

（1）基于精细化开放数据和三维空间分析技术的空间形态要素分析工具

近年来计算机交互可视化技术和三维空间分析技术的拓展，为城市设计分析工具研发带来了新的可能。例如纽约大学和 KPF 事务所合作开发的 Urbane 工具，能协助城市设计过程中的设计推敲（Ferreira et al.，2015）（图 10-28）。该工具基于 OSM 开放的空间形态数据与 POI 等城市

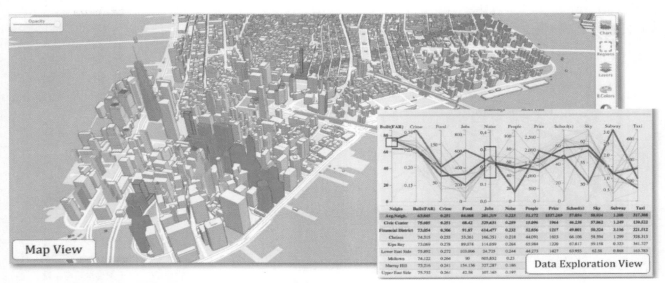

图 10-28　基于精细化开放数据和三维空间分析技术的空间形态要素分析工具：Urbane

功能数据，能为设计师提供多层次的场地认知。更重要的是，基于复杂、三维的建成环境数据，该工具可以直观呈现不同建筑形态的视线和日照影响区域，测算不同方案下的节点可见度和天空暴露度等。这类基于计算机交互可视化技术开发的小工具指向性强，能迅速满足设计中的某些专门需求。运用计算机交互可视化技术打造三维化视角、整合化分析、实时化效果的专属城市分析工具，有望解决设计分析与方案生成之间的隔阂，让基础分析切实与方案构思联动。

（2）基于量化城市形态学视角的形态－经济社会协同分析工具

以空间句法等为代表的经典量化分析方法突破了传统城市形态学的桎梏，为精细化和定量化的研究展现了可能。城市形态分析似乎不再完全依赖研究者的手工分析，而是能够更深入的把握城市形态各个要素的特征。地理信息系统平台在城市空间研究中的逐步运用，客观上也为这类量化分析方法提供了助力。在此基础上，将两个或者多个城市空间形态要素进行量化整合分析，进而对其背后的经济社会影响开展评价和预测，已成为一条可行的途径。在这个方向上，近年来正有诸多方法不断涌现，比如 Place Syntax，Urban Network Analysis（UNA）和 Form Syntax 等，为量化且协同的空间形态与经济社会影响分析提供了可行的途径（图10-29）。

瑞典皇家理工（KTH）的研究人员在 2005 年提出了 Place Syntax 这一方法及分析插件（Ståhle 等，2005）。Place Syntax 提供了将度量街道可达性的轴线分析（Axial Line）与建筑密度、设施、功能、人口等要素的叠合分析的可能。这一方法针对空间句法忽略了其他形态学要素这一情况，将街道与其他形态学要素进行叠合分析。瑞典皇家理工的研究人员

Place Syntax
工具

UNA工具

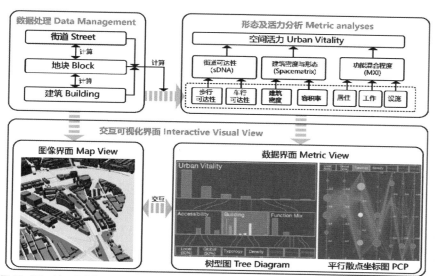

图10-29　基于量化城市形态学视角的形态－经济社会协同分析工具示例：Place Syntax(右)、UNA（左上）和 Form Syntax（左下）

基于这一思路，在 2007 年进一步提出了空间能力理论（Spatial Capital）（Marcus，2007；2010），即城市活力可以被理解成为高可达性与高混合度的结合，并开发了基于 Mapinfo 的分析插件。

与 Place Syntax 这种将街道网络的量化分析与其他形态要素相结合的思路类似，美国麻省理工学院城市形态实验室（City Form Lab）于 2012 年提出了 Urban Network Analysis 分析方法并开发了相应的 ArcGIS 插件（Sevtsuk，Mekonnen，2012）。不同于空间句法分析和传统的网络分析，UNA 以建筑作为基础分析单元，将基于网络分析（Network Analysis）所得到的各种街道可达性数值（Reach，Gravity，Betweenness，Closeness 等）赋值到建筑上并与建筑自身的各种属性进行叠合分析。基于此，建筑面积、人口、功能、房价等属性可以与街道网络一起进行分析，实现了街道与建筑这两个重要形态学要素的量化分析和直观展现。这一开放的分析框架还为深入探究空间形态特征与其背后的经济社会属性提供了可能。

基于城市空间形态要素与空间活力的深入分析，研究发现以地块为分析单元，叠合基于空间句法分析的街道可达性，以及基于量化形态分析的建筑密度与形态和功能混合度，能够以相对较少的输入数据取得相对较好的空间活力测度（叶宇等，2016）。在此认知基础上，研究者基于 Java 语言开发了 Form Syntax 工具，运用计算机交互可视化技术来实现相关形态分析与活力评价的直观呈现（Zeng and Ye，2018）。该工具同样源于空间句法的启发，专注于城市形态要素及其活力的量化测度分析，能为城市设计中的活力营造提供快速的分析支撑，在场地分析与方案校核等多个阶段提供设计决策辅助。

（3）基于街景数据和机器学习的人本视角微更新工具

机器学习（Machine Learning）是近年来兴起的通过架构设计和训练使得计算机能够自动"学习"的算法的总称。深度学习（Deep learning）作为机器学习的一个分支，是通过包含复杂结构或多重非线性变化构成的多个处理层对数据进行高层抽象的一系列算法。其近年来在图像识别和感知评价方面的技术进步为精细化、智能化的城市设计分析展现了新的可能。

当前基于深度学习技术和街景数据的空间感受与品质分析工具也不断涌现，为城市微更新提供了新的分析视角。例如 MIT 研究人员基于公众上百万次的选择比较数据，开发了 Place Pulse 和 Street Score 工具对于城市空间的安全性、活力等感知要素开展评价与预测分析（Naik et al.，2017）（图 10-30）。国内也有城市设计研究者运用街景数据开展人眼绿视率的分析，并与街道可达性的高低相结合，进而为城市绿化和街道微更新的设计提供支撑（图 10-31）。

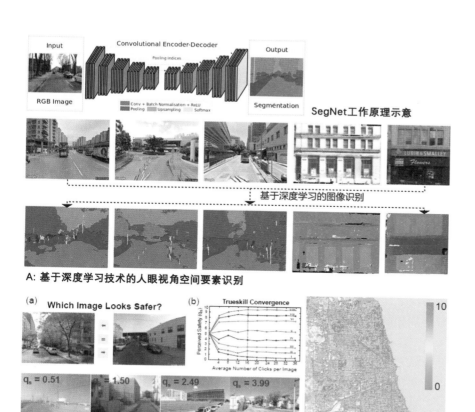

图 10-30 基于街景数据和机器学习的人本视角空间品质评价工具

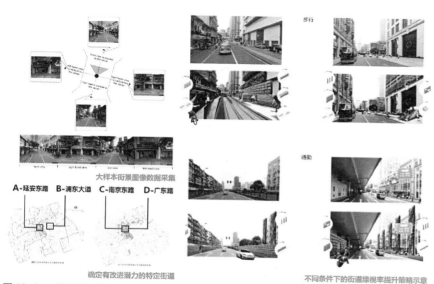

图 10-31 基于街景数据和机器学习的人本视角绿化品质提升策略分析工具

评估得分
75%~100%
优秀

评估得分
50%~75%
良好

评估得分
25%~50%
普通

评估得分
0%~25%
差

10.2.5　面向未来的展望与思考

在这一波新城市科学涌现的背景下，城市设计领域中以人为核心、设计为导向的分析、支持技术正日益增多。需要注意的是，这类分析、支持技术不同于城市规划领域关注大尺度交通和功能的大数据城市模型，也不同于建筑领域关注构型的参数化设计，其分析尺度上兼具人本尺度的分析精度和城市尺度的分析范围，能够立足人本感受，开展城市尺度的分析，大规模而不失精细化；在分析数据上也不强求规划意义上的海量大数据，而更需要的是高精度、可解析、小而美的数据形式；在分析目标上强调技术与设计的融合，以科学、量化的形式来支撑更好的设计实现。图10-32所呈现的绿视率分析结果为上海城市设计中的街道品质提升提供了依据。

这种技术、设计与人本相结合量化分析与研究在一定程度上可以看作是城市设计领域的专属分析支持技术，因为只有城市设计这一建筑学与城市规划的交叉领域，才既需要应对大尺度复杂城市建成环境的分析技术，又需要践行人本导向的设计实践。新时期的城市设计不仅在发展目标和方向上，其在内部的技术支撑上与之前基于形态考虑和功能组织的城市设计实践上也会有一定区别。

虽然目前这些探索依然处于萌芽状态，相对分散且小规模，但它们正在迅猛发展和体系构建之中。这一方向上的进步，有望为城市设计

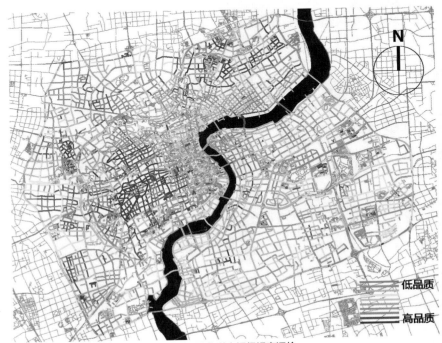

低品质

高品质

图10-32　基于街景数据与神经网络训练的街道空间绿视率评价

带来从基础数据获取、空间分析方法、空间影响测度到结果可视化与交互的全过程革新，进而满足当前新型城镇化背景下对于城市设计的新需求。

　　当然我们也需要对于新数据和新技术的局限有清晰的认知。数据支持设计这一未来方向依然处于发展中，在从数据分析到设计支持的转化效率上仍有较大的发展空间。数据的采集、清洗和分析虽已较为高效，但仍需一定的时间。将其深入整合到时间紧凑、任务繁多的城市设计实践全链条中往往存在一定困难。这是未来整合深度学习、人工智能等多种新算法和新技术进步之后有待拓展的方向。

注释

[1]　引自 James E. Anderson, Public Policy-making: An Introduction, Fifth Edition [M]. Boston: Hough-ton Mifflin Company, 2003.135.

[2]　引自 Kayden, Jerold S, The New York City Department of City Planning, and The Municipal Art Society of New York. Privately Owned Public Space: The New York City Experience[M]. New York: Wiley, 2000.

[3]　引自 [美] Hamid Shirvani. 都市设计程序 [M]. 谢庆达 译. 台北：创兴出版社，1979.

[4]　引自戴铜. 美国容积率调控技术的体系化演变及应用研究 [D]. 哈尔滨工业大学，2010.

[5]　引自陈佳骊. 美国新泽西州土地发展权转移银行的运作模式及其启示 [J]. 中国土地科学，2011，25（05）.

思考题

1. 城市设计的公共政策工具箱有哪些类型？在城市设计的创作 / 编制中你会设想用这些工具吗？
2. 在那些情况下会考虑使用奖励工具？市场（开发商）会接受这些奖励来达到城市设计的目的吗？
3. 城市设计的辅助决策工具是由哪些新数据和新技术支持的？哪个方面是你最感兴趣的？在这个领域有哪些最新的进展？
4. 尝试了解一项典型的新工具，有哪些突破？可以给城市设计的决策带来什么样的分析？

延伸阅读推荐

1. [美]Hamid Shirvani. 都市设计程序. 谢庆达 译. 台北：创兴出版社，1979.
2. 金广君. 当代城市设计探索. 北京：中国建筑工业出版社 2010.
3. [英] 比尔. 希利尔. 空间是机器——建筑组构理论. 杨滔等 译. 北京：中国建筑工业出版社，2008.

参考文献

1. [美]Hamid Shirvani. 都市设计程序 [M]. 谢庆达 译. 台北：创兴出版社，1979.

2. 陈明竺. 都市设计 [M]. 台北：创兴出版社 1992.

3. [美] 苏珊. 费恩斯坦. 造城者：纽约和伦敦的房地产开发与城市规划 [M]. 侯丽 译. 上海：同济大学出版社，2019.

4. 王权典，欧仁山，吕翾. 城市土地立体化开发利用法律调控规制 [M]. 北京：法律出版社，2017.

5. 金广君. 当代城市设计探索 [M]. 北京：中国建筑工业出版社，2010.

6. [英] 比尔. 希利尔. 空间是机器——建筑组构理论 [M]. 杨滔等 译. 北京：中国建筑工业出版社，2008.

7. [美] 唐纳德. 沃特森等. 城市设计手册 [M]. 刘海龙等 译. 北京：中国建筑工业出版社，2006.

8. 叶宇，庄宇. 城市形态学中量化分析方法的涌现 [J]. 城市设计，2016（6）.

9. 龙瀛，叶宇. 人本尺度城市形态：测度，效应评估及规划设计响应 [J]. 南方建筑，2016（5）.

10. Townsend，M A. Making Sense of the New Urban Science [EB/OL]. http://www.citiesofdata.org/wp-content/uploads/2015/04/Making-Sense-of-the-New-Science-of-Cities，2015-07-07/2017-7-18.

11. Chiaradia, A., Crispin, C. & Webster, C. sDNA a software for spatial design network analysis [EB/OL]. (2014-12-1) [2018-4-12]. www.cardiff.ac.uk/sdna/

12. Ewing R，Clemente O. Measuring urban design：Metrics for livable places [M]. Island Press，2013.

13. Buchanan P. What city? A plea for place in the public realm [J]. Architectural Review，1988，1101 (November).

图表来源

第1章

封面.曾文馨拍摄；图1~5.庄宇拍摄；6~9.谷歌地图；10.王晴雨拍摄；11~14.庄宇拍摄；15.谷歌地球；16~18.庄宇拍摄；19.杨森琪绘制；表1~2.杨森琪绘制.

第2章

封面.庄宇拍摄；图1.杨森琪改绘自 Llewelyn–Davis. Alan Baxter and associate, Urban Design Compendium[M], London：Brook House, English partnership. 2000；2~3.杨森琪绘制；4.杨森琪改绘自 Llewelyn–Davis. Alan Baxter and associate, Urban Design Compendium[M], London：Brook House, English partnership. 2000；5.李华东."西雅图奥林匹克雕塑公园."建筑学报 5（2009）：62-68；6~7.陈杰改绘自谷歌地图；8.庄宇拍摄；9.陈杰改绘自谷歌地图；10, Chiaradia A, Zang L, Khakhar S. 2019. Future Harbourfront masterplan west HKSAR, 3D indoor and outdoor pedestrian network, pedestrian flow potential processed with 3D sDNA. The University of Hong Kong, Faculty of Architecture；11.杨森琪改绘自 Llewelyn–Davis. Alan Baxter and associate, Urban Design Compendium[M], London：Brook House, English partnership. 2000；12. http：//www.mtr.com.hk/en/customer/services/stmap_index.html；13. 改绘自 Llewelyn–Davis. Alan Baxter and associate, Urban Design Compendium[M], London：Brook House, English partnership. 2000；14.上海市规划和国土资源管理局、上海市规划编审中心、上海市城市规划设计研究院.上海市15分钟社区生活圈规划导则[M].上海：上海人民出版社 2017；15.陈杰绘制；16.杨森琪绘制；17.杨森琪改绘自 Llewelyn–Davis. Alan Baxter and associate, Urban Design Compendium[M], London：Brook House, English partnership. 2000；18.康晓培.蒋方圆.郭雪飞，绘制；19. LSE Cities（2013）City Transformation, Urban Age Conference Newspaper. London School of Economics and Political Science；20.http：//www.sustainableredland.org.uk/2010/01/；21. http：//www.bcnecologia.net/；22.谷歌地图；23.http：//www.potsdamer–platz.ne；24.杨森琪改绘自 open street map；25.吴景炜.城市中心区空中步行系统规划设计评估研究及应用[D].上海：同济大学博士论文，2019；59；26.周旭等，探索城市地下空间的可持续开发利用——以多伦多市地下步行系统为例[J].国际城市规划 2017（6）；27.苏州碑刻博物馆等编，苏州古城地图集[M]，苏州：古吴轩出版社，2004；28.谷歌地图、谷歌街景；29.谷歌街景；30.[美]亚历山大.加文著，曹海军译.规划博弈：从四座伟大城市理解城市规划[M]，北京，时代华文书局，2015（上）、BillR 著.羌苑等译.现代建筑与设计：简明现代建筑发展史[M].北京：中国建筑工业出版，1999（中）、谷歌街景（下）；31.庄宇拍摄；32.庄宇拍摄（左），谷歌地图（右）；33.深圳市规划与国土资源局.深圳市中心区 22、23–1 街坊城市设计及建筑设计[M].北京：中国建筑工业出版社.2002；34.Claire & Michel Duplay.1985. Methode Illustree Creation Architecture Edition Du Moniteur；35.谷歌街景；36.谷歌地图、谷歌街景；37.谷歌地图、庄宇拍摄（右）；38.柯林，罗弗瑞德，& 科特.拼贴城市[M].北京：中国建筑工业出版，2003；39.庄宇拍摄；40.（地图）傅舒兰.杭州风景城市的形成史：西湖与城市的形态关系演进过程研究[M].南京：东南大学出版社，2015.马时雍拍摄（上 / 中）、祝狄峰拍摄（下）；41.谷歌地球、曾文馨拍摄（下）；42~49.庄宇拍摄 50.庄宇绘制；51~54.庄宇改绘自 [卢] 克里尔，胡凯，胡明著.社会建筑[M]，北京：中国建筑出版社，2011；55~56.庄宇绘制；表 1.Llewelyn–Davis. Alan Baxter and associate, Urban Design Compendium[M], London：Brook House, English partnership. 2000；表2.引自上海市控制性详细规划技术准则〔2011〕版 – 用地混合引导表；表3~4.Llewelyn–Davis. Alan Baxter and associate, Urban Design Compendium[M], London：Brook House, English partnership. 2000.

第 3 章

封面 . 陈泳拍摄；图 1. 李华东，西雅图奥林匹克雕塑公园 [J]. 建筑学报，2009，（5）：62-68；2. 陈泳拍摄；3. [丹麦] 扬·盖尔，拉尔斯·吉姆松 . 新城市空间（第二版）何人可，张卫，邱灿红译 . 北京：中国建筑工业出版社，2003，116.（上图与下图），陈泳拍摄（中图）；4 ~ 5. 陈泳拍摄；6/10/11. 卢济威，庄宇 . 城市地下公共空间设计 . 上海：同济大学出版社，2015，16/14/53-54；7.Tall Building Design Guidelines.Toronto City Council，2013，30；8. 陈泳拍摄；9. 于洋 . 纽约市区划条例的百年流变（1916—2016）——以私有公共空间建设为例 [J]. 国际城市规划，2016，31（02）：98-109；12 ~ 14. 陈泳拍摄；15. 柴志平绘制；16. 阮如舫，陈懿君，王东 . 历史街区休闲空间营造——以日本古川町为例 [J]. 城市观察，2012（04）：174-181；17. 扬盖尔 . 人性化的城市 . 欧阳文，徐哲文译 . 北京：中国建筑工业出版社，2010，239；18. 陈泳拍摄；19 ~ 20 孔亮拍摄；21. 陈泳拍摄；22. 谷歌街景图片；23 ~ 24. 陈泳拍摄；25. 谷歌街景图片；26.https://www.gooood.cn/tonofen-factory-by-heneghan-peng-architects.htm；27. 何小欣 . 当代博物馆的复合化设计策略研究 [D]. 华南理工大学，2011；28 塞巴麦提·埃西拉姆，艾哈迈达巴德，宋彦，姚彤 . 圣雄甘地纪念馆 [J]. 世界建筑导报，1995（01）：56-59；29 伦佐 . 皮亚诺建筑工作室作品集 . 机械工业出版社，第 4 册，2003；30. 谷歌街景图片（上图），陈泳拍摄（下图）；31. 张钺佳 . 基于"层级"理论的城市街道空间设计研究 [D]. 西安建筑科技大学，2018；32 禄树晖 . 拉萨城市特色保护与塑造 [D]. 东北林业大学，2010；33 ~ 36. 陈泳拍摄；37. 县治乡场图 . 清道光；38. 王晓宇 . 基于水体生态修复的城市湿地公园规划设计 [D]. 北京林业大学，2019；39. 张庭伟，冯晖，彭治权 . 城市滨水区设计与开发 . 上海：同济大学出版社，2012，39（左图），陈泳拍摄（右图）；40. 谷歌街景图片 Havnebadet、Dennis Borup 拍摄；41. 李天宇，华峰 . 山地建筑设计方法与创作——论建筑与山地有"共构"之道 [J]. 华中建筑，2015，33（02）：40-4；42. 邓姗姗 . 山地城市片区项目景观系统规划设计 [D]. 重庆大学，2009；43 ~ 44. 余琪 . 现代城市开放空间系统的建构 [J]. 城市规划汇刊，1998（06）：49-56+65；45. 阎姿汝 . 中国古典园林与现代园林视觉美的比较研究 [D]. 吉林建筑大学，2015；46 ~ 47. 郑曦，孙晓春 . 构筑融入市民生活的城市绿地空间网络 [J]. 国际城市规划，2007（01）：90-93；图 3-47. 郑曦，孙晓春 . 构筑融入市民生活的城市绿地空间网络 [J]. 国际城市规划，2007（01）：90-93；49. 约翰·O·西蒙兹 . 景观设计学——场地规划与设计手册 . 俞孔坚译 [M]. 北京：中国建筑工业出版社，2000，167-171；50. 许凯，孙彤宇 . 机动时代的城市街道 从基础设施到活力网络 [J]. 时代建筑，2016（02）：54-61；51. 李倞，宋捷 . 城市绿轴——巴塞罗那城市慢行网络建设的风景园林途径研究 [J]. 风景园林，2019，26（05）：65-70；52. 陈泳拍摄；53. 卢济威 . 城市设计创作——研究与实践 [M]. 南京：东南大学出版社，2012，24；54. 日建设计站城一体开发研究会 . 站城一体开发——新一代公共交通指向型城市建设 [M]. 北京：中国建筑工业出版社，2014，79-82；55. 陈泳拍摄；56.https://www.gooood.cn/dafne-schippers-bridge-next-architects.htm；57. 张乃维，林娜 . 欧亚地区案例 [J]. 公共艺术，2019（04）：87-99；58 ~ 59 杨春侠拍摄；60. 王洁新 . 后工业城市视野下的景观设计 [D]. 北京建筑大学，2013；61. 杨春侠 . 城市跨河形态与设计 [M]. 南京：东南大学出版社，2014，138-143；62. 尚晋 . 喀山市卡班湖群滨水区的复兴，喀山，俄罗斯 [J]. 世界建筑，2020（01）：76-81；63. 周珊 . 西南地区流域开发与人居环境建设研究 [D]. 重庆大学，2008；64.Hamid Shirvani. 都市设计程序 . 谢庆达译 . [M]. 台北：创兴出版社，1993，195；65. 金广君 . 图解城市设计 [M]. 北京：中国建筑工业出版社，2010，135；66. 陈泳拍摄；67. 西村幸夫 + 历史街区研究会，张松、蔡敦达译 . 城市风景规划（欧美景观控制方法与实务）[M]. 上海：上海科学技术出版社，2005，8.（上图），陈煊，魏小春 . 解读英国城市景观控制规划——以伦敦圣保罗大教堂战略性眺望景观为例 [J]. 国际城市规划，2008（02）：118-123.（下图）；68. 埃德蒙·N·培根 . 城市设计 . 黄富厢，朱琪译 [M]. 北京：中国建筑工业出版社，2003，192；69 卡莫纳等 . 城市设计的维度：公共场所 - 城市空间 . 冯江等译 [M]. 江苏：江苏科学技术出版社，2005，193；70 西村幸夫 + 历史街区研究会，张松、蔡敦达译 . 城市风景规划（欧美景观控制方法与实务）[M]. 上海：上海科学技术出版社，2005，103；71 G.Cullen. Townscape. New York：Reinhold Publishing Corporation，1961，17；72 苟爱萍 . 建筑色彩的空间逻辑——Werner Spillmann 和德国小镇 Kirchsteigfeld 色彩计划 [J]. 建筑学报，2007（01）：77-80；表 1. 日建设计站城一体开发研究会 . 站城一体开发——新一代公共交通指向型城市建设 . [M]. 北京：中国建筑工业出版社，2014。

第 4 章

封面 . 陈泳拍摄；图 1.Ajuntament de Barcelona. Urban Mobility Plan of Barcelona 2013–2018[EB/OL].（2014–10），https：// ajuntament.barcelona.cat/ecologiaurbana/en/what–we–do–and–why/active–and–sustainable–mobility/urban–mobility–plan；2.Vermont Agency of Transportation. Vermont Pedestrian and Bicycle Facility Planning and Design Manual[R]. Vermont：Vermont Agency of Transportation, 2002；3 ~ 5. Institute for Transportation & Development Policy. Our Cities Ourselves：10 Principles for Transport in Urban Life[R]. New York：Institute for Transportation & Development Policy，2010；6. 改绘自 Institute for Transportation & Development Policy. Our Cities Ourselves：10 Principles for Transport in Urban Life[R]. New York：Institute for Transportation & Development Policy，2010；7 http：//www.360doc.com/content/14/0110/09/15317548_344034238.shtml，作者：日出海东；8. 廖树林 . 城市风尚下的自行车与周边产品设计创新 [J]. 中国自行车，2017（11）：82-87；9. 赵璇 . 昆明市晋宁区城市宜居性研究 [D]. 昆明理工大学，2019；10.[美]NACTO. Don't give up at the intersection [M]. 2019；11. 姜洋，陈宇琳，张元龄，谢佳 . 机动化背景下的城市自行车交通复兴发展策略研究——以哥本哈根为例 [J]. 现代城市研究，2012，27（09）：7-16；12. https：//www.seattlebikeblog.com/2018/05/23/bike–lanes–are–for–cars/，作者：Tom Fucoloro；13. 陈泳拍摄；14-16.Institute for Transportation & Development Policy. Our Cities Ourselves：10 Principles for Transport in Urban Life[R]. New York：Institute for Transportation & Development Policy，2010；17. 胡晓蔚绘制；18.http：//www.cobe.dk/project/norreport–station#0 摄影师：Rasmus Hjortshøj – COAST；19. 高文绘制；20 谷歌街景；21 ~ 22. 北京市规划国土委 . 北京街道更新治理城市设计导则 [R]. 北京：北京市规划国土委，2018；23.Global Designing Cities Initiative. Global Street Design Guide[R].New York：Global Designing Cities Initiative，2013；24. 全梦琪绘制；25.Global Designing Cities Initiative. Global Street Design Guide[R].New York：Global Designing Cities Initiative，2013；26 ~ 27. 全梦琪绘制；28.Global Designing Cities Initiative. Global Street Design Guide[R].New York：Global Designing Cities Initiative，2013；29. 全梦琪绘制；30 ~ 32.Global Designing Cities Initiative. Global Street Design Guide[R]. New York：Global Designing Cities Initiative，2013；33. 林箐 . 缝合城市——促进城市空间重塑的交通基础设施更新 [J]. 风景园林，2017（10）：18；34. 谷歌卫星地图（上），陈泳拍摄（中与下）；35. 马修·卡莫纳，史蒂文·蒂斯迪尔等 . 公共空间与城市空间 – 城市设计维度 [M]. 马航，张昌娟等 . 北京：中国建筑工业出版社，2015；36. 陈泳拍摄 37.Department for Tranport. Manual for Streets[R]. London：Department for Tranport，2007；38 ~ 43.Global Designing Cities Initiative. Global Street Design Guide[R]. New York：Global Designing Cities Initiative，2013；44.Department for Tranport. Manual for Streets[R]. London：Department for Tranport，2007；45.National Association of City Transportation Officials. Urban Street Design Guide[R]. New York：National Association of City Transportation Officials，2013；46. 张一功绘制；47. 北京市规划国土委 . 北京街道更新治理城市设计导则 [R]. 北京：北京市规划国土委，2018；48.Boston Complete Streets Initiative. Boston Complete Streets Design Guidelines[R]. Boston：Boston Complete Streets Initiative，2013；49.National Association of City Transportation Officials. Urban Street Design Guide[R]. New York：National Association of City Transportation Officials，2013；50.Gehl Architects. Christchurch 2009：Public Space Public Life[R]. Christchurch：Christchurch City Council，2009；51.Chicago Department of Transportation. Complete Streets Chicago–Design Guidelines[R]. Chicago：Chicago Department of Transportation，2013；52.Mayor's Office of Transportation and utilities. Philadelphia Complete Streets Design Handbook[R]. Philadelphia：Mayor's Office of Transportation and utilities，2012；53.Global Designing Cities Initiative. Global Street Design Guide[R]. New York：Global Designing Cities Initiative，2013；54 ~ 57. 郗晓阳拍摄与绘制；58 ~ 60.Boston Complete Streets Initiative. Boston Complete Streets Design Guidelines[R]. Boston：Boston Complete Streets Initiative，2013；61 ~ 67 张一功绘制；表 1 ~ 2.Llewelyn-Davies. Urban Design Compendium[M]. English Partnerships & The Housing Corporation；3. 上海市规划和国土资源管理会，上海市交通委员会，上海市城市规划设计研究院 上海市街道设计导则 [M]. 同济大学出版社，2016

第 5 章

封面 . 陈泳拍摄；图 1. 王云竹 . 城市文脉延续下的长春近代公共空间景观更新策略研究 [D]. 吉林建筑大学，2018；2.[美] 柯林·罗，弗瑞德·科特著 童明译 . 拼贴城市 [M]. 北京：中国建筑工业出版社 2003；3. 李博君 . 北京隆福寺片区空间肌理研究 [D]. 清华大学，2017.（上），郭超 . 互联网时代下公共空间变化探究及应对策略 [D]. 中南林业科技大学，2017.（下）；4. [英]

Partnerships E . Urban Design Compendium[J]. 2000；5.[奥]卡米诺·西特著 仲德崑译.城市建设艺术：遵循艺术原则进行城市建设 [M].江苏：凤凰科学技术出版社 1990；6.陈泳拍摄；7.[英]Partnerships E . Urban Design Compendium[J]. 2000；8.[美]罗杰·特兰 西克著 朱子瑜译.寻找失落空间——城市设计的理论 [M].中国建筑工业出版社 2008；9.倪丽鸿绘制；10.李琳拍摄；11.[美]埃 德蒙.N.培根著 黄富厢，朱琪译.城市设计 [M].北京：中国建筑工业出版社 2003；12.[奥]卡米诺·西特著 仲德崑译.城市建设 艺术：遵循艺术原则进行城市建设 [M].江苏：凤凰科学技术出版社 1990；13.全梦琪绘制；14.陈泳拍摄；15 ~ 16.[日]芦原义 信著 尹培桐译.街道的美学 [M].百花文艺出版社 2006；17.袁美伦拍摄；18.张昭希绘制；19.De Matos Ryan 建筑师事务所，崔扬 译，英国约克皇家剧院 [J].城市建筑，2016，（31）：90-101；20.[英]Partnerships E. Urban Design Compendium[J]. 2000；21.[美]马 修·卡莫纳，卡莫纳著 马航译.公共空间与城市空间：城市设计维度 [M].北京：中国建筑工业出版社 2015；22.夏天，结构的魅 力美国迈阿密林肯路 1111 号停车场 [J].室内设计与装修，2015，（2）：86-89；23.汪迎.消费文化语境下的德国传统庭院更新—— 基于公共化视角 [D].同济大学 2010；24.伍端，艺术与日常的庆典——当代公共建筑的意义转向 [J].建筑学报，2018，（5）：4；25.任翔，2014 年英国斯特林奖的平民视角 [J].新建筑，2015，（1）：151；26.[美]马修·卡莫纳，卡莫纳著 马航译.公共空间与 城市空间：城市设计维度 [M].北京：中国建筑工业出版社 2015；27.谷歌街景与卫星地图；28.叶钦辉.装配式建筑立面多样化设 计方法研究 [D].湖南大学，2018；29.李嘉成.高层建筑标准层办公空间优化设计研究 [D].华南理工大学，2019；30.https：//www. gooood.cn/k-pop-curve-moon-hoon.htm，设计公司：Moon Hoon；31.程晓曦.阿姆斯特丹东港码头改造——城市复兴中的多重平衡 [J].世界建筑，2011（4）：102-106；32.谷歌街景；33.[美]马修·卡莫纳，卡莫纳著 马航译.公共空间与城市空间：城市设计维 度 [M].北京：中国建筑工业出版社 2015；34.[英]Partnerships E . Urban Design Compendium[J]. 2000；35 ~ 38.谷歌街景；39.潘兰 英.以社会公正目标为导向的深圳市城市更新策略研究 [D].湖南大学，2018.孟岩.村 / 城重生：- 城市共生下的南头实践 [J].城 市环境设计，2018（06）：32-49；40.刘新瑜.基于 NCL 质量评价体系的寒地城市广场设计策略研究 [D].哈尔滨工业大学，2017. （左）侯经纬.旧工业建筑改造中表皮优化设计研究 [D].东南大学，2018.（右）；41.谷歌地图（左），王文然.城市广场中步道景 观的设计研究 [D].山东建筑大学，2018.（右）；42.陈泳拍摄；43 ~ 44.谷歌街景；45. https://www.gooood.cn/a-new-life-graffiti-in- san-millan-neighborhood-by-boamistura.htm 设计公司：Boa Mistura；46.谷歌地图；47.陈泳拍摄；48.谷歌地图；49.[美]NACTO. Urban Street Design Guide[M]. 2013；50. https：//www.gooood.cn/dance-floor-by-jean-verville-architect-at-montreal-museum-of-fine-arts. htm 设计公司：Jean Verville architecte；51. https：//www.gooood.cn/barnes-foundation-by-shiftspace.htm 设计公司：shiftspace；52.谷歌 地图；53.邓蕾.寒地小城镇老幼群体户外活动空间景观设计研究 [D].吉林建筑大学，2018；54.https：//www.gooood.cn/a-door-for- my-parents-by-genoveva-carrion-ruiz.htm，设计公司：Genoveva Carrión Ruiz；55.[荷]Hajer·M，Reijndorp·A.In search of new public domain：analysis and strategy[M].鹿特丹：NAi Publishers 2001；表 1.自绘；2 ~ 4. Llewelyn-Davies. Urban Design Compendium[M]. English Partnerships & The Housing Corporation.

第 6 章

封面 .Dana Rasmussen.Visiting Paris in the United States：Travel to Paris[M].Webster's DigitalServices，1988；图 1.候幼彬、李婉贞 主编.中国古代建筑历史图说 [M].北京：中国建筑工业出版社 2002；2 ~ 5.罗小未主编.外国近现代建筑史 [M].北京：中国建筑 工业出版社 2004；6.袁琳.中国传统城市山水秩序构建的历史经验——以古代成都城为例 [J].城市与区域规划研究，2013（1）：241-256；7.杨春侠绘制；8.Wayne A，Donn L. American Urban Architecture：Catalysts in the Design of Cities[M]. Berkely and Los Angeles： University of California Press，1989：129；9.乔映荷拍摄；10.杨春侠绘制；11.谷歌地图；12.杨春侠拍摄；13.杨春侠绘制；14.彭一 刚.建筑空间组合论 [M].北京：中国建筑工业出版社 1983；15.杨春侠绘制；16.谷歌地图；17.杨春侠拍摄；18. https：//www. hudsonyardsnewyork.com；19.韩林飞，柳振勇.城市屋顶绿化规划研究——以北京市为例 [J].中国园林，2015，31（11）：22-26；20.罗杰特兰西克著，谢庆达译.找寻失落的空间——都市设计理论 [M].台湾：田园城市文化事业有限公司，1997：199-200；21.杨春侠绘制；22.徐琛绘制；23.百度地图；24 ~ 25.杨春侠拍摄；26.杨春侠绘制；27.Spiro K. The City Shaped：Urban Patterns and Meanings Through History[M]. London：Thames and Hudson Ltd，1991：245；28.朱欢.真正的福斯特建筑——国会大厦 [J].世界建 筑，1999（10）：41；29.杨春侠绘制；30.杨春侠拍摄.

第 7 章

封面 . 杨春侠拍摄；图 1. 刘梦萱拍摄；2 ~ 3. 杨春侠拍摄；4. 蔡君烨拍摄；5. 杨春侠拍摄；6. 谷歌地图；7. 殷悦 . 城市中心区铁路轨道区域空间整体利用的模式研究 [D]. 同济大学硕士学位论文，2017；8.Josef P K, Christina R. Berlin・New York, Like and Unlike. New York：Rizzoli, 1989：484；9.https：//you.ctrip.com/TravelSite/Home/TravelDetailMessage?travelId=1709992；10. 乔映荷拍摄；11. 卢济威拍摄；12. 张凡拍摄（上）、谷歌街景（下）；13. 杨春侠拍摄；14 ~ 15. 百度街景图；16. 庄宇拍摄；17. https：//dp.pconline.com.cn/dphoto/list_4860108.html；18. 温静拍摄；19. 李晖拍摄；20. 温静拍摄；21. 徐思璐绘制；22. https：//bbs.zhulong.com/101020_group_201862/detail10134988/；23. 谭峥拍摄；24. 卢济威拍摄；25. 娅伦，井秋实，姜德求 . 都市再生公共设计的韩中比较 [J]. 设计艺术研究，2019, 9（06）：39-43+112；26 Yurim Seo 拍摄；27. 杨春侠绘制；28. 谷歌街景图；29 ~ 32. 杨春侠拍摄；33. 杨春侠绘制；34 ~ 35. 殷悦 . 城市中心区铁路轨道区域空间整体利用的模式研究 [D]. 同济大学硕士学位论文，2017；36. 姚梓莹拍摄；37. 杨春侠拍摄；38. 卢济威拍摄；39.New York City Department of City Planning. Manhattan Waterfront GreenwayMaster Plan [R]，2004；40.New York City planning Commission. Principles for the Rebuilding of Lower Manhattan [R], 2002；41. 杨春侠绘制 .

第 8 章

封面 . 庄宇拍摄；图 1. 庄宇绘制；2 ~ 3. 刘晓星 . 陆家嘴中心区城市空间形态演进研究：1985-2010——基于空间政治经济学视角 [D]. 上海：同济大学博士论文，2013；4 ~ 5. 庄宇绘制；6. 岛尾望，久保田敬亮 . 二子玉川 RISE Ⅱ-a 街区 日本东京 [J]. 世界建筑导报，2019, 33（03）：22-23；7. https：//group.canarywharf.com/about-us/；8. 郑宇，汪进 . 广州珠江新城城市设计控制要素实施评估 [J]. 规划师，2018, 34（S2）：44-49；9. 天津滨海新区中心商务区 [J]. 信息系统工程，2015（07）：161；10. 佳哥拍摄；11. 谷歌街景；12. 庄宇拍摄；13. 美国 SOM 设计公司 . 佛山岭南天地城市设计 [G]，2017；14. 成都远洋太古里 [J]. 建筑学报，2016（05）：36-42；15. 百度街景；16. 吴春花，John Simones. 创新都市体验——访 John simones[J]. 建筑技艺，2014,（11）：48-51；17.Nikken Sekkei, Hiroyuki Kawano, 严佳钰 . 难波公园 [J]. 建筑技艺，2014（11）：52-56；18. 王卫玲，杨嫚嫚 . 论中国城市化中的"西化"现象——以上海松江泰晤士小镇为例 [J]. 住宅与房地产，2019（05）：275-276；19. 胡煜，季明 . 上海住宅建设发展日新月异 品质全面提升——第十届"上海市优秀住宅"评选情况综述 [J]. 住宅科技，2018, 38（02）：1-5；20.Tatsuya Tsubaki（2012）' Model for a short-lived future' ？ Early tribulations of the Barbican redevelopment in the City of London, 1940‐1982, Planning Perspectives, 27：4, 525–548（Source：Box MAL 136, No. 80110, July 1969（John Maltby/RIBA Library Photographs Collection）；21. 黄文强、施垄榕拍摄；22. 谷歌地图；23. 朱雪梅，杨慧萌 . 时间发现 空间理解——五大道历史文化街区保护与更新规划研究 [J]. 上海城市规划，2015（02）：60-65；24. 张利 . 吴晨访谈 [J]. 世界建筑，2020（01）：98-101. 供图：北京市建筑设计研究院有限公司吴晨工作室；25 ~ 26. 谷歌地图；27. 重庆城市综合交通枢纽（集团）. 沙坪坝铁路枢纽综合改造工程项目介绍 [G]；28. 黄文强、施垄榕拍摄；29. 徐洁，林军 . 六本木山——城市再开发综合商业项目 [J]. 时代建筑，2005（02）：68-79；30. 李昊拍摄；31. 同济大学建筑与城市规划学院 . 上海文化广场地区 [G]，2015；32. 周卫华 . 重建柏林——联邦政府区和波茨坦广场 [J]. 世界建筑 1999（10）；33. 李明主编 . 深圳市中心区 22、23-1 街坊城市设计及建筑设计 [M]. 北京：中国建筑工业出版社 2002；34. 王建国 . 城市设计（第 3 版）[M]. 南京：东南大学出版社 . 2011；35.Plan de Sauvegarde et de Mise en Valeur du Secteur Sauvegardé（PSMV）de Nantes, document par SDAP de Loire-Atlantique[G], 2000；36. 卢济威，王幼芬，宫浩原，宋云峰 . 步行商业区的交通、生态、历史整合——杭州湖滨旅游商贸步行街区城市设计 [J]. 城市规划，2003（02）：49-54；37. Paris projet No.27-28/30-31[J]. Paris. France, 1987/1993；38.Paris projet No.27-28/30-31[J]. Paris. France, 1987/1993（上）、庄宇拍摄（其余）；39.Florence Bougnoux, Jean-marc Fritz, David Mangin. Parentheses. Les alles：Villes interieures[M]. Paris. France, 2000；40. 东南大学建筑学院 . 郑州总体城市设计 [G]，2018；41. 东南大学建筑学院 . 广州总体城市设计 [G]，2018；42. 法国 AREP 设计公司，成都皇冠湖城市设计 [G]，2019；43 ~ 44. 王建国 杨俊宴 . 平原型城市总体城市设计的理论方法研究探索——郑州案例 .[J 城市规划 . 2017（5）；45. 东南大学建筑学院 . 广州总体城市设计 [G]，2018；46.E.D 培根 著 . 黄富厢等译 城市设计 .（第一版）[M]. 北京：中国建筑工业出版社 .1989；47. 纪琳绘制；48.http：//m.sohu.com/a/228278118_627135#read（上）、谷歌地图（下）；49. [美]SOM 设计公司 . 英国伦敦金丝雀码头区城市设计，2016；50. [美] 哈米德 . 胥瓦尼 著 谢庆达 译 . 都市设计程序 [M]. 台北：创兴出版社 1990；51. 美国 AECOM 设计公司 .

杭州湾新城城市设计 [G]，2018；52. [美]SOM 设计公司 . 佛山岭南天地城市设计 [G]，2017；53 ~ 54. [美]AECOM 设计公司 . 杭州湾新城城市设计 [G]，2018；55. 纪琳绘制；56. [美]AECOM 设计公司 . 杭州湾新城城市设计 [G]，2018；57. [美]SOM 设计公司，美国芝加哥千禧公园城市设计 [G]，2005；58. [美]AECOM 设计公司 . 杭州湾新城城市设计 [G]，2018；59. 纪琳绘制；60. 李明主编 . 深圳市中心区 22、23-1 街坊城市设计及建筑设计 [M]. 北京：中国建筑工业出版社 2002；61. 百度街景；62.Paris projet. No.27–28/30–31[J]. Paris. France，1987/1993（上）、庄宇拍摄（下）；63 ~ 64. 香港特别行政区政府规划署，《香港规划标准与准则》[S]. 2015；65. 王建国 . 城市设计（第 3 版）[M]. 南京：东南大学出版社 .2011；66. 谷歌街景；67. 美国旧金山城市设计导则：https：//sfplanning.org/resource/urban–design–guidelines；68. 谷歌街景；69. 澳大利亚 Images 出版集团有限公司 . Johnson Fain Partners selected and current works. Ⅲ：The master architect series[M]. 北京：中国建筑工业出版社 2001；70. 李明主编 . 深圳市中心区 22、23-1 街坊城市设计及建筑设计 [M]. 北京：中国建筑工业出版社 2002；71. 卢济威 . 城市设计机制与创作实践 [M]. 上海：同济大学出版社 2005；表 1. 纪琳绘制；2. 庄宇绘制；3 ~ 4. 纪琳改绘自东南大学建筑学院 济南市规划设计研究院 . 济南市城市设计技术标准及管理机制系统研究 [S]，2018；5. 陈一新 . 探究深圳 CBD 办公街坊城市设计首次实施的关键点 [J]. 城市发展研究，2010，17（12）.

第 9 章

封面 . 郭子栋拍摄；图 1. 同济大学建筑城规学院城市设计研究中心；2. 种小毛拍摄（上）、祝狄峰拍摄（中）、柯建波拍摄（下）；4. 罗湖区城市更新局：罗湖区东门街道湖贝城市更新统筹片区规划（左，中），https：//sz.house.qq.com/a/20170302/029761. html（右）；5.（美）Peter Vanderwarker. The Big Dig：Reshaping an American City. Little，Brown Young Readers，2001；6. 谷歌地图；7. 同济大学建筑与城市规划学院城市设计研究中心；8. 谷歌地图；9. 藤卷慎一 . 六本木六丁目地区再开发过程 [J]. 百年建筑，2007（Z4）：52–71. 徐洁，林军 . 六本木山——城市再开发综合商业项目 [J]. 时代建筑，2005（02）：68–79；10. 吴景炜 . 城市中心区空中步行系统规划设计评估研究及应用 [D]. 同济大学博士论文，2019；11. 杨晨迪绘制；12. 李昊拍摄；13. 杨晨迪绘制；14.《城市规划》文库：城市设计论文集 [G]. 北京：城市规划编辑部，1998；15. www.thehighline.org；16.OBP Friendship & Harmony[G]. Osaka Business Park Joint Conference，1992（上）、谷歌地球（下）；17. City Planning Commission. Department of City Planning，Zoning Resolution（Web Version）. The City of New York. Article VIII：Special Purpose District，2006（上）、谷歌地球（下）；18. 杨晨迪绘制；19 陈明竺 . 都市设计 [M]. 台北：创兴出版社，1982；20. 吕斌 . 国外城市设计制度与城市设计总体规划 [J]. 国外城市规划，1998（4）；21. 陈明竺 . 都市设计 [M]. 台北：创兴出版社，1982；22. 深圳市规划国土局 . 深圳市城市设计编制办法背景研究框架 [G].1999；23. 庄宇拍摄；24. 上海市规划和国土资源管理局，上海市交通委员会 . 上海市街道设计导则 [M]，上海：同济大学出版社 2018；25. 济南市城市设计技术标准及管理机制系统研究 [G]，东南大学建筑学院 济南市规划设计研究院 .2018；26. 谷歌地图；27.www.chicagowalks.org；28. 谷歌地球（上），Paris projet No.27–28. Paris. France，1987（中、下）；29. www.som.com；30.www1.nyc. gov（上），谷歌街景（下）；31. https://www.pland.gov.hk/pland_en/p_study/comp_s/udg/udg_es/main.html（左），庄宇拍摄（右）；32. 谷歌地球（左），（美）E.D 培根等著 . 城市设计 [M].. 黄富厢，朱琪编译 . 北京：中国建筑工业出版社，1989（右）.

第 10 章

封面 .Chapy 拍摄；图 1. 庄宇拍摄；2 ~ 3. 谷歌街景；4. 庄宇拍摄；5. 王云龙 . 美国建筑协会（AIA）金奖获得者专辑 [M]. 北京：中国电力出版社，2006；6. 韩冬青，冯金龙 . 城市·建筑一体化设计 [M]. 南京：东南大学出版社，1999；7 ~ 8.OBP Friendship & Harmony[G]. Osaka Business Park Joint Conference 1992；9. 谷歌街景；10. 庄宇拍摄；11 ~ 12. 翁超绘制；13. 翁超绘制（右），https://capitalplanning.nyc.gov/pops（左）；14. 翁超基于谷歌地图绘制；15.[美] Hamid Shirvani 著 . 都市设计程序 [M]. 谢庆达译 . 台北：创兴出版社，1979；16. 翁超基于" Uneven Growth：Tactical Urbanisms for Expanding Mega Cities"，designed by SITU STUDIO，video produced and directed by BROOKLYN DIGITAL FOUNDRY. 绘制；17 ~ 19. 翁超根据谷歌街景绘制；20. Townsend，A. M.，& Chisholm，A.（2015）. Making sense of the new urban science；21. 叶宇绘制；22. Townsend，A. M.，& Chisholm，A.（2015）. Making sense of the new urban science；23. Hillier B，Hanson J. The social logic of space[M]. Cambridge university press，1984.（左），Hillier B. Space is the Machine：A Configurational Theory of Architecture[M]. Cambridge University Press，1996（右）；24. Berghauser Pont M，

Haupt P. Spacematrix：Space，density and urban form[M]. Rotterdam：Nai Publishers，2010；25. 叶宇绘制；26.Ye，Y.，et al.（2019）"The visual quality of streets：A human-centred continuous measurement based on machine learning algorithms and street view images"，Environment and Planning B：Urban Analytics and City Science. Vol.46，No.8，1439-1457；27. 香港大学 sDNA 研究小组；28. FERREIRA N，LAGE M，DORAISWAMY H，et al. Urbane：A 3d Framework to Support Data Driven Decision Making in Urban Development[C]//Visual Analytics Science and Technology（VAST），2015 IEEE Conference on. IEEE，2015：97-104；29.STÅHLE A，MARCUS L，KARLSTRÖM A. Place Syntax：Geographic accessibility with axial lines in GIS[C]//Fifth international space syntax symposium. Techne Press，2005：131-144.（上），SEVTSUK A，MEKONNEN M. Urban Network Analysis：A New Toolbox for Measuring City Form in ArcGIS[C]//Proceedings of the 2012 Symposium on Simulation for Architecture and Urban Design. Society for Computer Simulation International，2012：18.（中），YE Y，YEH A，ZHUANG Y，et al. "Form Syntax" as a Contribution to Geodesign：A Morphological Tool for Urbanity-Making in Urban Design[J]. Urban Design International，2017，22（1）：73-90.（下）；30.Naik N，Philipoom J，Raskar R，et al. Streetscore-predicting the perceived safety of one million streetscapes[C] //Proceedings of the IEEE Conference on Computer Vision and Pattern Recognition Workshops. 2014：779-785；31. 叶宇绘制；32.Ye，Y.，et al.（2019）"The visual quality of streets：A human-centred continuous measurement based on machine learning algorithms and street view images"，Environment and Planning B：Urban Analytics and City Science. Vol.46，No.8，1439-1457.

后记

　　同济大学建筑学专业的城市设计教学，从20世纪90年代就开始了，通过与欧美的多所建筑规划院校开展联合教学以及国内教学探索中逐渐成熟。2016年在中国建筑工业出版社支持下，我们着手编写这部教材，既是对长期设计教学的小结，也是对不断发展的我国城市设计实践的思考。

　　城市设计的工作，在全球案例和我国大量实践中都呈现了复杂性和多样性，"究竟什么是城市设计的核心，如何从根本上理清城市的形态和体系、要素之间的逻辑关系，与当下和未来的城市运营以及人们的日常生活如何发生密切的关联……"，在教学实践中的讨论时时鞭策着我们去思考——如何将西方城市设计的经验教益，与东方中国的深厚文化和营造智慧相贯通融合，应对我们当下和潜在的城市困惑，通过既有建设体系的提升和创新，使城市变得更加美好，这或许也是参与本书编著的同仁们的期盼和追求。

　　作为住房和城乡建设部"十四五"规划教材，本书依托了同济大学建筑与城市规划学院在城市设计课程教学和实践研究方面的长期积累编写完成的。东南大学王建国院士作为本套教材的主持人，对本书的撰写给予了很大支持。本书的出版得到了中国建筑工业出版社教育教材分社高延伟社长和学院领导李振宇教授、蔡永洁教授、孙彤宇教授等的大力支持，也得到参加城市设计课程教学的全体同仁们之携手相助，同济大学城市设计学科创始人卢济威教授基于丰富的实践和教学经验，为本书撰写了序言并提供宝贵意见，东南大学韩冬青教授在全书审阅中提出的建议，使本书收益匪浅。

　　本书的编著过程，得到了美国AECOM亚太区高级副总裁刘泓志高级副总裁、法国AREP集团中国区姜兴兴总经理、深圳市规划和国土资源委员会陈一新副总规划师、美国SOM设计公司上海办公室孙乃飞副总监和东南大学杨俊宴教授、华南理工大学王世福教授等在案例推荐和经验分享的热情支持和无私帮助，大大拓展了本书在全球视野和本土实践的城市设计经验积累；教材讨论过程也得到了哈尔滨工业大学金广君教授、南京大学丁沃沃教授、西安建筑科技大学李昊教授、重庆大学褚冬竹教授等的诸多宝贵建议，同时，本书的编辑陈桦女士和王惠女士在教材立项申请、书稿排版、编辑审阅等方面也给予了极大帮助和支持。

同时，本书的完成得益于多位硕士和博士研究生的辛勤工作，参加资料收集、翻译整理、插图绘制和排版的有：翁超、陈杰、杨森琪、纪琳、杨晨迪、陈恩山、徐思璐、詹鸣、吕承哲、全梦琪、胡晓蔚、李霁欣、李琳、韩斯桁、袁美伦、严婷、刘浔风、陈嘉豪等，在此一并感谢。

庄宇
同济大学 建筑与城市规划学院